U0174966

海洋科技创新年报（2022）

朱本铎　丁　望　彭天玥　编著

科学出版社
北　京

内 容 简 介

本书汇编了 2021 年重要和有价值的海洋信息，梳理了海洋学界的重大事件和突破性科学进展，力求信息准确全面，语言精简凝练。全书共七章，第一章回顾了 2021 年国际上提出与实施的重要涉海政策与资助方向；第二章对海洋新能源开发与利用的年度进展信息进行了汇总；第三章围绕极地地区的大国角逐与科学研究情况展开情报分析；第四章至第六章分别对海洋气候环境与生态、海底矿产、海洋地质三大研究领域的科学进展进行了前沿学术文献搜集与成果介绍；第七章对 2021 年海洋装备和技术进行了回顾。

本书可供从事海洋管理和海洋科学领域研究人员参考，也可供大专院校海洋地质、海洋生物、物理海洋、海洋工程等专业的师生参考使用。

审图号：GS 京（2023）1466 号

图书在版编目（CIP）数据

海洋科技创新年报. 2022/朱本铎，丁望，彭天玥编著. —北京：科学出版社，2023.8
　ISBN 978-7-03-074339-8

　Ⅰ. ①海⋯　Ⅱ. ①朱⋯ ②丁⋯ ③彭⋯　Ⅲ. ①海洋开发-科学技术-中国-2022-年报　Ⅳ. ①P74

中国版本图书馆 CIP 数据核字（2022）第 240994 号

责任编辑：孟美岑　柴良木 / 责任校对：王　瑞
责任印制：吴兆东 / 封面设计：北京图阅盛世

科 学 出 版 社 出版
北京东黄城根北街 16 号
邮政编码：100717
http://www.sciencep.com
北京中科印刷有限公司 印刷
科学出版社发行　各地新华书店经销
*
2023 年 8 月第 一 版　开本：787×1092　1/16
2023 年 8 月第一次印刷　印张：15 3/4
字数：370 000
定价：198.00 元
（如有印装质量问题，我社负责调换）

前　言

在我们生活的这个蓝色星球上，海洋覆盖了近四分之三的表面积，若以体积来衡量，海洋则占据了生物发展空间的 99%。海洋分隔了各大洲，又通过航运使人们聚集和交流。海洋蕴含丰富的生物资源，为全球超过 30 亿人提供生存所需的蛋白质。海洋蕴含取之不尽的可再生能源，以及巨量的石油、天然气和矿产，支撑着人类社会的发展。海洋通过与大气之间的相互作用，调节着地球的气候和天气。海洋中的藻类产生了大部分氧气，为我们提供了适宜的生存环境。海洋也是地球上最大的活跃碳库，含碳总量占全球碳总量的 93%，吸收了人类活动排放到大气中的二氧化碳的 30%，对实现"碳中和"目标意义重大。

海洋对人类是如此至关重要，但我们仍然对海洋及海底之下的地球深部缺乏足够的认识。另外，人类活动使得海洋正面临前所未有的威胁，每年估计有 800 万 t 塑料垃圾进入海洋，以碎片和微粒的形态造成的污染日益严重；气候变化正在破坏海洋生态系统、毁坏生物栖息地，迫使生物群落不断迁移，甚至死亡；据国际海洋污水联盟（Ocean Sewage Alliance）统计，世界上近 80%的废水未经处理即排放，最终有部分进入海洋，使海水酸度水平不断提高。

人类的生存与发展高度依赖于一个健康的海洋，联合国及各国领导人在此问题上已达成共识，主要国际组织和海洋国家相继发布实施一系列海洋保护和开发的中长期策略。各国科学家也为之不懈努力，探索海洋变化的规律，寻求开发海洋资源的方法，维护和建设一个可持续发展的海洋。海洋科学也在不断变革中，学科不断交叉，逐渐发展成为综合性的地球系统科学；诸多类型的海洋资源不再是单独开发，而是逐步转向综合性勘探和开发，且更注重环境和生态保护。传统的海洋勘探方法已逐步突破，层出不穷的新技术和新方法扩展了我们的研究领域，可以更好地探究科学现象背后的本质机理和运行规律。

近年来，我们在海洋科学方面有了长足的进展。我们撷取互联网上的新信息，加以提炼汇聚，编辑成"海洋科技动态"，每周一期在广州海洋地质调查局微信公众号（广海局）上发布。本书汇编了其中重要和有价值的信息，回顾了 2021 年海洋学界的重大事件和突破性科学进展，以期协助海洋研究者及时了解科学前沿和热点问题。近年来，我国实施"深海进入、深海探测、深海开发"战略，海洋科技取得了一系列重大进展，但限于篇幅，本书未收录我国的海洋研究成果。全书分为七章，第一章为新战略与政策，回顾了 2021 年国际上提出与实施的重要涉海政策；第二章为海洋新能源，对海洋能源利用的最新进展信息进行了汇总；第三章为南北极与格陵兰，围绕极地地区的大国角逐与科学研究情况展开情报分析；第四章至第六章分别从海洋气候环境与生态、海底矿产与海洋地质三大研究领域的科学进展进行了前沿文献搜集；第七章对 2021 年海洋装备和技术的突破进行了回顾。

　　本书是南方海洋科学与工程广东省实验室（广州）人才团队引进重大专项"大洋钻探科学研究——南海重大基础地质问题与首钻选址（GML2019ZD0201）"研究成果之一。限于作者的研究能力和认知水平，本书难免存在不足之处，欢迎读者批评指正。我们将根据大家的建议，不断提高编写质量，为公众贡献更好的作品。

目　　录

第一章　新战略与政策 ···································· 1
　　一、重大海洋计划 ···································· 1
　　二、极地战略与行动 ································· 5
　　三、海洋生态环境 ···································· 7
　　四、气候变化与碳循环 ····························· 9
　　五、海洋绿色能源 ··································· 14

第二章　海洋新能源 ··································· 18
　　一、海洋可再生能源 ································ 18
　　二、海洋氢能 ······································· 23
　　三、综合清洁能源开发 ····························· 26

第三章　南北极与格陵兰 ······························ 29
　　一、科研计划与行动 ································ 29
　　二、南极气候与海冰 ································ 41
　　三、北极、格陵兰岛气候与海冰 ···················· 46

第四章　海洋气候环境与生态 ·························· 54
　　一、计划与行动 ···································· 54
　　二、海洋生态系统与生物多样性 ···················· 66
　　三、海洋环境恶化 ··································· 74
　　四、现代海洋与气候 ································ 83
　　五、海洋物质循环 ··································· 97

第五章　海底矿产 ···································· 110

第六章　海洋地质 ···································· 115
　　一、大洋钻探最新进展 ···························· 115
　　二、地球动力学 ··································· 122
　　三、古海洋与古气候 ······························ 149

第七章　海洋装备和技术 ····························· 166
　　一、海洋调查船建设 ······························ 166
　　二、海洋调查技术 ································· 175

三、海洋遥感新技术 ··· 192

四、人工智能化与信息化 ··· 196

参考文献 ··· 204

附录 1 2021 年海洋科考动态 ·· 229

附录 2 主要缩略词 ·· 242

第一章

新战略与政策

近年来，国际社会日渐认识到需要以综合、跨部门的方式管理和开发海洋资源，制定长远策略，协调各方行动，共同保护海洋环境和生态系统，以促进海洋及其资源的可持续发展，确保今世后代的利益。在全球层面上，联合国通过实施科学计划和发布评估报告，倡导各国共同维护海洋环境，使海洋造福人类。在区域层面上，欧盟各国及英国、美国等海洋强国纷纷发布极地和海洋考察计划，制定海洋能源资源开发战略，特别注重海洋清洁能源的开发，也关注海洋碳循环和气候变化。

一、重大海洋计划

联合国大会于 2017 年宣布将 2021～2030 年定为"海洋科学促进可持续发展十年"（简称"海洋十年"），旨在扭转海洋健康衰退趋势，并召集全球海洋利益相关方形成共同框架，以确保海洋科学能够为各国创造更好的条件，进而实现海洋可持续发展。与此相呼应，欧盟各国和英国、美国也相继实施系列政策，加大资金投入，支持海洋科技创新。

1. 联合国启动"海洋科学促进可持续发展十年"计划

2021 年 1 月，联合国教育、科学及文化组织（简称联合国教科文组织，UNESCO）在线举办了"海洋十年"启动仪式。该计划的摘要于 2020 年 10 月发布，明确了海洋科学发展的三个目标：①加强提供海洋数据和信息的能力；②形成对海洋的全面认识和了解，包括海洋与人类、海洋与大气层和冰冻圈层、海洋与陆地的相互作用和交互关系；③提高对海洋知识的利用，开发形成可持续发展解决方案的能力[1]。

2021 年 9 月，荷兰辉固国际集团与 UNESCO 签署合作协议，荷兰辉固国际集团是"海洋十年"倡议的早期规划参与者之一，按照合作协议，荷兰辉固国际集团提供专家协同制定海洋数据标准，建立海洋科学数据平台，使之成为共享、管理和传播海洋数据的全球性数字生态系统[2]。

2. 联合国发布《第二次世界海洋评估》报告，警告人类活动正在破坏海洋[3]

2021 年 4 月，联合国发布《第二次世界海洋评估》报告。报告指出，人类对海洋的过度开发使海洋面临着巨大压力，极端事件的发生更为频繁（图 1.1），"海洋死区"①

---

① 海洋死区：海洋中氧气不足、生物无法生存的区域。

数量正在增加。报告绘制了自 2010 年以来的海洋趋势图表，研究了海洋生物多样性、海洋食品、海洋生态系统与海洋经济等方面，从人类健康到海洋管理的角度阐述了社会与海洋之间的关系。"世界海洋评估"是联合国组织的一项周期性工作，为海洋治理提供指南。第一次世界海洋评估于 2010～2014 年开展，侧重于建立海洋环境基线；第二次世界海洋评估于 2016～2020 年开展，侧重于评估海洋变化趋势，进一步关注人类与海洋的关系。

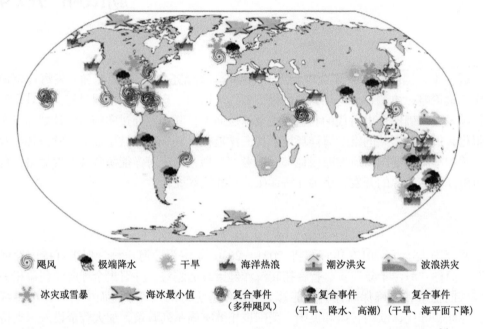

图 1.1　人类活动引起气候变化有关的极端事件发生位置分布图（据 United Nations[4]）

3. 英国"蓝色星球基金"公布第一期资助计划[5]

2021 年 6 月，英国在 G7 峰会上宣布设立一项 5 亿英镑的"蓝色星球基金"，用于支持发展中国家保护海洋和减少贫困人口。8 月，英国公布该基金的第一期 1620 万英镑资助计划，其中 570 万英镑建立英国主导的"海洋国家伙伴关系计划"（UK Ocean Country Partnership Programme），以帮助发展中国家与英国科学家合作，提高对海洋保护区（Marine Protected Area，MPA）的认识和管理水平，降低气候变化和海洋污染物的影响；500 万英镑提供给"全球珊瑚礁基金"（Global Fund for Coral Reefs，GFCR），以缓解全球珊瑚礁减少的问题；250 万英镑提供给"全球塑料行动伙伴关系"（Global Plastic Action Partnership，GPAP），用于解决海洋塑料污染问题；200 万英镑提供给"海洋风险与恢复行动联盟"（Ocean Risk and Resilience Action Alliance，ORRAA），以帮助发展中国家应对气候变化；100 万英镑提供给"全球海洋账户伙伴关系"（Global Ocean Accounts Partnership，GOAP），用来估算发展中国家海洋健康的经济价值。此外，英国还呼吁制定新的全球"30 by 30"目标，到 2030 年保护至少 30%的陆地和至少 30%的海洋。英国政府试图通过落实该基金，以在 2021 年 11 月的第 26 届联合国气候变化大会中获得更多话语权，并维持其在海洋领域的领导地位。

4. 英国完成英格兰海洋规划区的规划建议[6]

2021 年 6 月，英国海洋管理组织发布英格兰海域规划建议及可持续发展评估报告。报告阐明了海砂、水产养殖、海底电缆、疏浚与排放、油气开发及海底管道、港口与航道、新能源等方面的现状和开发潜力区，以及相关海洋政策和实施建议，首次形成完整的综合海洋规划框架，建立海洋规划关键要素和证据数据库，为英格兰海域的可持续发展提供了指导意见。

英国于 2006 年首次提出海洋空间规划试点，以更好地管理海洋资源开发，鼓励海洋产业经济发展，保护海洋环境，适应气候变化的管制需求。2009 年，英国将海洋空间规划引入其海洋和沿海准入法案。2014 年，英国为其主要行政区之一的英格兰划定了 11 个海洋规划区（图 1.2），并于 2014 年和 2018 年分别完成了其东部和南部四个区（包括沿岸和远海）的海洋规划。

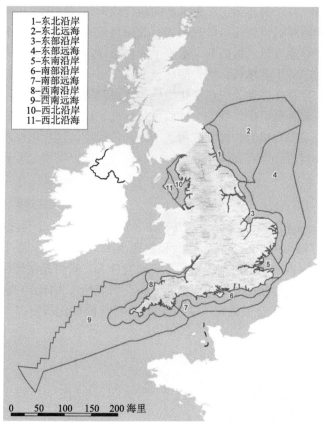

图 1.2　英格兰 11 个海洋规划区分布图（据 Gov.UK[6]）

5. 英国组建国家气候科学伙伴关系，支持政府决策应对气候变化[7]

2021 年 11 月，英国自然环境研究理事会（NERC）支持的七个研究中心和英国气象局宣布合作组建"英国国家气候科学伙伴关系"（UKNCSP），支持英国政府制定和评估在应对、减缓和适应气候变化挑战方面的解决方案，在气候战略政策方面发挥主导作用。UKNCSP 的主要任务包括：确保为不断变化的全球和英国气候制定一体化持续观测方案；通过拓展监测和数学建模方法来增强英国的气候科学实力；开发新技术、建立跨学科研究方案；为新一代决策者、专家和机构提供气候知识培训。此外，UKNCSP还将与公共机构和私营部门合作，确保决策者和企业家可及时获得必要的气候信息。参与 UKNCSP 的七个研究中心分别为：英国南极调查局（BAS）、英国地质调查局（BGS）、英国国家大气科学中心（NCAS）、英国国家地球观测中心（NCEO）、英国国家海洋学中心（NOC）、普利茅斯海洋实验室（PML）和英国生态与水文中心（UKCEH）。

6. 欧盟倡议制定可持续海洋观测和管理政策，提出"滋养蓝色经济，共享海洋知识"的倡议[8]

2021 年 10 月，由欧盟资助的十个项目联合呼吁制定可持续海洋观测和管理政策的倡议，该倡议由德国基尔亥姆霍兹海洋研究中心（GEOMAR）EuroSea 项目牵头，提出以"滋养蓝色经济，共享海洋知识"为主题的联合政策建议。倡议主要包括：制定欧洲框架指令，为欧洲海洋的可持续科学观测和有效信息传递提供长期资金保障；吸引、培训和支持年轻海洋专业人员，提高其学术水平和在海洋行业的就业能力，以满足目前对高素质海洋人才需求的不断增长；结合多种技术采集多样数据并将其转化为产业知识，以填补海洋生态、生物多样性、气候变化敏感性和海洋资源可持续开发潜力等方面的知识空白；制定和实施具备可操作性的全球信息化标准，以提高数据质量并确保信息有效使用；创造更多公众参与机会，提高政策透明度和传播度。这项倡议希望通过制定政策来突出海洋科学和蓝色经济在支持"欧洲绿色协议"、《巴黎协定》和"海洋十年"目标中的重要性。

7. 美国国家科学基金会新设立 6 个科技中心，支持海洋科技创新[9]

2021 年 9 月，美国国家科学基金会（NSF）宣布新设立 6 个科技中心（图 1.3），分别为现代光电材料集成中心、人工智能和物理-地球学习中心、微生物星球化学通量中心、最古老冰层探索中心、可编程植物系统研究中心、磷可持续性科学与技术中心。其中"微生物星球化学通量中心"由伍兹霍尔海洋研究所（WHOI）领导，13 家机构合作参与，聚焦海洋生态系统中的化学-微生物网络与气候变化研究；"最古老冰层探索

图 1.3　NSF 6 个科技中心布局前沿领域（据 NSF[9]）

中心"由俄勒冈州立大学领导,斯克里普斯海洋研究所参与,将通过发现和恢复地球上一些最古老的冰层来改变目前对地球气候系统的理解;"人工智能和物理-地球学习中心"由哥伦比亚大学领导,将融合气候科学和数据科学,以缩小全球气候建模中的不确定性范围,提供更精确和可操作的气候预测。NSF 将为这些科技中心提供第一期共五年计划的经费支持,并可能继续支持第二期五年计划。

二、极地战略与行动

南北两极和格陵兰冰盖都与全球气候变化、大洋环流密切相关。相对而言,北极海域蕴藏丰富的能源,极具军事价值和航运价值,且大陆架基本上为周边八国(美国、加拿大、挪威、俄罗斯、丹麦、冰岛、芬兰、瑞典)所划分,因而更受到各国的关注。印度是北极域外国家,但也有意涉足于此。"南大洋"的概念早已存在,美国国家地理学会作为一个非政府组织,宣布承认南大洋为世界第五大洋,也许是多此一举。也有评论认为,这是美国试图扩大在南极事务上的话语权。

1. 美国海军发布北极战略蓝图[10]

2020 年 12 月,美国海军、海军陆战队和海岸警卫队共同签署了《美国海洋战略》。2021 年 1 月,美国海军部发布《蓝色北极——北极战略蓝图》与之呼应。该战略指出,北冰洋未来融冰后形成的新航道将可连接欧洲、亚洲、北美洲三大洲,且区域内蕴藏大量石油、天然气和稀土资源,是未来兵家必争之地,为保持其在北极地区的竞争力,美国应考虑永久驻军,增建港口与机场,强化相关装备研发,提升指挥、控制与通信能力,并加强与北极地区盟友的军事训练和联合演习。

2. 印度发布北极战略,意欲涉足北冰洋[11]

2021 年 1 月,印度发布北极政策文件(草案),试图加入北极地区地缘政治圈。文件声称,印度希望利用其在喜马拉雅和极地研究方面的庞大科学储备和专业知识,在北极发挥建设性作用,为确保北极资源的利用和可持续发展做出贡献。印度作为北极域外国家,对此涉足甚少,仅于 2007 年在斯匹次卑尔根岛(Spitsbergen)建立 1 个研究基地和 2 个观测站以保持存在感。

3. 美国国家地理学会承认南大洋为世界第五大洋,意图强化美国在南极事务和决策上的影响力[12]

2021 年 6 月,美国国家地理学会宣布正式承认南大洋为世界第五大洋,区域范围从南极大陆海岸线一直延伸到 60°S,面积超过 780 万平方英里①。事实上,"南大洋"的概念早已被科学界承认,但在国际上一直未达成一致意见。南大洋具有独特的水文和生态系统,其水体称为南极绕极流(ACC),是唯一环绕全球流动的洋流。南大洋与太平洋、印度洋、大西洋的界限称为南极辐合带,这个界限并不固定,是随季节和年份而变化,与 60°S 线并不完全重合。美国国家地理学会声称,在世界海洋日宣布这一决定是为了引起公众更加重视急需保护的南大洋。也有评论认为,此举是美国试图最大化

---

① 1 英里=1.609344km。

自身在南极决策上的国际影响力，扩大在南极事务上的话语权。要说明的是，美国国家地理学会是一家非营利性科学和教育机构，非政府组织。

4. 欧盟拨款1500万欧元资助北极观测项目[13]

2021年6月，德国阿尔弗雷德·魏格纳极地研究所（AWI）报道，欧盟将拨款1500万欧元资助其领导的北极观测项目——Arctic PASSION（图1.4）。该项目由来自17个国家的35个机构合作开展，旨在集成已有北极观测数据，建立一个一体化北极环境综合观测系统——pan-AOSS，并与其他国际海洋监测网络连接起来，更好地协调和扩大对北极陆地、海洋、大气层和冰冻圈的观测能力。该项目为期五年（2021～2025年），已于2021年7月正式启动。

图1.4 在北极设置的观测系统（据AWI[13]）

5. 美国国家海洋和大气管理局发布2021年北极报告，认为气候变化继续从根本上改变北极[14]

2021年12月，美国国家海洋和大气管理局（NOAA）发布2021年北极报告。该报告由12个国家的111位科学家编写，分为七个主题，分别为表面空气温度、陆地积雪、格陵兰冰原、海冰、海面温度、北冰洋初级生产力、绿色苔原。该报告的部分新发现包括：2020年10～12月为有记录以来最暖北极秋季（图1.5）；2020年北极圈夏季是有记录以来最长的夏季；2020年8月格陵兰冰盖最高点附近首次出现降雨；2021年4月北冰洋冬季海冰量是有记录以来最低月份；海冰减少导致人类在北极地区的航运更加频繁，造成北极垃圾、噪声等污染愈发严重；北冰洋诸多海域已成为全球海洋酸化速度最快海域。这份报告指出，气候变化不断改变北极，变暖、融冰趋势持续，北极未来的不确定性继续增加。

6. 俄罗斯主持北极理事会高级官员线上会议，旨在促进北极国家间加强合作[15]

2021年12月，俄罗斯主持其担任北极理事会主席国的第一次北极高级官员在线全体会议，讨论和推进"俄罗斯联邦主席国计划和北极理事会十年战略计划"，主题包括：原居民和区域合作、正在进行的北极理事会项目、北极可持续社会经济发展，以及推进各国青年之间的合作。俄罗斯于2021年5月起担任北极理事会第十三任轮值主席国，为期两年，提出了"负责任治理以促进北极可持续发展"的轮值主题。

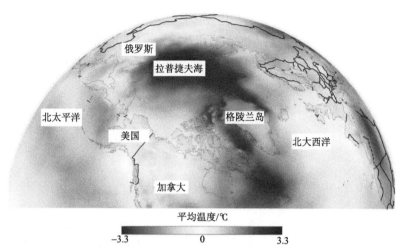

图 1.5 2020 年 10 月～2021 年 9 月北极平均温度分布图（据 NOAA[14]）

2021 年是北极有记录以来第 7 热的年份

北极理事会成立于 1996 年，是一个政府间高层次论坛，成员国为八个北极国家（美国、加拿大、挪威、俄罗斯、丹麦、冰岛、芬兰、瑞典）。中国作为永久观察员国，有自动获邀出席所有会议的权利。北极理事会旨在促进北极国家之间、原居民和其他北极居民之间加强合作，特别是在可持续发展和环境保护问题上加强协调和互动。

三、海洋生态环境

生物多样性及其提供的惠益对于人类福祉和地球健康具有根本意义，这已成为世人共识。针对生物多样性仍在全球范围内日趋恶化的情况，联合国已发布多个计划和倡议，呼吁各国携手共进，维持海洋生物多样性。多个国家也相继在本国的管辖海域设立海洋保护区。

1. 巴拿马扩大海洋保护区范围，提前达到保护目标[16]

2021 年 1 月，巴拿马加入"自然与人类雄心联盟"（HAC），HAC 的目标是在 2030 年前使地球上至少 30%的陆地和海洋得到保护（30 by 30 倡议）。6 月，巴拿马总统签署了一项行政令，扩大科伊瓦岛海洋保护区①的范围，面积增加了约 5 万 km^2。加上其他保护区，巴拿马海洋保护区总面积达到 9.8 万 km^2，超过其全国管辖海域面积的 30%，已达到 HAC 倡议的目标。制定此计划的史密森尼热带研究所认为，扩大海洋保护区有利于巴拿马保护海洋生态环境，发展海洋经济，确立其全球海洋保护领导者的地位。

2. 联合国发布《2020 年后全球生物多样性框架》初稿[17]

2021 年 7 月，联合国发布《2020 年后全球生物多样性框架》初稿，呼吁各国政府

---

① 科伊瓦岛国家公园位于巴拿马西南海岸附近，由 38 个岛屿组成，其周边海域于 2015 年被划定为海洋保护区，面积约为 1.7 万 km^2，拥有丰富且保存完好的自然资源。

和组织采取广泛行动，改善人类社会与生物多样性的关系，阻止和扭转生物灭绝率持续上升的趋势，确保到2050年实现人与自然和谐相处的共同愿景（图1.6）。该框架规定了21个以行动为导向的目标，包括对全球所有陆地和海洋区域进行综合空间规划、保护至少三分之一的陆地和海洋，以及将专项保护资金由每年约1000亿美元增加到2000亿美元以上等。

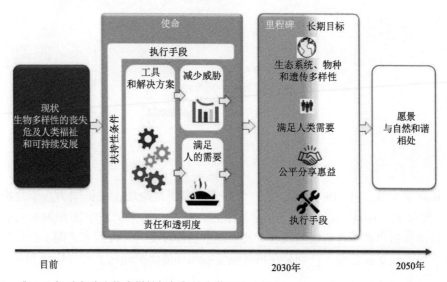

图1.6 《2020年后全球生物多样性框架》的变革理论（据 The International Union for Conservation of Nature[18]）

3. 联合国教科文组织发起环境 DNA 倡议[19]

2021年10月，联合国教科文组织（UNESCO）启动了一项全球性的环境 DNA①（eDNA）项目，以此来衡量气候变化对海洋生物多样性的冲击及其对海洋世界遗产地生物分布和迁徙模式的影响。该项目将首次在多个海洋保护区采用一套统一的方法进行 eDNA 采样，当地居民将在专家的指导下负责环境样品的采集、过滤等工作，之后将样品转移至专业实验室，由科学家进行基因测序。由于 eDNA 技术仍处于起步阶段，为保证取样和分析流程的可操作性，UNESCO 将改进已有的采样和数据管理标准程序，这意味着全球 eDNA 采样和数据监测管理的实践标准即将诞生。此外，所有数据将由海洋生物多样性信息系统处理和发布。该系统是全球最大的海洋物种分布和多样性开放数据库，由数千名科学家、数据管理人员和用户组成的全球网络共同维护和支持。

4. 美国计划设立夏威夷国家海洋保护区，使其生态系统受国家法律保护[20]

2021年12月，NOAA 启动计划将夏威夷国家保护区的海洋部分设立为海洋保护区（图1.7），使之受美国《国家海洋保护区法》保护。该计划得到了美国鱼类及野生动植

---

① 环境 DNA 是指从环境样品（如水、沉积物等）中提取的 DNA，通过分析可了解所属物种的分类学信息和基因功能信息，是鉴定环境生物多样性的一种手段。

物管理局、夏威夷州和夏威夷事务办公室等其他共同管理机构的支持，美国政府也将增加拨款，提升保护区在应对海洋垃圾、入侵物种和气候变化等威胁的能力。NOAA 希望在现有管理基础上，进一步提升保护效益和加强长期保护。

美国政府于 2000 年设立西北夏威夷群岛珊瑚礁生态系统自然保护区（含海洋和陆地两部分），2006 年指定为美国海洋国家纪念地，2010 年成功申请加入世界遗产名录（自然、文化双重遗产）。2016 年，美国政府将该自然保护区的面积扩大四倍，达到150 万 km²，成为世界上最大的自然保护区。

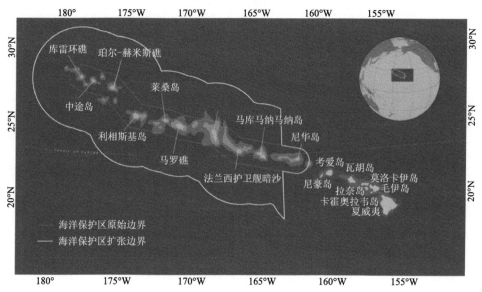

图 1.7　美国帕帕哈瑙莫夸基亚国家海洋保护区（据 Papahānaumokuākea Marine National Monument[21]）

四、气候变化与碳循环

工业革命以来，全球升温加速，气候变化和温室气体排放已成为全世界很受关注的问题之一。为应对全球气候变化，对 2020 年后的各方行动做出统一安排，2015 年第21 届联合国气候变化大会通过了《巴黎协定》，2016 年 11 月起正式实施。《巴黎协定》由全球 178 个缔约方共同签署，长期目标是将全球平均气温较工业革命以前的上升幅度控制在 2℃以内，并努力控制在 1.5℃以内。根据此协定，各国陆续发布了"碳中和"目标，做出减排承诺，支持海洋碳汇研究。然而，联合国环境署对此并不乐观，认为根据目前的减排难以实现《巴黎协定》的目标。

1. 2020 年气候科学报告发布[22]

2021 年 1 月，由 57 位国际一流科学家编撰的《2020 年气候科学十大新洞见》提交给联合国，这有助于推动各国针对目前的气候危机采取集体行动，以实现《巴黎协定》的目标。该报告阐述了 2020 年气候科学领域的最重要发现，强调了几个日益增长的风险因素，包括永久冻土温室气体排放、陆地生态系统碳吸收能力减弱，以及气候变化可能减少淡水资源供应，且影响人类的精神健康。

2. 英国有望于2050年实现"碳中和"[23]

2021年3月，据分析网站 Carbon Brief 报道，2020年英国碳排放量达到1879年以来最低水平，从1990年的 794×10^6 t 二氧化碳当量降至2020年的 389×10^6 t。2020年，煤炭发电仅占该国电力构成的 1.6%。英国现人均二氧化碳年排放量 4.5t，不到美国的三分之二，比中国低 40%。英国计划于 2050 年实现"碳中和"的目标目前已实现一半（图1.8）。

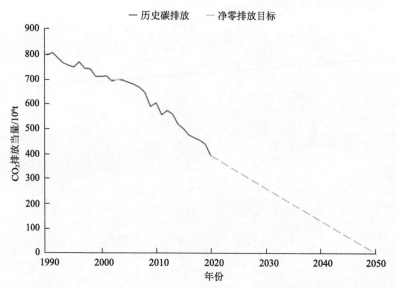

图1.8　英国二氧化碳排放量变化曲线（据 Carbon Brief[24]）

3. 英国海洋碳汇估值575亿英镑，高于石油、天然气[25]

2021年4月，英国国家统计局公布了海洋领域内自然资源资产的估值。结果显示，英国海洋自然资产估值高达 2110 亿英镑，包括海洋休闲文化资源、碳汇、化石燃料、可再生能源、矿产、渔业等。其中海洋碳汇估值高达 575 亿英镑，仅次于海洋休闲娱乐设施所产生的收入。调查人员表示，为实现 2050 年"碳中和"，英国政府已制定海底碳封存计划，因此海洋碳汇的估值在未来几年内还将有所增长。

4. 联合国发布海洋碳综合研究报告，预警海洋若失去吸碳能力则可能加剧全球变暖[26]

2021年4月，联合国教科文组织（UNESCO）发布了《海洋碳综合研究：海洋碳研究概述及未来十年海洋碳研究和观测展望》报告，概述了海洋在碳循环中的作用（图1.9），并提出未来发展方向。报告指出，目前海洋在碳汇和气候调节方面发挥着至关重要的作用，但海洋碳汇过程有可能被逆转，从而加剧温室效应。作为联合国"海洋科学促进可持续发展十年"（2021～2030年）的一部分，报告提出开展综合海洋碳汇中期和长期研究的联合计划，研究海洋碳汇过程，支持未来十年全球气候政策的制定。

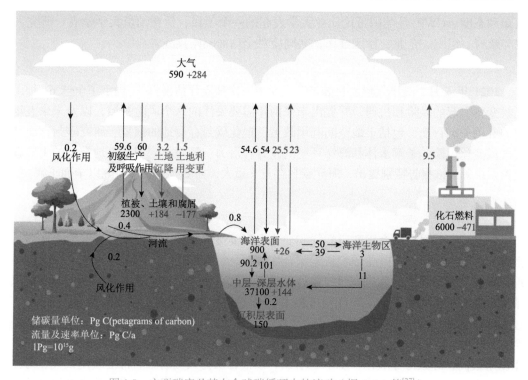

图 1.9 主要碳库及其在全球碳循环中的流动（据 Aricò 等[27]）

根据 2010～2020 年的数据所估算；黑色箭头及数字表示自然碳循环及碳库；红色箭头和数字表示人类活动产生的扰动

5. 英国海洋保护协会发布新的蓝碳报告[28]

封存在沿海和海洋植被中的碳被称为蓝碳，其生态系统通常被称为蓝碳生态系统。2021 年 5 月，英国海洋保护协会联合慈善组织 Rewilding Britain 共同发布《蓝碳——基于海洋的气候危机解决方案》报告，阐述了海洋在帮助英国达到 2050 年"碳中和"目标的重要性。此前已有研究表明，英国海岸线和海洋生态系统的碳储能力远远高于森林。该报告呼吁英国政府尽快制定蓝碳战略，实施三项行动策略：①修复海洋生态系统，提高生物多样性；②将蓝碳保护和恢复纳入缓解气候危机和管理政策中；③与私营企业合作，发展并支持可持续、创新性低碳渔业和水产养殖。

6. 美国哥伦比亚世界项目发布《加速海上碳捕集与封存：消除二氧化碳的机遇与挑战》报告[29]

2021 年 5 月，美国哥伦比亚世界项目（CWP）发布一份报告，阐述了海洋碳捕集与封存（CCS）面临的关键机遇与挑战。该报告总结了 2020 年 10 月 CWP 举办的海洋二氧化碳封存风险研讨会中提出的 CCS 未来重点领域和潜在封存地点，以及每个 CCS 项目设计中需要考虑的主要标准。该报告认为，海洋 CCS 项目研究的重点领域包括：①二氧化碳捕集、运输和海底注入系统的工程设计、测试和技术集成；②可持续的 CCS 长期监测技术；③海洋可再生能源的调查和部署；④海洋 CCS 项目的政策趋势，尤其是投资政策；⑤为海洋 CCS 制定法律法规框架，以支持项目持续开发；⑥建立跨学科的参与机制，以促进技术、监管和财务之间互相协调；⑦研究公众对海洋 CCS 的认知和态度。CWP 是美国哥伦比亚大学发起的一个项目，旨在动员大学学者、研究人员与政府、组织、企业、社区合作，共同应对全球面临的挑战。

7. 英国发布第三轮气候变化风险评估报告[30]

2021 年 6 月，英国气候变化委员会发布第三次独立评估报告①，确定了全球 61 种由气候变化引起的风险和机遇，并提出未来两年需要关注的八个风险领域，以及未来五年内的五项关键行动，包括土地空间利用政策、退化碳封存场地的恢复、研究碳封存面临的气候变化风险、了解水体和海洋环境的碳封存潜力、针对不同用途土地类型的土壤碳监测系统等。该报告特别提出，海洋碳封存意义重大，需要投入更多研究以全面了解。

8. 联合国政府间气候变化专门委员会发布第六次气候评估报告，指出人类活动的影响使地球持续变暖[31]

2021 年 8 月，联合国政府间气候变化专门委员会（UN-IPCC）发布了第六次评估报告。该报告由全球 230 位顶尖科学家合作撰写，综合了 14000 多篇学术论文，总结了近年气候观测和研究的成果、对气候过程的新理解以及对全球和区域气候变化的新模拟结果。此次报告明确指出，2011~2020 年全球平均地表温度比工业化前升高了 1.1℃，过去 50 年的温度升高速度和冰川融化速度为过去 2000 年以来最快，海平面上升速度是至少 3000 年以来最快。同一时期，大气中二氧化碳含量加速增高，浓度为过去 200 万年以来最高，导致海洋酸化程度不断增强。该报告认为人类的影响将继续使大气、海洋和陆地变暖（图 1.10），导致极端气候事件越来越多，且很多变化将在几个世纪到数千年间不可逆转。该报告呼吁各国政府和企业继续联合起来，共同限制二氧化碳的排放量，直至零排放，同时大幅减少甲烷等其他温室气体的排放。UN-IPCC 不定期发布气候评估报告，第五次评估报告于 2013 年发布。

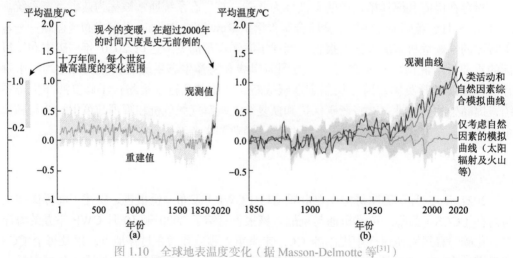

图 1.10　全球地表温度变化（据 Masson-Delmotte 等[31]）

以 1850~1900 年（工业化前）为基准。（a）公元 1~2020 年地表平均温度（以十年为平均）变化，温度在 1850 年以前保持稳定或小幅下降，1850 年后显著升高，1~1850 年为重建值，1850~2020 年为观测值；（b）1850~2020 年地表平均温度（每年平均）变化，仅考虑自然因素下温度基本稳定（深绿色曲线），人类活动导致 1850 年后，尤其是 1900 年以后地表平均温度急剧上升（棕色和黑色曲线）

---

① 英国气候变化风险评估工作每五年进行一次，由英国气候变化委员会组织开展。

9. 联合国环境署发布《2021 年排放差距报告》

2021 年 10 月，联合国环境署（UNEP）发布《2021 年排放差距报告》，指出当前主要国家的气候承诺和温室气体减排措施远未达到实现《巴黎协定》目标所需的水平，预测至 21 世纪末全球平均气温将上升 2.7℃，远高于控制在 1.5℃之内的目标[32]。该报告认为，世界需要在未来八年内将每年的温室气体排放量减半，否则会发生更多灾难性的气候变化。该报告发布前一天，世界气象组织（WMO）发布了《温室气体公报》，指出从 1990 年到 2020 年，长寿命温室气体（大气中滞留时间长的气体）对气候的变暖效应增加了 47%，其中二氧化碳约占这一增量中的 80%，2020 年二氧化碳浓度已接近工业化前水平的 150%，而甲烷浓度已达到 1750 年水平的 262%（图 1.11）。

第 26 届联合国气候变化大会于 2021 年 11 月在英国格拉斯哥召开。UNEP 和 WMO 选择在 10 月发布报告，是希望加强气候警示作用，促使更多国家制定详细的脱碳时间表，增加温室气体减排承诺。

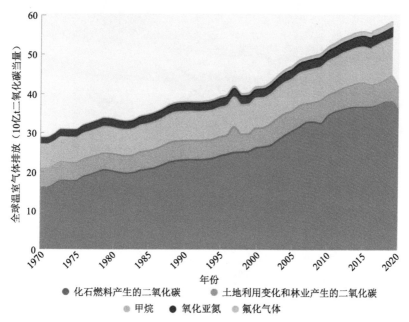

图 1.11　1970～2020 年全球温室气体排放情况（据 UNEP[32]）

2020 年只有化石燃料以及土地利用变化和林业产生的二氧化碳数据

10. 美国国家科学院发布《海洋二氧化碳去除和封存研究策略》报告，提出 1.25 亿美元研究计划建议[33]

2021 年 12 月，美国国家科学院发布《海洋二氧化碳去除和封存研究策略》报告，并同步举行网络研讨会。该报告表示，目前的二氧化碳排放水平已大大超过了自然将其从环境中去除的能力，仅靠减少碳排放不足以稳定气候。虽然目前基于陆地的除碳部署有一定进展，但基于海洋的除碳策略仍处在早期阶段，对风险和收益的权衡研究仍然不足。该报告提出一项为期十年、预计耗资 1.25 亿美元的研究计划，评估了六项主要除碳方法的有效性、长效性、拓展性、潜在环境风险和社会影响等，包括海水肥化、人工升降流、海藻养殖、生态系统修复、海洋碱化（施放碱化剂）和电化学固碳（图 1.12）。该报告还指出，制定研究计划需要保证透明度和公众参与度，提高社会影响力，奠定优良研究环境基础，与原住民和社会团体合作，促进研究与治理的国际合作。该报告旨在为公众、利益相关者和政策制定者提供基于海洋除碳的知识基础和建议方案，而非提倡或指定任何特定方法或部署。

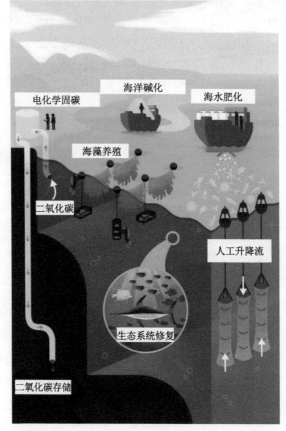

图 1.12　六项基于海洋的除碳方法（据 National Academies of Sciences 等[34]）

五、海洋绿色能源

《巴黎协定》敦促各国加强清洁能源开发，世界石油、天然气主要产区政治形势动荡不安、能源价格变幻不定也坚定着全球能源转型的决心。2021 年，美、英等国开始实施多个海洋清洁能源发展战略，加速海上风电建设，菲律宾政府也启动了海上风电路线图项目。此外，以可再生能源制作"绿氢"也提上了议事日程。

1. 美国重返《巴黎协定》，政府加速海上风电建设[35]

2021 年 1 月，美国总统拜登首次签署行政令，宣布美国将重返《巴黎协定》，预计美国能源政策将由发展传统能源转向支持清洁能源，海上风电即将迎来建设热潮。美国海洋能源管理局将对太平洋沿岸的潜在风能进行评估，为商业风能租赁区块出让奠定基础；美国国税局发布了海上风能发展指南，允许可再生能源项目在启动建设后的十年内投入运营；美国安全与环境执法局和海洋能源管理局签署备忘录，在协调沿海风力发电厂建设中加强战略协作，促进可再生能源发展。

2. 美国修订《琼斯法》，首次将外大陆架海上风电项目纳入司法管辖范围[36]

2021 年 1 月，美国总统拜登强调，《琼斯法》[①]应适用于海上可再生能源项目。2月，美国海关与边境保护局裁定，《琼斯法》适用于从美国港口到外大陆架的商品运输、开发和生产风能。该裁决结束了美国长期以来与海上风电相关的法律争端，也体现了拜登政府对海上可再生能源项目的重视。

3. 美国能源部拨款研究海上风电环境影响[37]

2021 年 1 月，美国能源部（DOE）宣布将投入高达 1450 万美元的环境研究资金，为未来开发海上浮动风能做准备。经费重点资助以下三个领域：①海上风电对美国西海岸海洋生物影响的评估和技术；②海上风电对商业捕捞物种生态系统影响的评估和技术；③美国其他海域环境基线研究及环境监测技术研发。

4. 美国规划海上风电目标，2050 年达 110GW[②][38]

2021 年 3 月，美国政府发布一项海上风电发展计划，到 2030 年装机容量达到30GW，足以为 1000 万户家庭供电，至 2050 年将达到 110GW。拜登政府的长远目标是将美国发展成世界领先的海上风电能源生产国，这是美国降低碳排放以应对全球气候变化全面计划的一部分。同时，美国将建立可持续发展的海上风电产业链以创造就业岗位，包括建造 4～6 艘分别价值 2.5 亿～5 亿美元的专用涡轮机安装船。

5. 英国发布报告，呼吁绿色开发海上风能[39]

2021 年 6 月，英国 Natural England[③]发布报告，呼吁海上风电开发前进行充分的环境影响评估，并及时采取补救措施，避免造成不可挽回的损害。海上风电开发是英国"净零"碳排放目标的重要基础，也是其绿色工业革命的核心策略。政府计划到 2030 年利用海上风能产生 40GW 的电力（图 1.13），到 2050 年达到 100GW。这种大规模的扩张使英国政府意识到海洋规划将成为未来发展的核心，在规划阶段考虑风电开发的环境影响并计划好补救措施，不仅可以最大限度地利用海洋带来的能源效益，还有助于保护沿海和海洋生物栖息地，维持生物多样性。

6. 菲律宾开始绘制海上风电路线图[40]

2021 年 6 月，菲律宾能源部启动了海上风电路线图项目。该项目由世界银行能源部门管理援助计划资助，旨在确定菲律宾海上风电开发潜力区，制定短期和长期海上风电开发目标，规划政府可再生能源投资组合战略，并为海上风电项目投资者营造有利商

---

① 《琼斯法》是美国规范海上贸易的联邦法律，通过限制外国商船在美国港口的贸易活动达到保护本土海事公司及其船员利益的目的。

② 1GW=100 万 kW。

③ Natural England 是英国政府成立并资助的自然资源可持续开发与环境修复咨询机构。

图 1.13　英国东部近岸海上风电场（据 Gov. UK[39]）

业环境，以及为政府制定相关政策提供依据。此外，世界银行还将在技术、经济、环境、社会、就业和融资方面为菲律宾海上风电场的建设提供指导。该项目是在世界银行能源部门管理援助计划与国际金融公司海上风电发展联合项目下委托进行的一系列海上风电路线图研究之一。

7. 西班牙发布浮式海上风电路线图[41]

2021 年 7 月，西班牙生态转型和人口挑战部发布了 2030 年浮式海上风电路线图，目标是在未来十年内开发利用 1～3GW 的浮式海上风电和 60MW① 的商用潮汐能及其他清洁海洋能源。该路线图列出了四个目标：①将西班牙作为欧洲设计、推广和展示清洁能源新技术的平台；②将西班牙打造成先进工业能力的"国际标杆"；③将可持续性作为海上可再生能源开发的核心；④建立有序的规划来推动海洋能源项目，尤其是海上风能项目的发展。

8. 美国能源部拨款 2700 万美元以加速波浪能技术市场化[42]

2021 年 7 月，美国能源部（DOE）宣布提供高达 2700 万美元的联邦资金，资助将波浪能转化为无碳电力的研究和开发项目。该项目旨在推动波浪能技术实现产业化，支持美国政府建立清洁能源经济，创造高薪工作岗位，支撑美国到 2050 年实现"碳中和"。被资助的项目将使用 PacWave South 波浪能测试设施进行研究和开发，包括三个方面：①测试波浪能转换技术（1500 万美元）；②推进波浪能转换设计（500 万美元）；③与波浪能研发技术相关的开放式课题研究（700 万美元）。

9. 国际能源署发布《2021 全球氢能评论》报告，指出低碳氢能未来发展潜力巨大[43,44]

2021 年 10 月，国际能源署（IEA）发布《2021 全球氢能评论》，分析了全球氢能发展速度、应用范围、政府关注重点和低碳氢能②发展趋势（图 1.14），指出世界各国

---

① 1MW=1000kW。

② 低碳氢能包括蓝氢和绿氢。蓝氢是提取天然气中的甲烷生成的氢能，可通过结合碳捕集、利用与封存（CCUS）技术实现低碳制备，属于低碳能源；绿氢是利用可再生能源来电解水制造的氢能，属于零碳能源。

为实现温室气体减排承诺，未来 10 年低碳氢能在总体能源结构中会更具竞争力，而结合碳捕集、利用与封存（CCUS）的蓝氢技术也将为扩大绿氢产能铺平道路。针对低碳氢能发展前景，该报告对各国政府提出了五条建议：①制定氢能发展在能源系统中的战略路线图；②鼓励使用低碳氢取代化石燃料；③支持对低碳氢能的生产、基础设施和工厂投资；④提供强有力的创新支持，确保技术尽快商业化；⑤建立相关标准、认证和监管制度。

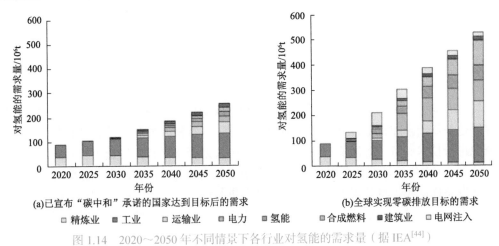

图 1.14　2020～2050 年不同情景下各行业对氢能的需求量（据 IEA[44]）

10. 美国能源部和内政部共同拨款 1355 万美元，支持海上风电环境监测[45]

2021 年 10 月，美国能源部（DOE）宣布将与美国海洋能源管理局共同为四个项目拨款 1355 万美元，支持可持续海上风电开发，推进美国在 2030 年完成 30GW 海上风电场的目标[45,46]。其中杜克大学已获得 750 万美元的资助，研究美国东海岸风电场开发对鸟类、蝙蝠和海洋哺乳动物造成的潜在风险，绘制一个适应性路线图；库那米塞特农场基金会（Coonamessett Farm Foundation）将获得 330 万美元，调查美国东海岸风电场中商业鱼类和海洋无脊椎动物种群及其栖息地的变化；俄勒冈州立大学将获得 200 万美元，对美国西海岸的海洋哺乳动物和海鸟进行视觉调查和声学监测，创建西海岸潜在风能开发区物种预测密度图；伍兹霍尔海洋研究所已经获得 75 万美元，开发海洋自主机器人技术，以对西海岸潜在风能开发区的海洋生物和海底环境进行监测。这些项目将为海上风电场的选址、政府发放许可、野生动物保护和渔业监测提供必要数据。

第二章

海洋新能源

海洋可再生能源是绿色清洁能源，资源总量巨大，生产过程中不释放二氧化碳，不消耗化石能源，是全球应对化石能源短缺和气候变化、实现能源转型的选择之一。欧美等发达海洋国家非常重视开发利用海洋能，除了大规模开发利用外，还将其作为战略性资源进行技术储备。海洋能产业可促进地区中长期经济增长，创造更多就业岗位。欧盟估计到 2035 年海洋能产业将创造近 4 万个就业岗位。美国和欧洲国家海洋能资源丰富，开发条件优越，将其视为重要的新兴产业进行培育，从海洋能基础理论研究到关键技术研发、海上试验、示范运行，再到阵列化应用，财政资金给予了全链条式的支持。

一、海洋可再生能源

海上风电目前是欧洲低成本发电方式之一，在欧洲的脱碳计划中发挥着重要作用，而且，海上风能开发技术已相当完善，各国都竞相发展。此外，潮汐能、潮流能、波浪能、水面浮动式太阳能技术也日臻成熟，发展前景良好。

1. 加拿大将建设世界首个浮动潮汐能平台阵列[47]

2021 年 2 月，英国可持续海洋工程公司开发的新型浮动潮汐能平台在加拿大新斯科舍省海域全面竣工，并在芬迪湾（Bay of Fundy）启动，这里是地球上潮汐最高的地区。该平台的建设是加拿大有史以来最大的潮汐能项目（Pempa'q）的一部分，项目最终目的是要建设世界首个潮汐能平台阵列，为新斯科舍省近 3000 万住户提供高达 9MW 的电力，预计每年减少 1.7 万 t 二氧化碳排放。

2. 水面浮动式太阳能发电技术有望得到规范发展[48]

2021 年 3 月，挪威 DNV 集团①发布了全球首个有关浮动式太阳能项目（图 2.1）的推荐做法，对项目的设计、开发、运行和退役提出一系列可持续且合理的技术要求。浮动式太阳能系统将太阳能电池板安装在合适水体表面的浮动结构上，是一种有前途的可再生能源技术，特别适合于土地短缺的地区。发布的前一周，挪威 Ocean Sun 公司已与希腊 MP Quantum 集团签署协议，将在希腊和塞浦路斯合作建设海面浮动太阳能发电系统。

---

① 挪威 DNV（Det Norske Veritas）集团是世界最大的船级社和最大的海洋可再生能源技术咨询公司。

图 2.1　挪威 DNV 集团发布的浮动式太阳能发电系统（据 The Explorer[48]）

3. 俄勒冈州立大学建立美国第一个商业规模并网使用的波浪能试验场[49]

　　2021 年 3 月，美国俄勒冈州立大学 PacWave South 波浪能试验场项目获批（图 2.2），并于 6 月在美国西北海岸约 7 英里处动工建设，通过变电站将波浪能产生的电力并入当地电网。该项设施预计耗资 8000 万美元，有四个波浪能测试"泊位"，能同时容纳 20 个波浪能设备，为波浪能设备开发商提供真实环境的测试场地，将成为美国第一个具有商业规模且与公用电网连接的海洋波浪能试验场。

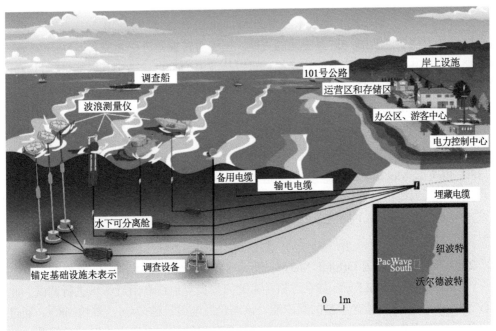

图 2.2　PacWave South 波浪能试验场项目示意图（据 The Advocate[49]）

4. 美国国家海洋和大气管理局与跨国海上风电企业合作，将共享海洋数据[50]

　　2021 年 4 月，美国国家海洋和大气管理局（NOAA）宣布与 Ørsted 公司达成合作协议，共享大西洋中部的海上风能数据（图 2.3）。Ørsted 公司将为 NOAA 提供其在美国管辖海域内获取的海洋物理和生物数据，帮助 NOAA 进行气候适应、减灾项目以及海洋气候变化等研究。这项协议为将来美国公共部门与私营企业签署更多的数据共享协议铺平了道路，能最大限度地利用已有商业资源。作为回报，NOAA 也将分享其公开可用的数据。

图 2.3　Ørsted 公司建立的大规模风电场（据 NOAA[50]）

5. 瑞典能源署资助波浪能转换器开发项目[51]

2021 年 4 月，瑞典波浪能技术开发商 Novige 公司设计的波浪能转换器 NoviOcean 概念模型获得瑞典能源署 65 万美元的资助，用于对转换器进一步完善。NoviOcean 是一种浮动式非共振点吸收波浪能转换器，可以从波浪的垂直运动中获取能量。目前，该设备已在海上进行了原型测试，其独特的设计增强了抗风暴的能力，可确保设备全天候发电，比现有波浪能转换器的能量转换效率更高。

6. 英国将测试巨型波浪能发电机[52]

2021 年 4 月，Blue X 波浪能发电机亮相（图 2.4）。该巨型波浪能发电机长 20m、重 38t，由英国 Mocean Energy 公司制造，首先部署在欧洲海洋能源中心进行海试，夏天再进行一系列测试。该设备工作时产生的电能将输送至海底电池组，为远程操作的自主式水下航行器（AUV）提供绿色零碳动力。

7. 英国制造出世界上最大的潮汐能涡轮发电机[53]

2021 年 4 月，英国 Orbital Marine Power 公司推出世界上最大的潮汐能涡轮发电机——Orbital O2（图 2.5），并在苏格兰东北海岸奥克尼群岛附近海域进行调试。此处潮汐速度约为 4m/s，蕴含丰富的潮汐能。该涡轮发电机长约 74m，重约 680t，通过四点系泊系统锚定在海床上，涡轮叶上涂有高性能防腐蚀涂层，以保护叶片免受藤壶和藻类等寄生生物腐蚀。该涡轮机最大发电功率为 2MW，产生的电力将通过动态电缆传输到海床，然后通过静态电缆沿着海床传输到陆上电网。一旦 Orbital O2 并网发电，将产生足够 2000 个英国家庭使用的电力，每年可减排二氧化碳约 2200t。

图 2.4　Blue X 波浪能发电机（据 Marine Technology News[52]）

图 2.5　Orbital O2 潮汐能涡轮发电机（据 Steffen[53]）

8. 美国科学家设计水下风筝，用以收集潮汐和潮流能[54]

2021 年 5 月，美国加利福尼亚州斯坦福国际研究院（SRI）和加利福尼亚大学伯克利分校的科学家公布了一种水下风筝（图 2.6），用以收集潮汐和潮流能。该风筝由相对轻质和低成本的泡沫与玻璃纤维制成，表面涂有聚合物复合材料涂层，通过系绳连接到一个发电机上，发电机固定在海底或河底。水下风筝的制造、安装和回收成本都较为低廉，研究人员的目标是使每只风筝的平均输出功率达到 20kW（可为 12 户家庭供电）。该研究隶属于美国能源高级研究计划署的海底水动力及河流千兆瓦级系统设计项目，项目总经费 3800 万美元。

9. 印度尼西亚将建造世界上最大的海上浮式太阳能发电场[55]

2021 年 7 月，新加坡 Sunseap 集团宣布斥资 20 亿美元在印度尼西亚巴淡岛（Batam Island）建造世界上最大的浮动太阳能发电场和储能系统（图 2.7）。该项目建造在一个由海湾改造的水库上，占地 1600hm²，峰值功率 2.2GW，年发电量超过

2600GW·h。系统所产生的绿色能源主要供应巴淡岛内需求，部分电力将通过海底电缆输送到 50km 以外的新加坡。该工程于 2022 年开始，计划 2024 年完工。

图 2.6　水下风筝效果图（据 Young[54]）

图 2.7　浮动太阳能发电场试验工程现场（据 Khasawneh[55]）

10. 葡萄牙研究人员展示新型波浪能纳米发电技术[56]

2021 年 8 月，葡萄牙研究人员在"能量储存和转换"线上会议中展示了一项名为"滚动球形摩擦纳米发电机"的新型波浪能发电技术（图 2.8）。利用此新技术可直接将发电机集成到导航浮标中，具有更高的输出功率，可解决偏远海上站点的供电问题。但此项技术仍在一定程度上受到波浪的不规则性影响，研究团队计划在葡萄牙近海部署原型机，以测试实际发电效果。

11. 美国能源部向伍兹霍尔海洋研究所提供资金，支持海上风电可持续发展研究[57]

2021 年 11 月，美国能源部向伍兹霍尔海洋研究所（WHOI）提供 75 万美元以开发一套对环境侵入性较小的海洋自主机器人群组，专门对美国西海岸潜在风能开发区的海洋生物和海底进行全天候自动化环境监测。WHOI 拟使用三类自主平台，包括 WHOI 开发的新一代自主水面滑翔机（图 2.9）、悉尼大学开发的自主深海漂流器、美国"海

图 2.8 "滚动球形摩擦纳米发电机"新型波浪能发电技术（据 American Institute of Physics[56]）

该发电机可以直接集成到浮标中，从海浪中获取电力

图 2.9 WHOI 开发的模块化自主水面滑翔机（据 WHOI[57]）

洋先进机器人"公司开发的波浪自适应模块化水面航行器（WAM-V）。未来这套海洋自主机器人群组对于评估风电场对生态系统的影响，促进海上风电的可持续发展至关重要。同时，WHOI 也是美国能源部另一个 750 万美元风电开发评估项目的参与方（领导方为杜克大学），该项目将评估美国东海岸海上风电开发可能对鸟类、蝙蝠和海洋哺乳动物构成的威胁，该项目中 WHOI 负责开发和应用新型智能、低成本漂流声学记录器，以跟踪海洋哺乳动物在风力发电场周围的活动和生存状态。

二、海洋氢能

离岸制氢可能是将海上风力发电产生的能源输送到陆地的最佳方法。2021 年以来，欧洲多家能源与设备公司共获得超千万欧元的资金，用以开发和建设海上风能制氢系统。其中挪威将进行高级控制系统及动态过程模拟器的开发和测试，德国与英国将进行兆瓦级风力涡轮机和电解器组合系统的海岸测试。日本开始研究以天然气水合物制作氢和氨的技术，着手打造绿氢供应链。

1. 欧洲加速建设"绿氢"项目，以期实现能源转型[58]

氢能被视作未来的清洁能源，分为三种类型：灰氢（从煤炭、石油或天然气中提取，排放二氧化碳），蓝氢（生产方式与灰氢相同，增加碳捕集技术减排二氧化碳），绿氢（利用可再生能源从水中制氢，零排放）。绿氢最为理想，多个国家正开展海上绿氢工程。欧盟计划为其氢能开发战略投资 4700 亿欧元，并到 2050 年将海上风电场装机量提升 25 倍。

2021 年 1 月，西班牙可再生能源开发商 Acciona 启动建设世界上第一座以海上浮动风能和光伏技术为动力的绿氢电厂项目（图 2.10），建设周期为三年。荷兰皇家壳牌公司正主导 NortH2 项目，计划到 2030 年生产 400 万 kW 的海上风电，这些电力随即将海水制氢后再利用。德国西门子歌美飒公司和西门子能源公司正联手研发一种系统，可利用海上风电直接制氢。

图 2.10 Acciona 绿氢电厂设计概念图（据 Snieckus[59]）

2. 法国和挪威能源公司合作开发低碳制氢项目[60]

2021 年 2 月，法国 ENGIE 集团和挪威 Equinor 公司宣布建立合作关系，共同开发低碳制氢项目，为实现 2050 年零排放目标铺平道路，且调查天然气制氢的生产和市场潜力，将二氧化碳捕集并永久储存在海上。此前，ENGIE 集团还与法国油气巨头道达尔能源公司合作，建造和运营法国最大制氢基地；Equinor 公司也参与了一个捕集二氧化碳并将其储存在北大西洋的项目（图 2.11）。

图 2.11 挪威 Equinor 公司设计的风电制氢项目效果图（据 Fuel Cells Works[61]）

3. 日本研究天然气水合物开发技术，计划以甲烷制氢和氨[62]

2021 年 2 月，日本政府一个专家小组认为大规模生产天然气水合物可以实现氢和氨两种清洁能源的持续供应。此后，日本海上石油平台制造商 Modec 公司开发了一个天然气水合物萃取装置，可以有效开采近岸浅海水合物，通过海底管道将甲烷输送上岸后制氢。Modec 公司认为，通过规模化生产可以实现天然气水合物制氢商业化。此外，三菱造船公司也在研发天然气水合物浮动式生产设备。日本政府计划于 2050 年实现"碳中和"，其中，稳定的氢能源和氨能源供应是计划的关键。

4. 挪威建设"巴伦支海蓝色"项目，开发绿色氨能源，推进海底碳封存商业化[63]

2021 年 3 月，美国能源技术公司贝克休斯公司与挪威碳技术初创公司——Horisont Energi 公司签署合作协议共同开发"北极星"项目，通过技术整合，最大限度减少碳捕集、运输与封存（CCTS）过程中的碳足迹、成本和时间。"北极星"项目首先在挪威巴伦支海大陆架建设碳封存设施，预计总碳储能力超过 1 亿 t，相当于挪威每年温室气体排放量的两倍。

挪威 Horisont Energi 公司致力于固碳及生产新能源氢和氨，其正建设的"巴伦支海蓝色"项目将建立世界首个全面实现"碳中和"的"蓝氨"生产工厂。"北极星"作为该项目的一部分，目标是在全球范围内实现最低成本的碳储存，协助其他国家实施"碳中和"计划。

5. 美国船级社（ABS）加入海上燃料电池开发项目[64]

2021 年 4 月，ABS 宣布加入 SOFC4 Maritime 项目，以加速固体氧化物燃料电池技术的开发，替代化石燃料燃烧和发电。SOFC4 Maritime 是一项合作开发项目，由丹麦政府能源技术开发与示范计划资助，目标是利用绿色燃料（如氨、氢和生物甲烷等）为船舶提供动力，以减少海运碳排放。

6. 日本和澳大利亚将合作打造绿氢供应链，支持日本"碳中和"计划[65]

2021 年 9 月，以岩谷公司（Iwatani Corporation）为首的五家日本主要氢供应商与澳大利亚两家能源基础设施公司签署备忘录，表示将研究在日本和澳大利亚之间建立绿色液化氢供应链。该项目计划在澳大利亚利用可再生能源大规模生产氢气，大部分在昆士兰州的港口进行液化后出口到日本。该计划的长期目标是可靠、低成本生产氢气，在2026 年日产至少 100t，2031 年日产至少 800t。后续双方将重点进行绿氢生产技术、氢液化厂和液化氢载体建设，以及相关的金融和环境评估等方面的可行性研究。绿氢通过可再生能源分解水来制造，是一种零碳燃料，被越来越多地推广为碳排放密集型产业的重要脱碳途径。日本政府大力支持绿氢相关项目，将其作为 2050 年实现"碳中和"的重要手段。

7. 美国科学家发现生产"蓝氢"对气候影响更大[66]

氢气被视为未来能源转型的重要燃料，目前大多数氢气通过天然气中甲烷的蒸汽重整产生，称为"灰氢"。该过程中二氧化碳排放量高，越来越多的人建议在生产过程中加入碳捕获和储存流程，以生产低二氧化碳排放的"蓝氢"。美国科学家检验和估算了"蓝氢"生产周期内温室气体的排放量，结果发现，在产生相同热量的条件下，

"蓝氢"在生产过程中二氧化碳排放量仅比"灰氢"减少 9%～12%，但释放的甲烷量高于"灰氢"，而甲烷对气候的影响显著高于二氧化碳。进一步对比发现，生产"蓝氢"过程中温室气体排放量比直接燃烧天然气或煤炭至少高 20%，比燃烧柴油高 60%。研究人员认为，现在行业推广的"蓝氢"方案并非如宣传所称的绿色清洁，其对气候的影响需要进一步评估。该研究发表在《能源科学与工程》（*Energy Science & Engineering*）。

三、综合清洁能源开发

单一的海洋能源开发并非高效利用海洋清洁能源的最佳方案，因此，欧洲多个国家已着手建设能源岛，在一个能源枢纽上集成风能、波浪能和潮汐能电力后接入陆上电网，或转换成氢能后使用。此外，英国正在建立全球首个零排放工业区，以多种举措支撑"碳中和"目标的实现。

1. 丹麦筹建能源岛，瑞典 MMT 公司和荷兰辉固国际集团参与前期勘测[67]

2021 年 2 月，丹麦宣布将建设首个人工能源岛（图 2.12），规划面积相当于 18 个足球场，是丹麦最大的风能发电枢纽。瑞典 MMT（Marin Mätteknik）公司和荷兰辉固国际集团中标该能源岛海底勘测项目。MMT 公司将进行施工前的地球物理和地震勘测，包括海床以下 100m 的二维地震勘测、使用遥控无人潜水器（ROV）进行的磁力勘测、超高分辨率三维地震调查等。荷兰辉固国际集团将进行沉积物取样分析和磁力勘测工作，并建立综合地质和岩土土壤模型，为未来风电场建设提供基础数据。

图 2.12　丹麦人工能源岛概念图（据 OE Staff[67]）

2. 意大利或将建世界上最大的海上清洁能源枢纽[68]

2021 年 2 月，意大利三家可再生能源公司联合申请在港口城市拉韦纳建立世界最大的海上清洁能源枢纽项目许可。该项目将安装 65 台涡轮机（每台 8MW），并建设发电能力为 620MW 的风能和太阳能设备，以及 100MW 的浮动太阳能发电场。项目建成后，每年将产生 1.5TW·h[①]的电力，可满足 50 万个家庭的需求。此外，开发商还将在

---

① 1TW=10 亿 kW。

退役的石油和天然气钻井平台上安装电解器，每年生产 4000t 氢气，并在锂离子电池中储存 100MW·h 的电力。该项目预计耗资 10 亿欧元。

3. 施耐德电气公司与潮汐能开发商 Minesto 公司合作建设海洋能源农场[69]

2021 年 3 月，Minesto 公司与施耐德电气公司签署一项合作协议，共同开发基于 Deep Green 技术的海洋能源农场。Deep Green 技术是 Minesto 公司开发的一种潮汐能发电技术，此次合作将利用这种技术建立可持续的兆瓦级电网，加速海洋能源的商业推广，推进实现低碳减排的目标。

4. 英国将建立首个零碳工业区[70]

2021 年 3 月，英国政府宣布启动支持在南威尔士创建世界上第一个零碳排放工业区。该项目涉及的工程研究包括氢能的生产和使用、碳捕集和存储，以及二氧化碳运输技术。南威尔士是英国第二大工业二氧化碳排放区，该项目由南威尔士产业集群牵头。

5. 欧盟全力支持比利时建设能源岛[71]

2021 年 7 月，欧盟委员会通过一项提案，为比利时提供 4.5 亿欧元（约 5.3 亿美元）经费建设能源岛。该能源岛位于比利时离岸 40km 处，占地 5hm²，未来将有三个主要目标：①将其海域内 2.1GW 的海上风能接入陆上电网；②与其他国家或地区合作，整合并进口北海及其周边地区的可再生能源，促进绿色能源（如氢能）生产；③为海上作业及其他公共设施的运营维护提供场地。此前，欧盟已为比利时创新氢项目和多功能能源平台建设拨款了 5.4 亿欧元（约 6.4 亿美元）。

6. 法国和英国将合作推动浮式风能和氢能技术创新[72]

2021 年 7 月，欧洲海洋能源中心发布了一份由英国政府提出建议报告，报告由法国工程公司 INNOSEA 和跨国咨询公司 ERM 共同撰写。报告认为，法国和英国具有共同地理特征和能源系统，浮式风能和氢能技术是双方能源脱碳战略中不可或缺的环节，因此将合作探索两种新能源供应链的技术创新。同时，报告确定了双方共同面临的技术问题和创新挑战，包括开发港口基础设施和海上实践，研究和开发浮动相关的材料和组件。该报告中还列出了未来与浮式海上风能和氢能相关的发展机会和研究需求。

7. 丹麦批准波罗的海近海调查，计划建造海上风电站和开发能源岛[73]

2021 年 7 月，丹麦能源署（DEA）批准丹麦国家电力和天然气输电运营商 Energinet 在波罗的海近海开展海床调查并研究海上风电场建设的可行性。丹麦计划在此建造两个海上风电场，并接入博恩霍尔姆能源岛。DEA 于 2021 年下半年启动博恩霍尔姆能源岛海上风电场的战略性环境评估。北海和博恩霍尔姆能源岛都必须与其他国家的电网相连，计划于 2030 年之前完工。2020 年 6 月，丹麦批准了两个能源岛的开发计划，一个在北海，另一个为波罗的海博恩霍尔姆岛，并由 Energinet 对这两个能源岛进行可行性研究。2021 年年初，德国输电系统运营商 50 Hertz 与 Energinet 就已签署了意向书，合作进行博恩霍尔姆能源岛项目，将德国和丹麦的电网通过互联器连接起来。

8. 挪威与荷兰签署碳捕集与封存协议，欲将北海打造成全球能源绿色转型的样板[74]

2021 年 11 月，挪威和荷兰签署了一项协议，两国将合作提出北海碳捕集与封存的解决方案，进行更多的绿色能源开发双边合作。挪威政府表示会将勘探开发海洋石油、天然气所积累的经验、知识和设备逐步转移到发展氢能和海上风电方面，加大绿色能源基础设施和技术研发方面的投入。此外，两国科学家充分强调了海洋科学的重要性，挪威的大学将与荷兰研究人员共享部分科考船、海洋机器人及海洋测绘技术，共同促进海洋可持续发展。长期以来，挪威经济极度依赖石油工业。在全球化石能源生产放缓的大背景下，挪威提出要将北海打造成能源转型样板，加大开发北海绿色能源的潜力。

第三章

南北极与格陵兰

南北两极和格陵兰冰盖虽然终年寒冷，人烟稀少，但也是地球系统的重要组成部分。它们以其独特的地理位置和气候条件，对全球气候变化和大洋环流都产生重要影响，且发育了别具一格的生态系统。100 多年来，科学家从未停止过对地球两极的勘查，研究重点逐渐从资源能源勘探转向环境保护与环境变化机理、冰盖融化与全球气候的相关性等方面。

一、科研计划与行动

俄罗斯和美国作为北极八国中国土大、科研能力强的国家，2021 年在北极实施多个航次，尤其关注能源开发和航道利用。此外，两国继续在南极维持多个科考站，实施冰芯取样项目。澳大利亚因临近南极，专注于南极科考。日本两条科考船分别驶向南极和北极。

（一）南极与南大洋

1. 澳大利亚租用荷兰破冰船，前往南极科考站补给[75]

2021 年 1 月，澳大利亚南极局（AAD）租用荷兰一家海洋服务公司的破冰船 MPV Everest（图 3.1）前往南极，向 Casey 科考站运送物资及轮换科考队员，航程一个月。MPV Everest 被认为是目前最先进的极地破冰船，2017 年入列，长 140m、宽 30m，总吨位 21943t，配置 $7.2m^2$ 月池，乘员 140 人。

图 3.1　MPV Everest 号破冰船（据 Australian Antarctic Program[75]）

2. 澳大利亚南极科考船机舱失火[76]

2021 年 4 月，澳大利亚南极科考补给船 MPV Everest 从科考站回航，至南大洋中部时左舷机舱失火，并烧毁了船上两艘充气救生艇（图 3.2）。据悉，船上共 109 人，包括 72 名科考队员。此次失火虽无人员伤亡，但给不少人造成了心理创伤。虽然该船仍可用右舷机舱缓慢驶回，但澳大利亚南极局（AAD）还是派出另一艘海上补给船护航，以确保人员安全。

图 3.2　此次失火的 MPV Everest 号补给船（据 Australian Antarctic Program[76]）

3. 俄罗斯政府增加拨款，以改造南极东方站[77]

东方站又称沃斯托克站，是 1957 年苏联在南磁极附近建立，现属俄罗斯所有，俄、美、法三国科学家合作运营。东方站老建筑已破败不堪，覆盖积雪厚达 3～5m，急需现代化改造。2020 年 8 月，俄罗斯完成东方站新模块化综合体的建造（图 3.3），该综合体结构长 140m，面积超过 1900m²，由 133 个模块组成，由 3m 高支架支撑，可避免积雪覆盖。新站包括生活区、科学实验室和车库，夏季可容纳 35 人，越冬季节可容纳 15 人。2020 年 10 月，俄罗斯核动力破冰运输船 Sevmorput 号运送综合体前往南极，但途中因螺旋桨叶片脱落被迫返航。2021 年 9 月，俄罗斯政府再次拨款 1360 万美元，用于综合体的运输及安装工作，仍然由 Sevmorput 号负责。新东方站计划于 2024 年投入使用。

4. 澳大利亚公开新版 1∶2000 万南极洲和南大洋地图[79]

2021 年 8 月，由澳大利亚南极局（AAD）数据中心制作的 1∶2000 万南极洲和南大洋地图公开出版。该版本地图使用 GIS 软件制作，整合更多的数据源，采用最新的 REMA 数据（南极洲参考高程模型）叠加 LIMA 影像（南极洲陆地卫星影像），显示南极洲和南大洋的主要地理要素与南极洲的常年/夏季科考站。AAD 称，该版本地图旨在满足南极洲地名命名的国际原则和程序，支撑各国的南极科考。

图 3.3 俄罗斯东方站南极科考站改造完成概念图（据 Сергей Котенко[78]）

5. 澳大利亚南极局（AAD）发布南极夏季科考计划，计划 2022~2023 年夏季开展最古老冰芯钻探[80]

2021 年 11 月，AAP 发布了其 2021~2022 年南极夏季科考计划。AAP 将部署三艘船和一系列飞机，包括 2021 年 9 月新交付的"Nuyina"极地科考船、租用一艘破冰船和一艘冰区加固的货船，向其南极凯西站运送 800t 设备和机械。这些物资后续将在 2022~2023 年夏季运送到距凯西站 1300km 的南极内陆，为冰芯钻探项目做准备。此前，AAP 宣布将从南极冰盖内 2800m 深处获取南极洲最古老的连续冰芯，记录时间超过 120 万年，对冰芯中的微小气泡进行化学分析以还原大气成分，还原地球气候变化过程。冰芯钻取项目计划在 2025 年完成，目前 AAD 工程师已经完成钻头建造，钻头长 10m，重 400kg，能够满足零下 55℃的工作需求。

6. 新西兰和美国启动南极西部钻芯取样项目，揭示过去气候变暖 1.5~2℃对南极冰盖的影响[81]

2021 年初，"南极科学平台"①提出 SWAIS 2C（Sensitivity of the West Antarctic Ice Sheet to +2℃，南极西部冰架对全球变暖 2℃的响应）项目，计划在南极西部罗斯冰架钻芯取样（图 3.4），以揭示罗斯冰架和南极西部冰盖对过去气候变暖 1.5~2℃的敏感程度及响应。2021 年 11 月，该项目以国际合作方式立项，由新西兰和美国科学家领导，德国、澳大利亚、英国、韩国科学家参与。该项目得到了国际大陆科学钻探计划（ICDP）120 万美元资助及参与国共 460 万美元出资。同月，该项目筹备团队从新西兰斯科特站出发前往罗斯冰架的西普尔海岸，在 2021~2022 年南极夏季推进钻井营地建设，将在未来三年内完成现场钻探工作。此外，新西兰针对南极环境开发了先进的取芯技术，可钻穿 800m 厚冰盖，取得冰盖下 200m 深度的海底沉积物样品，这项技术将在

---

① "南极科学平台"计划由新西兰政府主导，研究南极变化对该国及地球系统的影响。

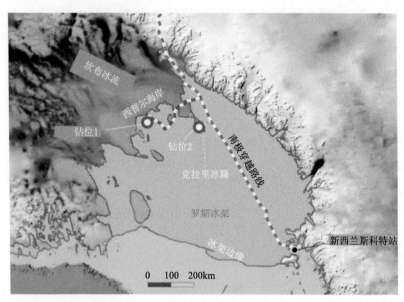

图 3.4　SWAIS 2C 项目两个备选钻位示意图（据 Antarctica New Zealand[81]）

项目实施过程中发挥重要作用。

7. 英国南极调查局与剑桥大学联合举办有奖方案设计，寻求南极科考站脱碳解决方案[82]

2021 年，英国南极调查局（BAS）提出到 2040 年实现所有南极设施净零碳排放的目标，并联合剑桥大学举办黑客松①，以寻求适用于罗瑟拉站的脱碳解决方案。该比赛面向全球创新者团队，评选出三项获奖方案：英国 Greenpixie 公司提出一系列数字解决方案来提高科考站运营效率，包括优化数字设备，建立智能电网，改变日常能源管理方式等；Cambridge Design Partnership 公司提出储能解决方案，设计出通过在建筑围护结构中使用分布式相变材料来实现高效储热；土耳其 ODTU Teknokent 团队提出可再生能源解决方案，设计在电解槽中加入风力涡轮机来抵抗南极极端天气并发挥风能潜力。BAS 将在后续工作中发展并改进这些解决方案，以罗瑟拉站为试点，逐步实现全部南极设施净零碳排放。

罗瑟拉站是英国在南极的最大科考设施，位于南极半岛西部的阿德莱德岛，夏季高峰时期入驻人数超过 100 人，冬季则由一支 22 人团队留守，继续科学工作并维护基础设施。

8. 欧盟南极冰芯项目开钻，计划钻取南极 150 万年冰芯[83]

2021 年 11 月，经过两年钻位选址、营地建设及钻井测试，欧盟"超越欧盟南极冰芯项目"（Beyond EPICA）正式在南极东部高原开钻。本次钻探活动持续到 2022 年 1 月，整个项目的研究工作将持续到 2026 年。上一轮欧盟南极冰芯项目（EPICA）于 2008 年结束，钻获了一个 80 万年前的冰芯。2019 年，欧盟投资 1100 万欧元，启动了

---

① 黑客松（Hackathon）是一种在几天到一周不等的时间内进行最佳方案设计的比赛，多以编程为主。

此轮"超越欧盟南极冰芯项目",旨在超越 EPICA,获取最古老冰芯,计划钻取南极 150 万年以来冰芯,以研究长期气候变化。该项目由意大利极地研究所组织协调,欧洲多国极地科学家合作。

近年来,随着气候变化问题日益突出,南极冰芯钻探研究出现热潮(图 3.5)。澳大利亚将于 2021 年底在与欧盟钻位相距 6km 处启动冰芯钻探。中国于 2012 年在昆仑站附近的南极冰盖最高点穹顶 A 开始钻探,但由于地点偏远,每年钻探时间有限,后期进展缓慢。日本和俄罗斯计划于 2010~2030 年后期开始在富士穹顶和穹顶 B 开启冰芯钻探。2021 年 9 月,美国资助了其最古老冰勘探中心项目(COLDEX)2500 万美元,开始寻找合适的钻探地点。

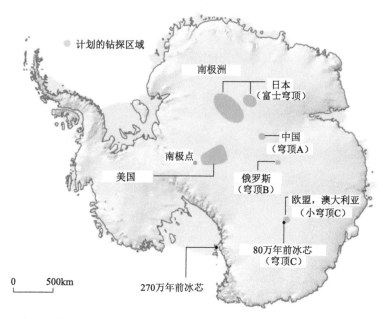

图 3.5 主要国家计划实施的南极冰芯钻探位置图(据 Andronikov 和 Andronikova[84])

9. 俄罗斯科考船启航南极,将航行 215 天[85]

2021 年 11 月 1 日,载有 66 名科考队员的 Akademik Fedorov 号科考船(图 3.6)从圣彼得堡出发,执行俄罗斯第 67 次南极科考任务。此次科考任务包括研究南极地区的大气层以及冰圈、生物圈、磁场、电离层、臭氧层、水圈、岩石圈,同时还将进行海洋学和气象学测量。还有一个任务是为建设新东方站的过冬综合设施做准备,翻修和平站,以及为俄罗斯其他南极科考站提供季节性工程设备、货物和食物等,替换轮值科学家回国。此次任务中,Akademik Fedorov 号计划航行 215 天。Akademik Fedorov 号科考船于 1987 年完工交付,长 141.2m,总吨位 12660t,是俄罗斯极地研究船队的旗舰。

10. 日本"白濑"号破冰科考船启航南极,将航行 141 天[87]

2021 年 11 月 10 日,载有 69 名科考队员的"白濑"号破冰船(图 3.7)从日本横须贺港出发,执行日本第 63 次南极科考任务。此次科考除了常规海洋观测任务,还将深入南极内陆,为日本明年启动南极冰盖 100 万年冰芯钻探计划选定合适的地点。此次

图 3.6　俄罗斯 Akademik Fedorov 号极地科考船（据 shipspotting[86]）

图 3.7　日本"白濑"号破冰船（据信德海事网[88]）

任务中"白濑"号破冰船将航行 141 天，规模与时长均与往年持平。"白濑"号破冰船（一代）已于 2008 年退役，现"白濑"号破冰船（二代）于 2009 年开始服役，长 138m，标准排水量 12650t，满载排水量 22000t，最大乘员 175 人（包括 80 名科学家），是目前日本最先进的极地科考船。

11. 英国 Sir David Attenborough 号极地科考船启航南极[89]

2021 年 11 月 16 日，载有 66 人的 Sir David Attenborough 号极地科考船（图 3.8）起航，执行英国 2021～2022 年的南极科考任务，这也是此新建科考船的首个正式航次。此次任务将把科考队员、食物、货物和燃料运送到英国的五个南极科考站，并在南大洋部署随洋流漂流的 Argo 浮标，为英美联合主导的科研项目"国际思韦茨冰川合作"运输和部署必要的科学设备。Sir David Attenborough 号以英国广播公司（BBC）自然地理节目的一个主持人命名，隶属于英国自然环境研究委员会，英国南极调查局（BAS）运营，耗资 2 亿英镑建造，于 2020 年底交付。此船长 129m，总吨位 15000t，最大乘员 90 人（包括 60 名科学家），是英国目前最先进的极地科考船。

图 3.8 英国 Sir David Attenborough 号极地科考船（据 Glacier[90]）

12. 挪威破冰船启航，为南极科考站补给物资[91]

2021 年 11 月 23 日，挪威 Silver Arctic 号运输船启航南极，为挪威特罗尔站运输食品、设备和燃料等物资。挪威的旗舰破冰船 Kronprins Haakon 号将作为本次南极任务的支援船，协助 Silver Arctic 号运输船寻找合适的冰缘进行卸货。特罗尔站距最近的冰缘约 250km，供应物资在冰缘卸下后需要通过冰架运至特罗尔站。Silver Arctic 号运输船隶属挪威 Silver Liner 航运公司，部分研究人员将随船在南大洋采样研究和南极冰缘测量。目前挪威运营两个南极科考站：特罗尔站，为常年站，是挪威主要南极研究基地；托尔站，为一个小型观测点，仅在南极夏季供 3~4 位科学家临时工作。

13. 俄罗斯科考船启航，评估南大洋对世界气候和生物的影响[92]

2021 年 12 月 7 日，俄罗斯 Akademik Mstislav Keldysh 号科考船（图 3.9）从加里宁格勒港启航，执行其第 87 次科考任务。科考船将经大西洋驶向南极威德尔海，从海洋生态系统、海洋初级生产力、水体物理学及水体地球化学等几个方面综合评估南大西洋和南大洋的海洋现状及长期变化机制，重点对南大洋的洋流、锋面、涡流、温盐特征和水团结构进行调查，以解明南极绕极流的作用、南大洋与大西洋及太平洋之间上层和深层海水的交换过程，最终评估南大洋对世界气候和生物的影响。此次科考包含来自十个组织的 53 名科学家，计划航行 120 天。Akademik Mstislav Keldysh 号科考船于 1981 年入役，1987 年改装，船长 122.2m，排水量 6240t，是俄罗斯著名载人深潜器"和平号"的母船，曾执行对泰坦尼克号（英）和俾斯麦级战列舰（德）沉船海底残骸的考察任务。

图 3.9   俄罗斯 Akademik Mstislav Keldysh 号科考船（据 Shirshov Institute of Oceanology of Russian
Academy of Sciences[92]）

（二）北极与格陵兰岛

1. 美国海岸警卫队"希利"号破冰船穿越北极西北航道，完成绕北极巡航[93]

2020 年 8 月，美国海岸警卫队（USCG）的"希利"号破冰船上发生火灾，动力系统受损，被迫取消夏季北极航行任务返回西雅图基地进行维修。2021 年 7 月，"希利"号完成维修，从美国西海岸西雅图出发，作为海岸警卫队环绕北美任务的一部分，开始夏季北极巡航，计划航行 133 天（图 3.10）。得益于近年来北极海冰减少，北极航道愈加开阔，此次巡航是"希利"号自 2005 年以来首次穿越北极西北航道。随船科学家绘制了西北航道浅水区地形图，研究了温水通过海底沟槽引导加速底层冰川融化的过程，观测了格陵兰冰川入海后发生的变化。此外，此次巡航中"希利"号发现了 1963 年沉没的美国北极巡逻船"熊"号的残骸。10 月 10 日，"希利"号抵达美国东海岸波士顿，稍作整顿之后将继续南行穿过巴拿马运河，再北上于年底返回母港西雅图。"希利"号是一艘中型破冰船，1999 年入列，船长 128m，可破 3m 厚冰层。"希利"号和"极星"号是美国海岸警卫队目前仅有的两艘可正常运行的远洋破冰船，二者都已老化，均多次发生事故，已难以满足 USCG 的任务需求。未来十年，USCG 计划新增三艘破冰船，以加强美国在北极的存在感和话语权。

2. 美国航空航天局"海洋融化格陵兰"项目进行最后一次实地测试[95]

2021 年 7 月，美国航空航天局进行"海洋融化格陵兰"（OMG）项目的最后一次实地调查，计划使用一架飞机沿冰川前端飞行，在不同位置投放 300 个一次性温盐探测器，探测器在下沉过程中向飞机传送数据。温盐数据将同天空探测海冰变化数据、船测海底地形数据共同组成数据集，以支撑构建海水/海冰相互作用模型，改进全球海平面上升预测模型。

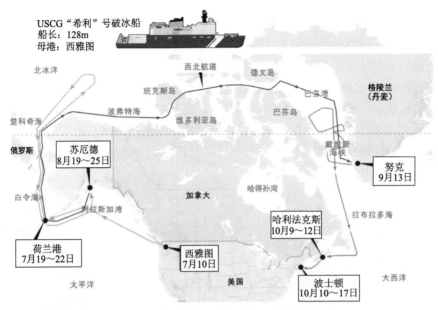

图 3.10 USCG "希利"号绕北极巡航线路图（据 Bernton[94]）

OMG 旨在认识海洋在格陵兰冰川融化过程中的作用，从天空和海洋中收集格陵兰岛周围的水文和冰川数据，以更好地了解冰层融化速度与全球海平面上升速度的关系。

3. 国际北极世纪科考队进行北极考察[96]

2021 年 8 月，国际北极世纪科考队①搭乘俄罗斯 Akademik Tryoshnikov 号极地破冰船（图 3.11）从德国基尔出发，经俄罗斯摩尔曼斯克前往北极进行为期一个月的科考。此次科考进入北极偏远地区，包括喀拉海（Kara Sea）、拉普捷夫海（Laptev Sea）、法兰士·约瑟夫地群岛（Franz Josef Land）、北地群岛（Sewernaja Semlja）等，重点关注气候变化对北极敏感区环境的影响，进行陆地、海洋、冰川和气象方面的研究。

图 3.11 俄罗斯 Akademik Tryoshnikov 号极地破冰船在德国基尔港口（据 GEOMAR[96]）

---

① 国际北极世纪科考队由瑞士极地研究所（SPI）、俄罗斯北极和南极研究所（AARI）、德国基尔亥姆霍兹海洋研究中心（GEOMAR）的科学家组成。

4. 俄罗斯启动北极海底光缆项目建设[97]

2021 年 8 月，由俄罗斯交通部主导的"极地快线"（Polar Express）项目（图 3.12）在一再延期后正式开工。该项目计划投资 650 亿卢布（约合 8.89 亿美元），建设一条长达 12650km，通过俄罗斯北极地区连接欧洲和亚洲的海底光缆，以改善俄罗斯远北地区的通信和基础设施，加强北极航线的开发，使其成为主要航道。8 月初，光缆铺设船从俄罗斯西北港口摩尔曼斯克出发，前往捷里别尔卡附近海域开始工作。该项目将分东西两段建设，计划在 2026 年之前完成。该项目将远东地区的终端设在海参崴，未来可能会增加线路与其他东亚国家相连接。

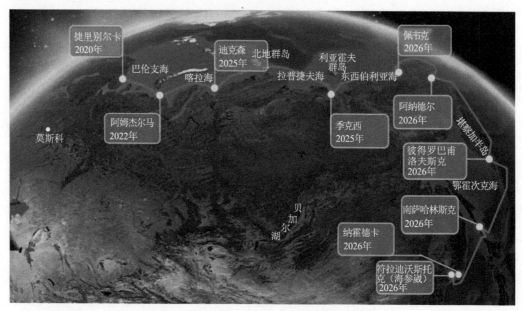

图 3.12 俄罗斯"极地快线"北极海底光缆铺设计划图（据 Bannerman[97]）

5. 俄罗斯石油公司启动北极东部大陆架地质调查[98]

2021 年 8 月，俄罗斯石油公司启动北极东部大陆架地质调查，以建立区域综合地质模型并评估石油和天然气潜力。稍早前，Bavenit 号钻探船正前往拉普捷夫海准备实施第一口钻井，Akademik Primakov 号和 Akademik Lazarev 号分别在拉普捷夫海和东西伯利亚海进行石油地震勘探，另有几艘科考船正在进行海底测量。Bavenit 号获取的岩心样品将由莫斯科国立大学进行测试分析，以确定地层年代。俄罗斯石油公司自 2012 年以来已组织实施 30 多次北极地质、气候和环境调查，是自苏联时代以来规模最大的北极研究。Bavenit 号为目前俄罗斯先进的科学钻井船，长 86m，总吨位 3575t，于 1986 年建造，近年升级改造后具备海底 500m 深度取芯能力，并配备地震勘探设备。

6. 美国阿拉斯加大学北极科考航次出发[99]

2021 年 8 月，美国阿拉斯加大学费尔班克斯分校的 Sikuliaq 号科考船启航前往北冰洋楚科奇海北部边缘地区开展科考研究。研究人员将采集多道地震和海底地震仪（OBS）数据获取地壳结构信息，以了解楚科奇海北部边缘与相邻的加拿大海盆（美亚海盆南部）结构和演化过程。Sikuliaq 号科考船属于美国国家科学基金会，由美国阿拉斯加大学费尔班克斯分校运营，于 2014 年交付使用。此科考船长 79.5m，排水量 3724t，可破 0.76m 厚冰层，最多可容纳 24 名科学家，主要在阿拉斯加和北极地区开展科考活动。

7. 俄美共同主导的 2021 年国际北极科考航次结束，证实了北极气候主要受海洋而非大气的影响[100]

2021 年 9 月，来自美国、俄罗斯、日本和丹麦的科学家搭乘俄罗斯 Akademik Tryoshnikov 号破冰船开始了 NABOS①第 13 个航次（图 3.13）。此航次由美国国家科学基金资助，首席科学家为俄罗斯北极和南极研究所伊戈尔波利亚科夫研究员，项目包括系泊的回收和部署、多学科调查以及一系列补充观察和测量。此航次于 2021 年 10 月 20 日结束回到圣彼得堡港，历时 40 天，共航行 6000 多海里，在拉普捷夫海、东西伯利亚海和北冰洋深水区采集了 9000 多个水体样品并在船上进行了现场测试，数据将添加到 NABOS 数据库中。目前，科学家通过 NABOS 项目证实北极气候主要受海洋而非大气的影响。Akademik Tryoshnikov 号破冰船于 2012 年入列，长 134m，总吨位 12711t，是俄罗斯极地研究舰队的旗舰。

图 3.13　2021 年国际北极科考航次科学家合影（据 TASS[100]）

8. 日本海洋科技中心"未来"号科考船前往北极科考[101]

2021 年 9 月，日本海洋科技中心（JAMSTEC）科考船"未来"号启程前往北冰洋（图 3.14），这是日本北极研究计划的第 19 个航次。本次科考将进行温盐深仪（CTD）测量、投弃式温盐深仪（XCTD）测量、海水取样、大气和湍流观测、沉积物采集器和系泊系统的回收和安装、拖网采集浮游生物、表层沉积物取样等常规调查，并针对北极海冰减少、洋流日益活跃这一背景，进行海洋波浪观测和微塑料调查。科考结果将创建北极综合观测数据集，旨在阐明洋流、大气与海洋化学物质的循环过程，以及海水酸化及海洋生态系统变化过程。

①　NABOS（南森和阿蒙森盆地观测系统）是一个国际北极科考项目，自 2002 年以来已经进行了 12 次科考。

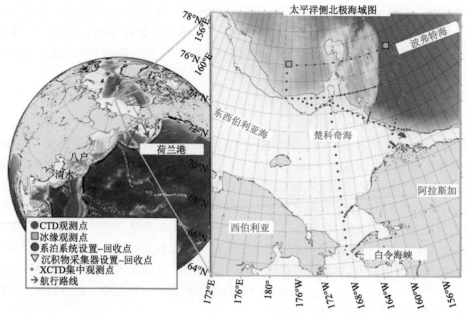

图 3.14　日本"未来"号科考船北极科考航线规划图（据 JAMSTEC[101]）

"未来"号科考船于 1997 年由核动力破冰船改装，长 129m，排水量 8706t，已无法满足日本未来对北极研究的需求。2021 年 8 月，JAMSTEC 宣布将新建一艘极地科考船，新船总造价 2.3 亿美元，长 128m，排水量 13000t，可破 1.2m 厚冰层，计划于 2026 年交付。近年来全球变暖导致北极海冰区加速缩减，反过来又影响着地球气候系统。多国政府针对此背景提出了新的北极研究计划，以应对地球气候与海洋的变化。

9. 挪威领导的国际科考队首次利用遥控无人潜水器（ROV）研究北极冰下热液喷口，获得大量地质和生物样本[102]

2021 年 9～10 月，挪威领导的 HACON 2021 国际科考队搭乘 Kronprins Haakon 号破冰船（图 3.15）探测极光热液喷口，首次使用 ROV 进行了详细的摄像和地形测量，并采集了高温液体、烟囱岩、沉积物和生物等样品。后续实验室研究将分析采集到的样品以了解热液喷口的结构，评估极光喷口生物是在北极孤立进化还是与大西洋或太平洋的生物有遗传关联。Kronprins Haakon 号由挪威北极圈大学、极地研究所和海洋研究所共同运营，船长 100m，总吨位 10900t，可容纳 15～17 名船员和 35 名科学家，可在冰封水域全年运行。

2014 年，德国阿尔弗雷德·魏格纳极地研究所（AWI）的科学家搭乘"极光"号邮轮确认了北极哈克尔海岭（Gakkel Ridge）82.5°N 处 4000m 水深的热液喷口，命名为极光热液喷口区（aurora hydrothermal vent field）。2018 年，挪威北极天然气水合物、环境和气候中心（CAGE-UiT）联合德国 AWI、美国伍兹霍尔海洋研究所、葡萄牙阿威罗大学成立了 HACON 冰下海底热液场研究项目，旨在推动北极深海研究，检验哈克尔海岭为太平洋和大西洋之间的生物基因交流提供连接途径的假设。2019 年，项目团队使用海底拖曳式相机获得极光热液喷口的高分辨率图像。

图 3.15　挪威 Kronprins Haakon 号破冰船在北极执行任务（据 University of Southampton[103]）

二、南极气候与海冰

南极冰盖记录了过去的气候波动信息，这是预测未来气候变化影响的重要参考因素。南极冰盖不断消融、部分面临崩塌，与温室气体排放、全球气温上升、大洋环流变化等多种因素都密切相关，互相影响。近年来，科学家通过分析冰芯探究南极冰盖的变化规律，探索人类活动对南极冰盖的影响，推测冰盖融化与海平面上升的联系。

1. 地质学家揭示南极西部冰盖的中新世历史，发现西部冰盖更容易受到大气-海洋变暖影响而融化[104]

在 1800～1600 万年前的中新世，南极冰盖经历了温暖期和寒冷期。在温暖期，全球海平面上升达 60m 之多，几乎所有南极冰盖都融化了，但南极冰盖对海平面上升的具体贡献尚不明确。2018 年，国际大洋发现计划（IODP）第 374 航次在 U1521 站位（图 3.16）获取了南极罗斯海外大陆架上长 650.1m 的岩心柱，这是评价南极西部冰盖历史的宝贵样品。由英国帝国理工学院科学家领导的国际研究团队通过铷锶同位素分析、碎屑锆石 U-Pb 测年、碎屑岩相学分析、孢粉学分析等方法，对此岩心进行了全面解析。结果表明，尽管如今南极西部冰盖规模小于东部冰盖，但在中新世早期西部冰盖范围比预想中更大，其融化对全球海平面上升影响大于东部冰盖。即使在最温暖的中新世中期，东部冰盖的大部分陆地冰也并未完全融化，而西部冰盖则完全融化。科学家指出，该研究结论与现今西部冰盖更容易受到大气-海洋变暖影响的认识一致，未来需要更关注西部冰盖整体及东部冰盖低洼脆弱部分的变化状态。该研究发表于《自然》（*Nature*）。

2. 南极绕极流正在加速，海洋热量变化是重要原因[105]

南极绕极流（ACC）是 35°S～65°S 之间自西向东横贯太平洋、大西洋和印度洋的全球性环流，是唯一直接环绕地球的洋流，它将南大洋冷水和北部的亚热带暖水分开，影响着全球海洋热传输和海洋物质循环。虽然科学界意识到 ACC 正在加速，但一直缺

图 3.16　IODP 第 374 航次 U1521 站位位置图（据 Marschalek 等[104]）

乏证据且其原因不明。斯克里普斯海洋研究所（SIO）科学家基于长达数十年的卫星海平面测高数据和全球 Argo 海洋浮标网络收集数据，建立动态模型来检测南大洋上层的海流速度。模型分析表明，海洋热量变化是近几十年 ACC 加速愈发显著的重要原因，这种加速促进了洋盆之间的热交换和碳交换，导致了 ACC 南北的冷暖水之间的热量差持续增大。由于南大洋吸收了地球的大量热增量，科学家警告，若人为引起的全球变暖持续，ACC 会继续加速，将产生更多难以预估的影响。该研究发表于《自然·气候变化》（Nature Climate Change）。

3. 南极绕极流在温暖时期流速更快[106]

发表于《自然·通讯》（Nature Communications）上的一项研究中，德国阿尔弗雷德·魏格纳极地研究所（AWI）的科学家利用南极半岛德雷克海峡的沉积物粒度和元素比率，重建了过去 14 万年冰期-间冰期循环中的 ACC 强度变化，发现 ACC 流速变化显著，冰期流速减弱，间冰期的流速更强。经过进一步研究，发现 ACC 强度最大值与南极冬季海冰最小值相关，据此推测 ACC 与南半球的气候波动密切相关。随着全球变暖，ACC 可能会加速，进而影响大西洋经向翻转环流和海洋碳储存。

4. 南极冰芯揭示澳大利亚西南部降水减少的原因，是温室气体排放和自然气候变化共同作用[107]

过去几十年，澳大利亚西南部降水量长期减少（图 3.17），区域城市供水量也随之降低，持续影响当地居民的生产和生活。由于现代仪器记录天气变化的时间、地域有限，集合的数据量不能有效分析降水量减少的原因。澳大利亚科学家通过研究南极凯西站附近 Law Dome 冰原的冰芯发现，1971～2000 年期间，澳大利亚西南部的冬季降水量减少 15%～20%，与此同时，南极洲的降雪量却增加了 10%，二者之间的联系可称为"遥相关"。科学家认为，澳大利亚西南部的大气系统将更多温暖潮湿的空气引导至南极洲,同时也给澳大利亚西南部带来凉爽、干燥的偏南风,从而导致两地降雪量和降雨量的增减。冰芯记录还显示,在过去两千年中,类似事件在公元 400 年和公元 750 年均有发生,这可能是自然气候变化引起的。而自 1971 年开始的本轮事件,是人类活动排放的温室气体和自然气候变化共同作用所导致。该研究发表于欧洲地球科学联合会期刊《过去的气候》(*Climate of the Past*)。

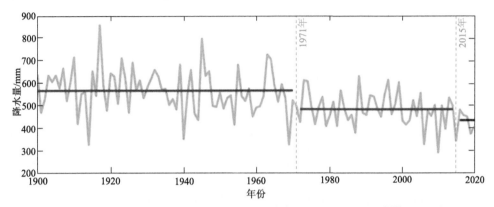

图 3.17　澳大利亚 1900~2020 年降水量变化(据 Zheng 等[107])

1900~1970 年的平均降水量为 564.97mm,1971~2014 年的平均降水量为 481.26mm,2015~2020 年的平均降水量为 431.35mm。干旱在 2015~2020 年期间持续

5. 新西兰科学家精细化模拟南极冰盖融化场景,预测在温室气体高排放情景下,300 年后全球海平面上升 4m[108]

由于气候变暖,21 世纪内全球海平面在温室气体低排放情景(RCP①2.6)下预计将上升 0.25~0.59m,高排放情景(RCP8.5)下为 0.61~1.10m。然而,在所有海平面预测模型中,对南极冰盖的模拟都具有较高不确定性,南极冰盖在不同气候状态下的表现均基于假设。发表在《通讯:地球与环境》(*Communications Earth & Environment*)上的一项研究中,新西兰科学家使用数百个冰盖模型数据开发了一个统计模拟器,预测了数千种未来海平面高程对气候变化响应的场景(图 3.18)。科学家推测,在温室气体高排放情景下,未来几十年内南极会有大面积冰盖变薄崩塌,到 2300 年海平面预计将上升 1.96~3.97m,其上升速度是低排放情景下的两倍;低排放情景下,海平面预计将上升 0.45~1.57m,南极冰盖可能不会变薄,南极西部的大部分冰盖甚至都能保持完好。研究还发现,南极冰盖融化与全球变暖的升温量密切相关,但与升温途径和速率却没有必然联系。

6. 南极冰芯研究表明,人类在新西兰岛的焚烧行为已影响南极环境 700 年[109]

黑炭通常来自生物质和化石燃料燃烧。2008 年,英国南极调查局(BAS)钻取了南极半岛的詹姆斯·罗斯岛上记录了约 2000 年历史的冰芯,由美国沙漠研究所(DRI)和 BAS 领导的国际研究小组共同分析。科学家发现大约从公元 1300 年开始,冰

---

① RCP 英文全称为 repre-sentative concentration pathways,表示气体排放浓度,2.6 为低排放,4.5 和 6.0 为中排放,8.5 为高排放。8.5 接近无政府干预下的排放情景,2.4 和 6.0 为政府不同程度干预下温室气体排放的情景。

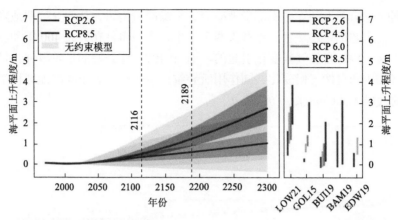

图 3.18　南极冰盖融化对海平面上升程度的影响（据 Lowry 等[108]）

该研究预设了 RCP2.6、RCP8.5 和无约束模型三种温室气体排放情景。无约束模型是指不考虑底层基岩条件、基底摩擦力和冰的流变学参数等不确定性进行的模拟。左图为该研究的结果，右图为此前其他研究预测的不同排放情景下 2300 年海平面上升程度。右侧图中横轴 LOW21、GOL15、BUI19、BAM19、EDW19 均为 Lowry 等[108]中引用文献

芯中的黑炭含量大幅增加。为了确定黑炭的来源，研究小组使用 DRI 独创的连续冰芯分析系统，对南极包括詹姆斯·罗斯岛冰芯在内的六个冰芯阵列进行分析。分析结果与南半球黑炭传输和沉积的大气模型相结合，科学家认为新西兰岛的森林燃烧是南极黑炭的主要来源。约 700 年前，毛利人首先抵达和定居新西兰岛，因为打猎和耕种而大规模焚烧森林，至 300 年前这种焚烧行为达到高峰。该研究发表于《自然》，表明人类活动即使在一个相对较小的范围内，也可能对远距离的环境产生重大影响。

7. 南极冰架即将到达塌陷临界点[110]

先后发表于《冰冻圈》（The Cryosphere）和《地球物理研究快报》（Geophysical Research Letters）上的两项研究均探讨了海水变暖对南极冰架的影响。《冰冻圈》上的研究表明，海洋温度若再升高 1.2℃，就有可能导致南极西部冰架完全塌陷，并且使全球海平面上升 3m。《地球物理研究快报》上的研究数据表明，全球气温再升高 4℃，可能导致三分之一（近 50 万 km²）的南极冰架塌陷。根据模拟结果，若将全球升温控制在 2℃以内，则可将南极冰架塌陷的风险减少一半，避免海平面加速上升。

8. 南极冰盖融化将引发连锁反应，加剧全球气候变化[111]

美国埃克塞特大学领导的一个国际团队在《自然·地球科学》（Nature Geoscience）上发表其科研成果，显示随全球平均气温上升，南极冰盖融化情况加剧，将使冰盖下的土地愈加裸露，导致南极风向发生改变，降雨量增加。这将进一步加速冰盖融化过程，并通过连锁反应扩大影响，升高海水温度，而整个南极冰盖亦将趋向不稳定，最终影响全球气候。

9. 大气层河流导致 2019 年南极冰原表面高度迅速增加[112]

每年从南极洲流入海洋的冰量超过一百亿吨，加剧了海平面上升。为预测未来几十年内海平面上升的程度，科学家利用美国航空航天局（NASA）ICESat-2 卫星观测到的南极冰原厚度数据，结合大气降水模型，发现 2019～2020 年 41% 的冰原高度增加原

因来自极端降水事件，而其中 63%的极端降水事件与大气层河流有关。大气层河流是在热带或亚热带海洋上空形成的巨大水汽带，可产生大量雨雪，而且近年来显著向极地移动。科学家指出，大气层河流还会影响南极冰盖融化的速度，是影响南极气候的重要因素之一（图 3.19）。这项研究发表于《地球物理研究快报》。ICESat-2 是美国于2018 年发射的陆地高空卫星，通过激光脉冲可以精确测量地面高度。

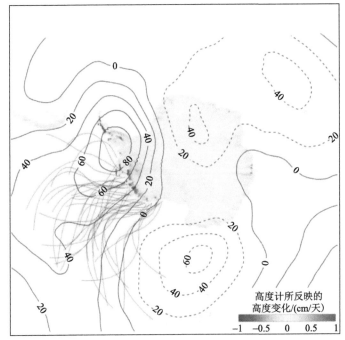

图 3.19　2019 年 6～9 月南极冰原高度异常图（据 Adusumilli 等[112]）

参考值为 1980～2019 年的月平均数据，红色图斑表示冰盖流失，蓝色图斑表示冰盖增厚，粉色实线为大气层河流移动轨迹

10. 新方法重建温度模型，末次冰期南极并不寒冷[113]

末次冰期以来，南极洲气温急剧上升，科学家常用同位素法进行历史气候建模。此前有研究估算，末次冰期南极洲的气温比现在低约 9℃。2021 年 6 月发表于《科学》（ *Science* ）杂志上的一项研究中，由美国俄勒冈州立大学领导的国际科学家团队开发了两种新方法重建末次冰期南极洲的温度：一是通过钻孔测温法测量南极冰盖钻孔中的温度梯度，二是通过分析冰芯中空气含量来分析南极积雪的时间演变特性。两种方法产生的结果相似，证实了它们具有可靠性。新的研究结果表明，末次冰期南极洲东部气温仅比现在低 4～7℃，而南极洲西部的气温比现在低约 10℃，这可能与当时冰盖的海拔有关，因此当时南极洲部分地区可能并不寒冷。

11. 大型冰山融化可能是地球大冰期的关键起因[114]

发表在《自然》上的一项研究指出，过去 150 万年的地球大冰期可能源于南极大型冰山融化。众所周知，地球公转时，轨道的变化会影响到达地表的太阳辐射量。研究人员提出，当地球轨道倾角达到一定程度时，南极冰山通过太阳辐射开始融化，并漂离南极大陆。根据冰山轨迹模拟实验，研究人员发现南极冰山融化后漂往大西洋，带走了大量淡水，从而使南极海水盐度越来越高，影响了海洋环流模式，吸收了大量大气中用于保持温室环境的二氧化碳，使地球开始经历周期性降温（图3.20）。

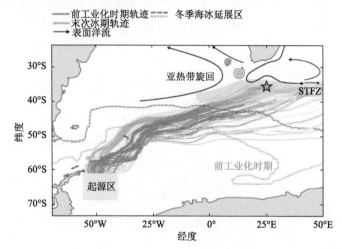

图3.20　前工业化时期和末次冰期的冰山移动轨迹（据 Starr 等[114]）

STFZ 为副热带海洋锋区（subtropical front zone）

12. 冰架之下并非生命禁区，科学家在南极冰架海域发现丰富多彩的新物种[115]

冰架下方海域缺乏光照和食物来源，一直被认为物种数量较少。2018 年，德国阿尔弗雷德·魏格纳极地研究所（AWI）在南极 Neumayer Ⅲ科考站附近进行钻探，钻穿了冰架，利用摄像机对冰架下海水进行长达数年的观测，发现该区域的物种丰富程度远超想象，总共统计到 49 个属、77 个物种。藻类为整个生态系统提供基础食物，其数量的年增长率与其他开放大陆架海域相当。此外，科学家在此还发现一些动物遗骸碎片，最早生存时间为 5800 年前，这表明该冰盖下的生命绿洲可能已存在近 6000 年。这项发现打破了传统认识，为冰区生态系统研究提供了新信息，该研究发表于《当代生物》（*Current Biology*）。

13. 南极洲发现 43 万年前小行星爆炸的证据[116]

由英国肯特大学和帝国理工学院科学家领导的一个国际研究小组在南极洲发现了源自外星的颗粒，直径 100～200μm，科学家称此为“凝结球”。根据同位素分析，科学家推断这些颗粒来自 43 万年前的一次小行星撞击，该小行星直径约 100m，在南极洲上空近地爆炸，产生直径 100km 火球，爆炸能量相当于 100Mt TNT 炸药，与核爆炸相似，具有高度破坏性。这项分析也可能有助于识别深海沉积物岩心中记录的类似事件。该研究发表于《科学·进展》（*Science Advances*）。

三、北极、格陵兰岛气候与海冰

随着全球变暖导致冰层大量融化，北极海上运输新航道的开辟成为可能，北极地区的能源地位及国家战略地位日益突显。然而北极和格陵兰冰层融化、海水变暖又影响着大洋环流、破坏生态系统，甚至加速了海底甲烷的释放，从而加剧了气候变化过程。

（一）北极

1. 过去 15 万年中，北冰洋被巨厚冰层覆盖，并至少两次充满淡水[117]

为了解冰架对北冰洋的影响，德国阿尔弗雷德·魏格纳极地研究所（AWI）科学家对北冰洋的沉积特征进行研究，发现在过去 15 万年中，北冰洋及其相邻的北欧海域曾被厚达 900m 的大面积冰架覆盖，并且在距今 7 万～6.2 万年和距今 15 万～13.1 万年完全被淡水填满。科学家推测，北极冰盖形成的"冰障"切断了北冰洋与北大西洋、太平洋之间的连接通道，阻碍了海水渗入北极，而冰盖融化向北冰洋输入了大量淡水，久而久之形成了一个淡水系统。一旦"冰障"机制失效，大量盐水就会迅速充满北冰洋（图 3.21）。这项研究发表于《自然》，或可解释末次冰期某些突发的气候变化事件。

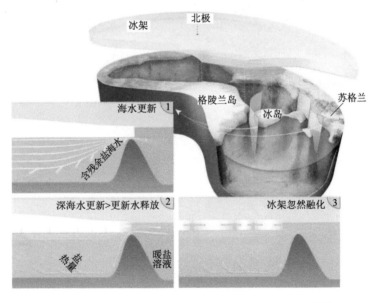

图 3.21　15 万年前北冰洋海水变化机制图（据 Geibert 等[117]）

在海平面较低的冰期，北冰洋与太平洋的水体交换暂停，与北大西洋的交换大大减少，且海水交换仅能通过格陵兰—苏格兰海脊处的狭窄通道进行，而北极盆地依旧接受来自冰盖的淡水输送。1.北冰洋淡化期；2."冰障"机制失效后，淡水释放到北大西洋，咸水进入北冰洋；3.北冰洋的冰盖接触相对温暖的大西洋海水后融化

2. 大量北极淡水流入北大西洋，影响大西洋经向翻转环流[118]

波弗特海（Beaufort Sea）是北极边缘海，因淡水含量高而被称为北冰洋最大的淡水库。美国科学家使用示踪剂对波弗特海淡水的流向进行研究，发现这些淡水从格陵兰岛和加拿大之间的狭窄通道流入北大西洋，降低了大西洋拉布拉多海（Labrador Sea）的盐度，对大西洋经向翻转环流（AMOC）产生了巨大影响。这项研究发表于《自然·通讯》。

3. 冰山和海底的碰撞可能引起海底滑坡[119]

近年来，气候变化导致两极冰山排出量增加，冰山漂浮到浅水时，会刮削海底并破坏海底基础设施（海底电缆等）。发表于《自然·地球科学》上的一项研究中显示，加拿大地质调查局的科学家利用多波束回声测深仪调查了巴芬岛附近的海底变化。2018 年 9 月，卫星影像确认了该海域发生海底滑坡，同月，卫星影像捕获到了一座倾覆并碎为两块的搁浅冰山（图 3.22）。对附近海域的沉积岩心分析表明，冰山倾覆引起的垂直载荷足以触发海底滑坡。科学家认为这些来自北极、格陵兰岛和南极的冰山漂浮到数千公里以外的海域，可能会在更大范围引起海底滑坡。

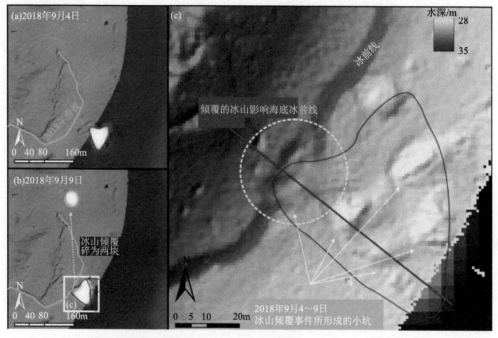

图 3.22　海底滑坡前后的卫星影像及测深图（据 Normandeau 等[119]）

（a）2018 年 9 月 4 日冰山出现；（b）2018 年 9 月 9 日冰山倾覆碎为两块；（c）多波束回声测深结果显示冰山破裂倾覆期间形成新的冰山坑

4. 北极"最后的冰区"受气候变化影响，正在缩减[120]

格陵兰岛北部和加拿大北极群岛被称为北极"最后的冰区"，因为当周缘地区变得不宜居时，该地区仍可作为赖冰野生动物的栖息地。然而，美国华盛顿大学领导的一项研究表明，"最后的冰区"正在缩减。旺德尔海（Wandel Sea）曾终年被巨厚多年冰层覆盖，但 2020 年 8 月的卫星影像显示，该区海冰覆盖率仅为 50%，创历史新低，露出大片宽广水面。研究人员使用卫星数据和海冰模型分析海冰覆盖率降低的原因，发现约 80%是与天气相关，如强风吹散并漂移冰块；20%是因为全球变暖，海冰长期减薄。研究人员认为该地区日益扩大的开阔水域将影响依赖冰的生物，未来需要整合遥感数据、数学模型来预测北极环境变化过程。该项研究发表于《通讯：地球与环境》。

5. 北极冰川持续融化，可能导致有毒浮游藻类大量繁殖[121]

全球变暖气候导致北极海冰不断消融，随着海冰越来越稀薄，更多的阳光可以渗透到海冰以下。同时北极陆地冰川融化，流入北冰洋的淡水增加，淡水位于咸水之上，阻碍了深层营养物质向海水表面混合，限制了藻类繁殖，但这种情况下混合营养型藻类却得以大量繁殖。混合营养型藻类是一种可以进行光合作用，也可以通过食用其他藻类和细菌获得能量的藻类。这意味着无论是在光照不足的较深层海水中，还是在春季冰川融化时养分贫乏的浅水层中，混合营养型藻类都可以存活和生长，在北极海域食物网中发挥着关键作用。但这种藻类多是有毒的。科学家认为，混合营养型藻类的大规模繁殖可能会产生巨大的生态和社会经济影响，如挪威南部的养鱼场曾发生过有毒浮游藻类杀死大量鲑鱼的案例。这项研究发表于《科学报告》（*Scientific Reports*）。

6. 新研究揭示格陵兰冰川前部湍流和羽状流的复杂现象[122]

随着北极冰川融化，来自冰川的淡水和海水相互作用，形成了冰川下复杂的湍流和羽状流，然而冰下羽状流动力学难以观测。日本科学家开创了一种连续并直接观测冰下羽状流动力学的方法，利用一系列海洋传感器、摄影机、地震仪等，进行了迄今为止最全面的羽状流监测。研究表明，冰川下的羽状流运动状态比此前推测的要复杂得多，它具有间歇性，并容易受到其他环境变化的影响，如潮汐、冰湖溃决等。研究人员推测，风也可能影响冰川下羽状流的动力模式，需要通过建模和进一步观测来完善。这项研究发表于《通讯：地球与环境》。

7. 海水变暖，减缓北冰洋甲基汞消除速度[123]

甲基汞是持久性有机污染物，可以通过食物链进入人体，影响人类神经系统，引发心血管损害，对孕妇和胎儿影响更为严重。化石燃料燃烧、采矿等工业过程将未甲基化的汞排放到大气后再沉降入海水，某些微生物将其代谢成为甲基汞。一项关于北极甲基汞的研究发表于《环境科学与技术》（*Environmental Science & Technology*），表明虽然大气中的汞含量在不断减少，但因为北极持续变暖，海水中的甲基汞浓度并没有相应降低。通常，代谢汞的微生物在较暖环境中更具活性，这意味着全球变暖与北极海域甲基汞水平有直接关系。

8. 北冰洋底层海水变暖加剧，海底甲烷加快释放，可能引发冰盖崩塌[124]

北极气候-海洋系统的变化会迅速影响碳循环和冰冻圈。自上次冰消期（18000 年前）以来，北极巴伦支海的广泛海底持续释放出甲烷，这与压力和底部水温的变化密切相关。挪威科学家在 2018 年利用 Helmer Hanssen 号科考船获取了巴伦支海甲烷泄漏区域的一段 4.15m 长沉积岩心，分析其中底栖有孔虫的 Mg/Ca 值，重建了过去 18000 年以来的冰川下底层水温的变化记录。记录显示，底层水温曾出现过至少三次极端升温，最高达到 6℃（现代巴伦支海底层水温约 2.5℃）。这与大西洋暖流的输入相关，底层水温波动破坏了天然气水合物的稳定性，加速了海底温室气体释放。此外，这些变暖事件引发了过去多次冰盖崩塌。科学家认为，未来大西洋海水变暖可能导致北极天然气水合物广泛释放甲烷和冰川持续融化。该研究发表于《通讯：地球与环境》。

9. 末次冰消期北极冰盖融化，导致甲烷大量释放[125]

多项研究表明，北极冰盖的融化会对海底甲烷释放造成巨大影响。挪威北极大学的科学家对北冰洋沉积岩心进行了同位素测量，并对末次间冰期到末次冰消期的冰川融化事件和海底甲烷释放方式进行了关联，发现随着冰盖融化，海底压力降低，甲烷可能以剧烈喷发、缓慢渗出或二者兼有的方式释放，冰盖融化停止几千年后，甲烷排放才会稳定。科学家表示，类似的释放很可能会在现代发生，因此建议在气候模型中加入冰盖减少后甲烷释放对气候的影响。这项研究成果发表于《地质》（*Geology*）。

（二）格陵兰岛

1. 格陵兰岛冰盖融化速度放缓，科学家认为与亚厄尔尼诺现象相关[126]

格陵兰岛自 2012 年夏季气温创新高以来，每年最高气温持续下降，个中原因不明。与此对应，近 10 年来其冰盖融化速度一直在放缓。日本科学家分析大量观测数据，建立了大气-海洋变化联动模型，发现自 2000 年以来，原本在热带海域的温带和降水带已逐渐北移到亚热带海域。近 10 年来，由于亚热带海域频繁发生厄尔尼诺现象，来自亚热带的大气环流加强了两极低压环流，在格陵兰岛上空产生更多云层，造成地面低温。这种气旋环流甚至会延伸到更高纬度的北冰洋上空，导致海冰融化速度放缓（图 3.23）。然而，科学家对未来并不乐观，预测与厄尔尼诺现象相反的拉尼娜现象将会频繁发生于亚热带海域，为格陵兰岛带来高温，并与人为导致的气候变暖相叠加，加速极地冰盖融化。该研究发表于《通讯：地球与环境》。

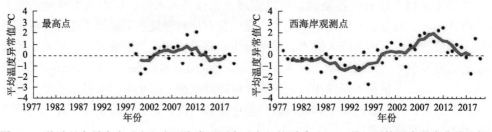

图 3.23 格陵兰岛最高点（左）和西海岸观测点（右）的夏季（6~8 月）平均温度异常曲线（据 Matsumura 等[126]）

2012 年前后开始，最高温度呈下降趋势

2. 国际合作八年观测结果证明，格陵兰冰盖变化会对地下水产生直接影响[127]

科学界普遍认为，南北极冰盖融化产生的水从地面流向海洋，可导致海平面上升，且在冰盖底部起到润滑作用，使冰盖发生位移，因此大多科研焦点都聚集于地表水和冰盖之间的相互关系上。然而，最近发表在《自然·地球科学》的一项研究表明，北极冰盖的融化还会直接影响地下水系统。一个国际研究团队在格陵兰冰盖下方的基岩中钻了一个 651m 长的斜孔，以测量冰盖下地下水的变化状况；同时，通过冰川顶部的 32 个钻孔，了解冰盖和基岩界面之间水流的变化状况。经过长达八年的观测发现，格陵兰岛地下水水位对上覆冰盖厚度和冰-地界面间流体压力条件的变化非常敏感，上覆

冰盖的长期变化、季节性变化甚至每天的变化都会对地下水系统产生影响（图3.24）。这项研究对评估气候变化条件下地下水的地球化学成分、有机碳和微生物的储存与循环有重要意义。

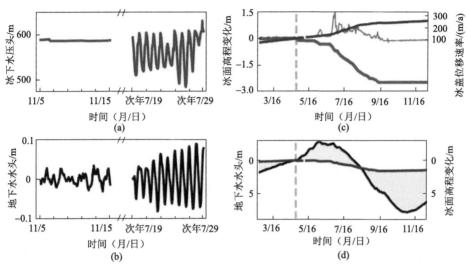

图3.24 格陵兰岛冰面高程、地下水水头等变化曲线（Liljedahl等[127]）

（a）冬季和夏季昼夜冰下水压头日均变化；（b）冬季和夏季昼夜地下水水头日均变化；（c）由质量平衡和冰盖位移引起的季节性冰面高程变化（紫色粗线和蓝色粗线），以及冰盖位移速率（蓝色细线）；（d）由质量平衡和冰盖位移引起的地下水水头（黑色）/冰面高程变化（紫线）

3. 格陵兰西部沿海冰盖对气候变化的反应出现逆转，在气候变暖时期降雪增加[128]

冰芯是重建高纬度地区过去气候变化的重要资料，2015年美国"冰钻计划"首次获取到了格陵兰岛西部沿海地区138m长的冰芯，其后在美国地质调查局（USGS）国家冰芯实验室进行分析测试。近日，伍兹霍尔海洋研究所和五个合作机构联合在《自然·地球科学》上发表了格陵兰西部沿海冰芯的研究成果。科学家通过冰芯测年和化学分析重建了公元169～2015年间的此区域气候变化，发现从中世纪暖期（公元950～1250年）到小冰河时代（公元1450～1850年），平均积雪厚度减少20%；而从18世纪早期到20世纪，积雪厚度增加40%。这表明格陵兰西部沿海地区冰川在气候变暖时期是在增长而非融化，这一变化不同于此前从格陵兰岛内陆获取的冰芯数据分析所显示的趋势。科学家认为这可能是气候变暖导致局部区域降雪增加，冰盖的增长速度超过了其融化速度。下一步，科学家将获取更多沿海冰川样品进行对比研究，进一步明确气候变化与冰盖厚度的关联性。

4. 格陵兰岛中西部冰盖加速融化，接近失去稳定的临界点[129]

德国波茨坦气候影响研究所的Niklas Boers和挪威北极大学的Martin Rypdal共同分析了自1880年以来格陵兰冰盖高度的变化情况，并与相应的模型模拟结果进行了比较，得出的结论是格陵兰岛中西部冰盖正在失去稳定性，且无论未来几十年北极变暖趋势是否停止，它都非常接近加速融化的状态。一旦冰盖融化速度超过临界阈值，此过程将无法逆转。如果格陵兰冰盖全部融化，全球海平面将升高 7m，而且冰盖融化还造成地表反射率下降，破坏了主要洋流、季风带、雨林、风力系统和降水模式，也将加剧全球变暖。两位研究人员表示，下一步还需要更密切地监视格陵兰冰盖的其他部分，更好地了解正反馈和负反馈之间可能如何平衡，以预测冰盖未来的发展趋势。这一成果发表在《美国国家科学院院刊》（*Proceedings of the National Academy of Sciences*）。

5. 格陵兰冰盖西南部是一个大型汞源[130]

汞是一种剧毒金属元素，具有高迁移性，可在常温下蒸发并以气态形式参与全球循环，因此，汞污染是全球非常关注的环境问题之一。然而，现有的全球汞预算中，并没有纳入格陵兰冰盖的汞源。由美国佛罗里达州立大学领导的一个国际研究团队测量了夏季融冰期格陵兰冰盖西南端三个冰川流域融水中的汞浓度，发现冰盖融化后会将大量汞输出到下游峡湾，其输出的溶解汞每年高达 42t，约占全球河流向海洋输出总量的 10%，是有史以来科学家在天然水域中测量到的高浓度的溶解汞之一。该研究发表于《自然·地球科学》。

6. 格陵兰峡湾海冰增厚，对气候变暖敏感性也增加[131]

人们通常认为，海冰增厚通常与气候变冷有关。然而，发表于《通讯：地球与环境》的一项研究表明，格陵兰北部具有厚冰川的峡湾比没有海冰的峡湾对气候变暖更为敏感。由于海冰的屏障作用，夏季峡湾融化的冰川会向海面注入大量淡水，并与下方密度较大的海水分层，表层盐度较低的海水长时间受太阳照射，温度高达 4℃，而没有海冰的峡湾内表层海水温度从未超过 0℃。由于有厚冰的海表盐度较低，pH 缓冲能力弱，海洋酸化敏感性比其他没有海冰的峡湾高两倍。

7. 海底地震仪或可监听冰川滑移速度[132]

冰震是指冰川运动和破裂过程中产生的震动，其幅度范围包括从轻微震颤到相当于 7 级地震的突发性破裂或滑动，频率范围较宽。而冰川运动通常伴随着危险而恶劣的气候环境，因此很难直接观测到。发表于《自然·通讯》上的一项研究中，日本北海道大学的一组科学家将海底地震仪（OBS）放置在冰川前缘的海底，在排除地表地震源信号和附近其他传感器信号后，检测到了由冰川基底滑动（由冰床基岩表面融水导致的滑动）引起的冰震信号，发现这种信号强度与冰川运动具有良好的相关性。科学家提出，冰川滑移产生的震动信号与在俯冲带慢地震事件中观察到的构造震颤类似，通过信号强度可推断冰川滑移速度，如部署多个 OBS 站将有助于定位震颤。

8. 全球冰层正以创纪录的速度在地球上消失[133]

英国利兹大学研究团队在《冰冻圈》发表文章，首次整合了卫星遥感对全球冰层的调查数据，并计算损失量。结果表明，全球冰层的流失速度正在加快，从 20 世纪 90 年代的 0.8 万亿 t/年增加到 2017 年的 1.3 万亿 t/年。1994～2017 年，地球共损失了 28 万亿 t 冰，其中 58% 来自北半球，42% 来自南半球，且以南极和格陵兰冰盖的损失量最大。

9. 科学家重建过去 8 万年全球冰盖模型[134]

冰盖模型通常用于古气候建模、地壳运动研究及海平面变化评估，但以往的冰盖模型存在缺陷，始终无法还原海平面高度与冰川厚度之间的相互关系，如模拟的末次冰期冰盖厚度与海平面高度之间存在 8～28m 的差异。为解决此问题，德国基尔亥姆霍兹海洋研究中心的科学家考虑了冰川地区的多个地质条件，如冰面坡度、冰川流向、沉积物和岩石对冰川流动的影响、地层年代等，重建了过去 8 万年以来的全球冰盖模型，并用末次冰期的海平面数据对模型进行验证，解决了冰盖厚度与海平面高度数据不匹配的问题。这项研究发表于《自然·通讯》。

第四章

海洋气候环境与生态

海洋生态系统对人类作用巨大，其服务功能及生态价值是地球生命支撑系统的重要组成部分，也是社会与环境可持续发展的基本要素。海洋在整个地球系统的几个大循环（碳循环、氮循环、水循环等）中扮演着重要角色，与全球气候息息相关。人类过度开发导致海平面上升、海水变暖，使海洋生态系统陷入危机；而海洋污染和海洋生物群落结构的改变也会影响海洋在地球系统中的作用，使海洋碳循环模式、对大气二氧化碳的吸收和储存能力发生改变，最终影响全球气候系统。

一、计划与行动

气候变化与海洋生态环境问题是国际社会共同关注的焦点。2021 年，美国大力支持海洋生态修复相关研究，着力改善海岸带生态恢复力、监测海洋污染、清理海洋垃圾，保护海洋生物栖息地连通性，同时支持对生物地球化学循环的基础研究；澳大利亚作为在全球设立海洋保护区和海洋公园最多的国家，正在印度洋为新海洋保护区的设立进行生物多样性和生态系统调查；印度也在印度洋进行海洋生物科考，并设立印度洋生物基因组图谱绘制项目；欧盟国家启动了多个调查航次，主要探究海洋污染、气候问题和海洋生态系统恢复力。此外，欧洲国家重视海洋对二氧化碳封存的潜力，为多个碳捕集与封存（CCS）项目投入大量资金，并选择海底为二氧化碳封存的最终归宿。

（一）海洋生态环境保护

1. 印度洋生物基因组图谱绘制项目启动[135]

2021 年 3 月，印度国家海洋研究所（National institute of oceanography，NIO）启动为期 90 天的印度洋科考活动，实施海水、海底沉积物和浮游生物取样，测定印度洋表层海洋生物体中的基因和蛋白质，认识各种海洋条件下的生物地球化学特征，揭示海洋单细胞生物对气候变化、海水富营养化和海洋污染的反应。此外，该项目还将绘制生物、微量营养元素和微量金属的遗传多样性图谱。科学家认为，从基因层面对海洋进行探索可为生物分类学带来新的见解，从而优化海洋保护工作。

2. 美国国家海洋和大气管理局拨款 2.1 亿美元，资助建立研究所[136]

2021 年 6 月，美国国家海洋和大气管理局（NOAA）宣布与夏威夷大学合作建立

54

海洋与大气联合研究所，并将在五年内拨款 2.1 亿美元。该研究所的主要任务是：①开展印度洋-太平洋地区环境变化相关研究；②保护和管理夏威夷群岛和太平洋其他美国属地的沿海和海洋资源；③满足美国在太平洋地区的经济、社会和环境需求。除了NOAA 和夏威夷大学当前关注的研究重点外，该研究所也将拓展新的研究领域，以便为海洋生态系统健康和美国蓝色经济战略做决策支撑。

3. 西班牙和英国大西洋联合科考航次出发[137]

2021 年 7 月，西班牙海洋研究所（IEO）和英国国家海洋学中心（NOC）联合的大西洋科考航次从西班牙维戈港出发，将进行为期一个月的调查。该航次搭乘西班牙 Sarmiento de Gamboa 号综合科考船，主要目的为研究大西洋中部佛得角群岛区域深海的生态系统和自然过程。科学家将使用由 NOC 提供的 Autosub 6000 号自主式水下航行器（AUV）（图 4.1）进行海底地形绘制与环境 DNA 采样，配合使用西班牙的 Luso 号遥控无人潜水器（ROV）对深海特殊区域进行详细探索。该科考航次属于欧洲基金资助的 Atlantic 项目，旨在研究从北极到南极的大西洋深层生态系统的健康度和恢复力。

图 4.1　NOC 提供的 Autosub 6000 号 AUV（据 Ocean News[137]）

4. 法国和巴西科学家在亚马孙河口联合科考[138]

2021 年 9 月，法国和巴西科学家搭乘 Antea 号科考船（图 4.2）前往亚马孙河口执行 Amazomix 项目，除了常规水体调查，还将追踪污染物、重金属、微塑料的来源和分布，并确定它们在自然营养链中的影响。Antea 号属于法国海洋开发研究院（IFREMER），是一艘 35m 长的多学科综合科考船，主要对地中海、印度洋和热带大西洋的水体进行物理海洋学、化学和生物学研究。Amazomix 项目以亚马孙河口海域为研究对象，从物理和生物地球化学角度研究小尺度洋流、羽流和湍流过程对海洋生态系统结构和功能的影响。该项目由法国和巴西主导，分为船上和岸上两个研究团队。

5. 美国国家海洋和大气管理局特别拨款，支持海岸带生态系统恢复和海洋垃圾清理研究[140]

2021 年 9 月，美国国家海洋和大气管理局（NOAA）宣布两笔 2021 财年拨款，以研究目前面临的海洋紧迫问题。

图 4.2   法国 Antea 号科考船（据 Ifremer[139]）

第一笔经费 460 万美元，用于海岸带生态系统与沿海基础设施恢复研究，以减轻和预防海平面上升和极端气候的影响。其中，320 万美元将资助调查美国 21 个州的海岸带自然特征，探寻有效恢复沿海生物自然栖息地的方法，提高海岸带生态恢复能力；140 万美元由 NOAA 与美国联邦公路局合作，评估海平面上升和极端气候对基础交通设施的影响。

第二笔经费 730 万美元，用于 NOAA 所领导的海洋垃圾项目，以解决海洋垃圾对野生动物、航运安全、生态系统健康和海洋经济的影响。加上非联邦的配套捐款，海洋垃圾项目总投资约为 1470 万美元。海洋垃圾已成为美国紧迫的海洋问题之一。近年来，美国通过《2020 年拯救我们的海洋法案（2.0）》，加强对海洋垃圾的管理和清除。同时，NOAA 已确定在 2022 财年继续对海洋垃圾项目投入资金。

6. NOAA 拨款 170 万美元，支持海洋保护区内生物栖息地连通性研究[141]

2021 年 10 月，NOAA 宣布将拨款 170 万美元，以支持美国 Florida Keys、Flower Garden Banks 和 Stellwagen Bank 三个国家海洋保护区（MPA）的栖息地连通性研究，使用遥测技术标记和跟踪关键物种，研究不同物种如何利用 MPA 内的栖息地，支持政府 MPA 的管理决策。该研究将分为三个项目，多家单位共同参与，项目持续时间为 4～5 年。

7. NOAA 拨款 1520 万美元研究有害藻华，AUV 将作为创新监测方法[142]

2021 年 10 月，NOAA 宣布为有害藻华（HAB）[①]研究提供 1520 万美元，资助项目包括优化贝类杀灭藻类的预警、加强对 HAB 毒素的检测、在海洋和淡水中测试 HAB 控制方法、改进 HAB 预测方法，并调查 HAB 对社会和经济影响。这些资助项目的研究范围覆盖了美国大部分海岸和五大湖、阿拉斯加海域。该项目将首次在墨西哥湾建立 HAB 监测和检测试验平台，还将部署远程自主式水下航行器（AUV）（图 4.3），以测试 AUV 在海湾浑浊水域中的实用性，并培养仪器操作人员，提升其维护和解释系统数据的能力。

---

① 有害藻华（HAB）会产生毒素破坏海洋生态系统，扰乱海产品供应，影响经济并威胁人类健康，在美国平均每年造成高达 1 亿美元的损失。

图 4.3　用于有害藻华调查的远程自主式水下航行器（据 NOAA[143]）

8. 美国国家沿海复原基金获 3950 万美元拨款，将持续改善沿海生态[144]

2021 年 12 月，美国国家海洋和大气管理局（NOAA）与国家鱼类和野生动物基金会（NFWF）联合宣布向美国国家沿海复原基金（NCRF）拨款 3950 万美元，用以支持美国领土范围内的沿海生态复原研究。NCRF 成立于 2018 年，与 NOAA、NFWF、荷兰皇家壳牌公司、美国环境保护署、AT&T（American Telephone & Telegraph）公司、Occidental 公司是长期合作伙伴关系，还受到美国国防部的特殊资金支持。NCRF 在加强自然基础设施建设、巩固鱼类和野生动物栖息地、促进沿海生态系统适应气候变化、提高沿海地区抵御风暴洪水等极端灾害能力方面做了诸多工作，受到多方认可。NCRF 称，此次 3950 万美元拨款将另外得到 5830 万美元配套捐款，以发挥研究资金的最大效益。

9. 德国启动第二阶段海洋区域调查，为海洋保护和可持续利用制定科学方案[145]

2020 年 3 月，德国联邦教育及研究部投资 2500 万欧元启动了"海洋区域保护和可持续利用"研究项目，由德国海洋科学研究联盟（DAM）承担。该项目第一阶段于 2020 年 3 月开始由 Elisabeth Mann Borgese 号科考船（图 4.4）实施，在大西洋北海和波罗的海的海洋保护区进行了两次试点研究，目标是调查和评估在禁止底拖网捕捞后海洋保护区的环境变化。2021 年 12 月初，该项目第二阶段开始实施，目标是调查德国各海洋区域的利用方式和污染程度对生态、经济和社会的影响，侧重三个主题领域：①降低人类利用和人为压力对海洋生态系统和生物多样性的影响；②缓解海洋污染；③基于模型对未来海洋使用场景和可能的管理选项进行分析。这将为该海域可持续利用海洋资源和生态保护、修复制定科学方案。

10. 德国"太阳"号科考船横穿大西洋中部，执行多学科调查航次[146]

2021 年 12 月，德国"太阳"号（SONNE 号）科考船（图 4.5）从东大西洋加那利群岛启航，将横穿大西洋中部执行多学科调查航次。此次科考由德国基尔亥姆霍兹海洋研究中心领导，12 个国家的科学家参与，首要任务为研究北赤道洋流对中大西洋生物地球

图 4.4　德国 Elisabeth Mann Borgese 号科考船（据 IOW[145]）

图 4.5　德国"太阳"号科考船（据 GEOMAR[146]）

化学过程及海洋-大气物质交换过程的影响。为此，"太阳"号科考船将追踪北赤道洋流，先北上马尾藻海，再南下驶向中美洲巴拿马，沿途收集水样和大气中的痕量物质，并在船上完成部分测试分析。此外，该航次还将研究繁忙的航运交通对大西洋物质循环的影响、中大西洋塑料污染等问题。"太阳"号科考船是德国新型深海科考船，2014年入役，取代原有老旧的同名科考船。船长 118.42m，总吨位 8554t，可搭乘 75 人（包含 40 名科学家），船尾的 A 型架起重能力达 30t，绞盘可将设备部署到 12000m 水深的海底，是德国深海探测能力最强的科考船。

（二）应对气候变化

1. 挪威石油与能源部通过碳封存项目，未来每年可在海底封存二氧化碳 150 万 t[147]

2021 年 1 月，挪威议会批准了该国有史以来最大的气候项目"Longship Project"，承诺将减少碳排放、促进价值创造并新增就业机会。9 月，挪威石油与能源部通过了该气候项目中的碳封存子项目"Northern Lights Project"（图 4.6），计划将欧洲捕获的二氧化碳由船运到挪威西海岸的工厂，再通过管道输送到大陆架海底以下 2600m 地层中永久封存。该项目计划总投资 7 亿美元，年度运营成本约 4200 万美元，年封存二氧化碳 150 万 t，规划运营 25 年，由三家挪威公司建造和运营。挪威政府正积极与欧洲国家和企业进行谈判，以争取更多的国际支持，并降低碳捕集与封存成本。

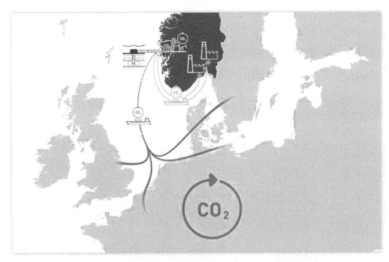

图 4.6　挪威海底碳封存项目概要图（据 Government.no[148]）

2. 马尔代夫正在计划建造一个海上漂浮城市，以应对海平面上升[149]

2021 年 5 月，马尔代夫宣布计划在一个珊瑚环礁内建造海上漂浮城市（图 4.7）。这个创新型城市漂浮在 200hm^2 的柔性网格上，采用可再生能源，以住宅为主，配套商业、医疗和教育设施。漂浮城市由荷兰港区（Dutchland）公司设计，计划 2022 年开工建设，5 年内完成，预计每套住宅售价 25 万美元起。马尔代夫超过 80% 的土地面积海拔在 1m 以下，持续的海平面上升和海岸侵蚀威胁着其生存和发展。

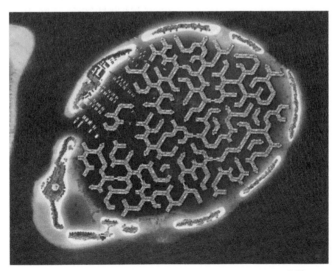

图 4.7　马尔代夫海上漂浮城市概念图（据 Marchant[149]）

3. 荷兰为鹿特丹碳捕集项目拨款 21 亿欧元[150]

2021 年 6 月，荷兰政府拨款 21 亿欧元（约 25.6 亿美元）给鹿特丹（图 4.8）的一个碳捕集与封存（CCS）项目，约占其 2021 年度所有可持续发展项目预算的一半。该项目由埃克森美孚公司、荷兰皇家壳牌公司、法国液化空气集团和美国空气产品公司共同运营，将捕集鹿特丹炼油厂和氢气生产厂排放的碳，然后运输并储存到大西洋北海气田开采后的储层中。根据鹿特丹港务局的计算，CCS 的成本约为每吨 80 欧元，而目前该国的二氧化碳排放权费为每吨 50 欧元，这意味着政府将补贴 CCS 的成本差额。鹿特丹是荷兰第二大城市，也是欧洲最大的海港。

图 4.8　荷兰鹿特丹港（据 Toby[150]）

4. 美国埃克森美孚公司参与英国苏格兰碳捕集和封存项目[151]

2021 年 7 月，美国石油巨头埃克森美孚公司宣布参与英国苏格兰地区 Acorn 碳捕集与封存（Acorn CCS）项目（图 4.9）。该项目计划持续到 2030 年，每年从苏格兰彼得黑德港圣弗格斯（St Fergus）综合设施的天然气站捕集与封存 500 万～600 万 t 二氧化碳，封存量占到英国政府所设定每年 1000 万 t 目标的一半以上。如果扩大规模，到 2035 年每年可能封存超过 2000 万 t 的二氧化碳。2021 年 3 月，埃克森美孚公司开拓了低碳解决方案业务，以追求实现低碳排放技术的商业化。除了此项目，埃克森美孚公司还参与了欧洲其他 CCS 项目，包括法国诺曼底工业中心脱碳、荷兰鹿特丹港捕集和运输二氧化碳项目等。

5. 美国伍兹霍尔海洋研究所计划建造新码头，以应对海平面上升威胁[152]

2021 年 8 月，美国伍兹霍尔海洋研究所（WHOI）表示计划投资一亿美元建造新码头（图 4.10），比现今码头高 0.76m，未来可能再提高 0.45m。美国国家海洋和大气管理局（NOAA）东北渔业科学中心、芝加哥大学海洋生物实验室也位于伍兹霍尔，两者均表示将与 WHOI 共同行动，以应对海平面上升的威胁。

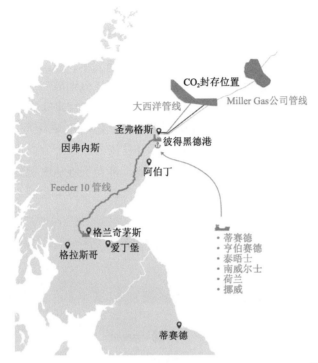

图 4.9 英国苏格兰地区 Acorn 碳捕集与封存路线图（据 OE Staff[151]）

图 4.10 WHOI 新码头和港口设施设想图（据 Fraser[152]）

WHOI 处于马萨诸塞州滨海小镇伍兹霍尔，运营三艘调查船，分别为 Atlantic 号（长 84m，Alvin 号载人深潜器母船）、Neil Armstrong 号（长 73m）、Tioga 号（长 18m）。WHOI 码头建于 1969 年，已经超过其 50 年使用寿命，维护成本越来越高且难以满足将来的需求。此外，海平面上升将对码头设施造成威胁，WHOI 科学家预测到 2050 年和到 2100 年，现有港口每年分别将有 13 天和 78 天遭受特大潮汐淹没。而风暴潮的影响更严重，预计到 2050 年将会威胁 WHOI 93%的资产。

6. 德国启动海洋碳汇研究，项目为期三年[153]

2021 年 8 月，德国联邦教育及研究部启动 "脱碳途径中的海洋碳汇"（carbon dioxide removal，CDRmare）项目（图 4.11），为期三年，总经费 2700 万欧元，由六个研究联盟承担。每个研究联盟含多个大学和研究院，分别就海洋二氧化碳封存的跨学科综合评估框架、调节海洋碱度的二氧化碳封存方案、海岸带生态系统的二氧化碳封存方案、深海富营养上升流通道的二氧化碳封存方案、德国北海地质构造中的海底二氧化碳封存可行性、海底二氧化碳封存的创新技术和监测方法六个方面进行研究。德国政府期望通过 CDRmare 项目提出的海洋碳汇路线图，推动实施从区域到全球可持续地利用海洋碳库，以支持实现《巴黎协定》和《联合国气候变化框架公约》目标。

图 4.11　CDRmare 项目利用海洋的大气脱碳途径演示图（据 DAM[153]）

7. 澳大利亚发布二氧化碳利用路线图[154]

2021 年 8 月，澳大利亚联邦科学与工业研究组织（CSIRO）发布二氧化碳利用路线图（图 4.12），确定了澳大利亚的四个主要技术发展领域：直接使用二氧化碳；矿物碳酸盐化；将二氧化碳转化为化学品和燃料；二氧化碳的生物转化。路线图针对这些领域提出四条关键建议：在产业链及二氧化碳利用方面寻求多样性发展并提高企业参与度；将二氧化碳利用作为脱碳解决方案的一个重要部分；探索激励机制以尽量减少行动过程中的阻碍；利用二氧化碳来支持现有和计划中的基础设施投资。澳大利亚政府希望该路线图能够指导相关行业的碳排放，加强技术积累，提高社会和企业对二氧化碳利用的认识，并成为广泛利用二氧化碳的开端。CSIRO 于 2018 年发布了澳大利亚国家氢能路线图，旨在构建行业规模产业化，协调关键利益相关者群体，促进氢能产业投资，提出新兴氢能产业发展蓝图。

CO₂ Utilisation Roadmap

图 4.12　澳大利亚二氧化碳利用路线图封面（据 Srinivasan[154]）

8. 日本计划斥巨资更新 2240 艘商船的动力系统，2050 年实现航运业温室气体零排放[155]

2021 年 11 月，日本船主协会（JSA）宣布从 2025 年开始改造所有商船的动力系统，以加大海运业在应对气候变化和减少温室气体排放方面的贡献，加强日本在国际海事组织等机构中的影响力。JSA 计划以年平均投资 1 万亿日元更新约 100 艘商船的速度，到 2050 年实现总投资最多 30 万亿日元（约合 1.7 万亿元人民币），更新其目前运营的所有商船，具体步骤为分阶段将化石燃料逐步替换为清洁能源，扩大氢燃料和氨燃料的使用，以及开发其他技术来实现温室气体零排放。同时，JSA 也表示，实现这一目标需要得到造船业、清洁燃料生产业、港口业和燃料供给业等相关产业界的支持，而建成一体化海陆协同的新能源产业链可能需要数百万亿日元的投资。日本是目前全球第三大船主国（希腊为全球最大船主国，2018 年中国超过日本成为全球第二大船主国），全国共运营商船 2240 艘。

9. 德国科考船启航赴东大西洋，调查亚热带海域富营养上升流对气候的影响[156]

2021 年 11 月，德国 Maria S. Merian 号科考船（图 4.13）启航赴非洲 Cap Blanc 附近海域进行调查，参与方包括德国不来梅大学、奥尔登堡大学、阿尔弗雷德·魏格纳极地研究所和荷兰皇家海洋研究所，主要任务是采集不同深度海水样，分析沉积颗粒在上层海水中产生、通过海水柱下沉传输、在海底储存和分解的全过程，同时记录海水温、盐、浊度和叶绿素 a 含量以进行海洋物理和环境研究。非洲西北部岬角 Cap Blanc 附近海域因东大西洋亚热带上升流作用，是全世界生物高生产力的地区之一，对全球碳循环乃至气候变化有着重要影响。Maria S. Merian 号科考船于 2006 年开始服役，长

94.8m，总吨位 5573t，最大乘员 40 人（包括 22 名科学家），主要在北极冰盖边缘、北大西洋和地中海进行调查，为德国在役第四大科考船。

目前德国主要大型科考船有 8 艘，阿尔弗雷德·魏格纳极地研究所运营 2 艘：Polarstern 号、Heincke 号；汉堡大学德国研究舰队协调中心运营 3 艘：Meteor 号、Maria S. Merian 号、SONNE 号；基尔亥姆霍兹海洋研究中心（GEOMAR）运营 2 艘：Alkor 号、Poseidon 号；莱布尼茨波罗的海研究所（IOW）运营 1 艘：Elisabeth Mann Borgese 号。

图 4.13　德国 Maria S. Merian 号科考船（据 Zonneveld[156]）

10. 美国商业性碳捕集与封存项目失败，主因是缺乏政策激励和稳定的投入[157]

碳捕集与封存（CCS）在应对气候变化中变得越来越重要。在过去 20 年中，美国政府和私营企业共投入了数百亿美元从数十种类型的工业生产和发电厂中捕获二氧化碳并储存于深部构造中，但这些项目中有 80% 是以失败告终。加利福尼亚大学圣迭戈分校的研究人员在《环境研究快报》（*Environmental Research Letters*）上发表一项研究，以 12 个基本属性分析了美国 39 个商业化 CCS 项目，认为政府稳定的激励政策和前期资金投入是成功的关键因素。阐明商业性 CCS 成功和失败的因素，有助于决策者和开发人员避免重蹈覆辙，为未来的成功提供借鉴。

11. "全球碳"项目估计，2020 年全球碳排放量大幅下降，但 2021 年快速回升，将恢复到 2019 年水平[158]

"全球碳"项目是国际科研项目"未来地球"的子项目之一，由来自世界各地的气候研究人员共同开展，项目组每年发布报告评估全球碳循环情况及其对世界可持续发展的影响。2020 年度报告指出，当年全球新冠疫情蔓延，经济活动减少，碳排放量大幅下降（图 4.14），较 2019 年下降了 5.4%。11 月，该项目组在《地球系统科学数据》（*Earth System Science Data*）上发表"2021 年全球碳排放初步报告"，估计 2021 年碳总排放量约 364 亿 t，比 2020 年上升 4.9%，已回升到接近 2019 年的水平。主要经济体的排放数据为：欧盟 27 国 28 亿 t，占全球总排放量的 7%，比 2020 年增加 7.6%，比 2019 年减少 4.2%；美国 51 亿 t，占全球总排放量的 14%，比 2020 年增加 7.6%，比

2019 年减少 3.7%；中国 111 亿 t，占全球总排放量的 31%，比 2020 年增加 4%，比 2019 年增加 5.5%；印度 27 亿 t，占全球总排放量的 7%，比 2020 年增加 12.6%，比 2019 年减少 4.4%。该报告认为，全球经济复苏、煤炭和天然气消费增加是碳排放上升的主要原因。按照 2021 年的碳排放水平，全球升温 1.5℃、1.7℃ 和 2℃，大致需要 11 年、20 年和 32 年。该项目组认为，新冠疫情对全球碳循环的影响是暂时的，多数主要经济体并未实行实质有效的长期减排方案，升温控制未如人意。毕竟，在现有基础上全球每年碳排放总量需要减少 14 亿 t，才有可能在 2050 年实现"碳中和"。

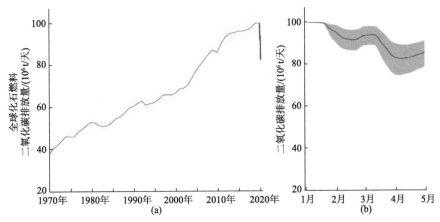

图 4.14　1970 年以来全球碳排放量变化曲线（据 Friedlingstein 等[158]）

（a）为 1970 年以来全球碳排放量变化；（b）为 2020 年 1~5 月碳排放量变化，在新冠疫情蔓延影响下，碳排放量持续下降，2020 年全球碳排放量大幅下降

（三）海洋生物与碳循环研究

1. 法国科考船横渡南大洋，了解其对全球气候的影响[159]

2021 年 1~3 月，法国国家科学研究中心科学家搭乘 Marion Dufresne Ⅱ 号科考船横渡南大洋，以了解海洋对大气中二氧化碳的封存、运输和转化能力，以及地球化学元素在南极海域深处的物理、化学和生物转化过程。这项研究是国际计划 GEOTRACE 的一部分，该计划旨在了解海洋环境中生物地球化学循环，以及关键微量元素及其同位素的分布规律和环境敏感性。

2. 美国开发海洋暮光区观测网络[160]

2021 年 3 月，美国伍兹霍尔海洋研究开发了一个适用于暮光区①的海洋观测网，利用声波测量系统、光学和地球化学传感器等设备对暮光区进行连续观测。该网络将覆盖西北大西洋约 25 万 km² 的区域，可在数月甚至数年内全天候收集暮光区的海洋环境和生物数据。

---

① 暮光区是指海面以下 200~1000m 光线昏暗的海水层，这里包含地球上最丰富的生物资源量，但科学家仍未对其进行充分探索。

3. 德国开展联合科研项目，旨在阐明北海颗粒有机碳过程，支持政府制定相关政策[161]

2021 年 4 月，德国联邦教育及研究部启动了一个联合项目，旨在了解北海海底的颗粒有机碳（POC）①如何结合、循环和储存二氧化碳，以及人类活动和气候变化如何影响这一生态过程（图 4.15）。该项目由 5 个机构共同承担，具体分工为：阿尔弗雷德·魏格纳极地研究所（AWI）专注于研究北海南部黑尔戈兰淤泥质区的沉积物运输、再悬浮和沉积过程，以及 POC 矿化和二氧化碳释放机制；基尔亥姆霍兹海洋研究中心（GEOMAR）调查北海最大的 POC 储存中心——斯卡格拉克；盖斯特哈赫特亥姆霍兹研究中心开发三维开源建模系统来量化控制 POC 矿化和其沉积的物理-生物-化学过程；汉堡大学将量化生物和非生物有机碳库，并创建北海碳库的未来分布情景；德国环境与自然保护联合会负责将项目的科研成果转化为合理的政治行动建议，支撑国家、地区和欧盟制定合理方案，以实现北海海洋资源可持续管理和开发。该项目为期 3 年，最终科研成果将作为各级政府制定海洋政策的基础依据，并向公众科普宣传海洋知识。

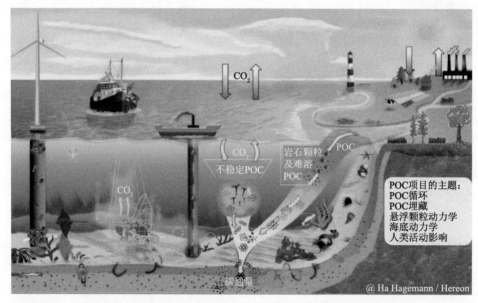

图 4.15　人类活动对北海海底 POC 循环的影响（据 Zhang[161]）

二、海洋生态系统与生物多样性

越来越多的研究证实，在人类过度开发和海平面上升的影响下，海洋生物正陷入巨大危机，最典型的现象就是珊瑚白化。2021 年，国际科学家纷纷呼吁增加海洋保护区，并提出有效实施海洋生态系统保护的策略，期刊《自然》《科学》均刊登了全球海洋保护区划定的相关建议和指南。海洋生物和生态系统相关研究中，除了传统的生物多样性和环境影响研究外，在生命科学和分子遗传学方面等交叉学科上，也有了长足进展，包括对珊瑚健康的改善和人体免疫及抗癌治疗等。

---

① 颗粒有机碳是指不溶解于水体中的有机颗粒物质。

（一）生态系统保护与管理

1. 科学家首次提出全球海洋保护蓝图

如果我们只能保护海洋的一部分，应该选择哪里？发表在《自然》上的一篇文章开创了一种新方法，从保护生物多样性、增加渔业产量和增加碳储存三个角度，提出海洋保护区的计划框架[162]。该研究指出，对 21%的海洋进行战略性保护可以挽救 80%以上的濒危物种，而目前受保护的物种大约只有 1%；对 5.3%的海洋进行保护可增加 750 万 t 海产品；对 3.6%的海洋进行保护可防止超过 10 亿 t 二氧化碳释放到大气中。目前，全球仅 2.7%的海域被划为海洋保护区，与世界大部分国家承诺到 2030 年将海洋保护区提高到 30%的目标相去甚远。研究人员呼吁各国依照计划框架，划定海洋保护优先区（图 4.16），以给人类带来最大利益。

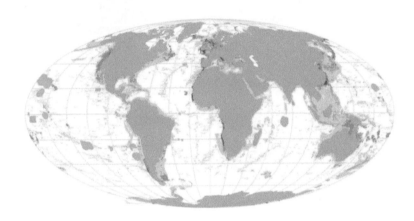

图 4.16 全球海洋优先保护区分布（据 Sala 等[162]）

海洋优先保护区应以保护生物多样性、增加渔业产量和增加碳储为主要目标，从而实现效益最大化。图中蓝色部分代表已经被划定的保护区，红色部分表示建议实现以上三个目标的优先保护区，橙色代表需实现其中两个目标的优先保护区，黄色代表仅需实现其中一个目标的优先保护区

2. 国际科学家提出海洋保护区（MPA）新的科学指南，指导保护海洋生态系统[163]

MPA 旨在保护海洋区域生物多样性、促进健康和有弹性的海洋生态系统、促进渔业可持续发展，并提供社会经济效益，因而得到科学界的一致认可。近日，来自全球的四十多位科学家在《科学》上撰文，提出了一个清晰的 MPA 科学框架指南。该指南按建立阶段和保护水平对 MPA 进行分类，具体说明设立不同类型的 MPA 对生物多样性变化和促进人类福祉产生的直接和间接结果，并描述了产生积极结果所必需的关键条件。这些文章认为，科学家、管理者、政策制定者和社会团体借助新的 MPA 指南可以有效设计和实施方案，评估和改进对海洋生态系统的保护水平。

3. 全球海洋有害藻华首次得到定量评估[164]

有害藻华（HAB）是威胁海洋生态环境、人类健康和沿海经济的一种海洋灾害。一个国际研究团队收集整理了 1985～2018 年间全球 HAB 事件记录和海洋生物多样性数据，首次定量评估了全球 HAB 事件的发生频率和时空分布，发现在全球尺度上，

HAB 事件并没有随时间推移而增加，但在个别地区确实有统计学意义的显著增长，部分地区的 HAB 事件和当地某种毒素爆发有关。研究还发现，随着水产养殖规模的扩大，各地区报告的 HAB 事件变多，但这也有可能是因为水质监测工作的不断改进使HAB 事件越来越容易被发现。从长远来看，水产养殖能使 HAB 得到更及时的监测和管理，降低对海洋和社会环境的影响。这项研究发表于《通讯：地球与环境》。

4. 美国地质调查局建议：研究沉积物管理对沿海障壁系统的影响[165]

障壁岛或障壁坝是沿海发育的一系列沙岛或沙坝，通常平行于海岸伸展，与海岸间有潟湖相隔，对潟湖起屏障作用，可保护沿海社区或生态系统免受极端天气影响，因此是一种重要的自然资源（图 4.17）。障壁岛的形状和大小会随波浪和潮汐过程、沉积

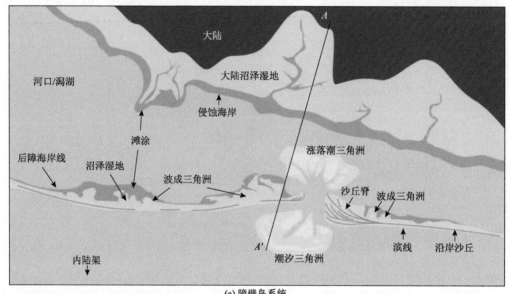

(a) 障壁岛系统

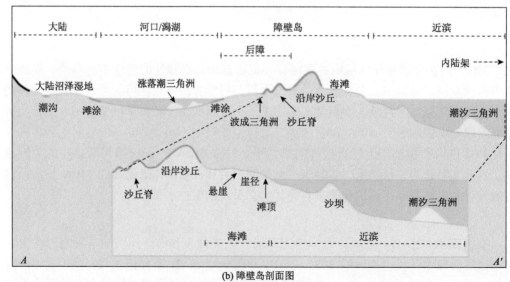

(b) 障壁岛剖面图

图 4.17　障壁岛系统地貌环境示意图（据 Miselis 等[165]）

物输入和海平面变化而改变。沿海沉积物的增减实际上可以通过调节输入或清除等方法实施人为干预，这是减轻沿海灾害、防止海水侵蚀和洪灾的一种手段。美国地质调查局（USGS）发布研究报告，阐述了沉积物管理对沿海障壁系统中的各类生物物种、生物栖息地、障壁岛物理特征和海岸带弹性（海岸带自然生态及社会经济对灾害的抵抗、恢复和适应能力）的影响。这些影响既有积极的，也有消极的。报告建议，应对障壁岛周边沉积物管理活动进行长期监测，以评估其对沿海生态群落和恢复力的具体影响。

（二）珊瑚

1. 科学家利用分子遗传学对漂白珊瑚进行物种鉴定[166]

珊瑚五彩斑斓的颜色源于生活在其组织中的藻类。珊瑚与藻类具有共生关系，但在环境压力下（如水温升高），藻类会离开珊瑚，使珊瑚变成白色，这种现象称为珊瑚漂白。漂白的珊瑚更脆弱、容易死亡，某些漂白珊瑚通过外观无法辨认物种间的差异，即为"隐性物种"。科学家研究了法属波利尼西亚莫雷阿（Moorea）岛的珊瑚生态系统，运用分子遗传学技术进行了物种鉴定，发现因漂白死亡的 *Pocillopora* 属珊瑚中约有 86% 属于具有一组 DNA 变异的群体。因为该区大部分珊瑚为 *Pocillopora* 属，所以死亡的物种是该区的特有物种。科学家呼吁各国政府和企业采取措施以减少二氧化碳排放，否则会对珊瑚礁造成威胁，尤其容易导致此特有珊瑚物种的灭绝。此研究成果发表于《生态》（*Ecology*）。

2. 珊瑚黏液生物膜中的微生物有助于保持珊瑚健康[167]

珊瑚所生长的水域通常格外清澈，海水中如果含有过量的氮就会引发藻类大量繁殖，影响珊瑚健康。美国和古巴科学家通过合作研究，发现了一种共生在珊瑚黏液生物膜中的微生物，这些微生物可以吸收并"清除"珊瑚周围海水中多余的氮，阻止藻类生长。这个发现为珊瑚的氮循环研究提供了新思路。

3. 人类活动改变南海北部珊瑚礁的发育模式[168]

南海具有丰富的珊瑚礁资源，但近几十年来受人类活动影响，多地珊瑚礁出现了珊瑚覆盖度下降和多样性锐减的现象。中国科学院南海海洋研究所人员通过高精度 U-Th 放射性同位素测年技术，测定了北部湾涠洲岛约 100 个珊瑚样品，分析其死亡年代和物种，发现南海北部珊瑚大量死亡、珊瑚礁退化状况其实早在 20 世纪 50 年代就已经发生。这与"人类世大加速期"吻合，远早于已有的现代观测记录。而且，自 20 世纪 80 年代以来，珊瑚死亡频率和程度逐渐增加，珊瑚覆盖率急剧降低、优势种群发生改变。该项成果发表于《总体环境科学》（*Science of the Total Environment*）。

4. 人类抗生素或可治疗珊瑚疾病，有效率达 95%[169]

海底珊瑚礁损失既有人为因素，也有自然因素，疾病是致其死亡的自然因素之一。许多珊瑚疾病和人类疫情一样具有传染性，如 2014 年美国佛罗里达州外海珊瑚发生的"石珊瑚组织损失病"就是以海水为传播途径，至 2018 年向南扩散到了整个加勒比海，导致大片珊瑚死亡。美国佛罗里达州大西洋大学发表在《科学报告》上的一项研究发现，用于治疗人类细菌感染的普通抗生素（阿莫西林与 Core Rx/Ocean Alchemists Base 2B 相结合）可治疗 *M. cavernosa* 珊瑚群的疾病。*M. cavernosa* 是热带海域的一种造礁珊瑚，通过抗生素干预，个别疾病的治愈成功率高达 95%，但不一定能防止珊瑚出现新的病变。科学家认为，足够的抗生素干预持续时间和剂量可以阻止石珊瑚组织损失病，但可能并不足以消除珊瑚群的其他病原体或致病菌。科学家将进一步优化抗生素治疗珊瑚疾病的方法，以扩大治疗范围和增强效果。

5. 科学家提议在大堡礁实施人工海洋碱化，帮助恢复生态系统[170]

大堡礁位于澳大利亚东岸，是地球上最大的生命结构体，也是地球上复杂的自然生态系统之一。然而，在气候变化和人为因素的威胁下，大堡礁正面临着严峻的生态危机，大规模珊瑚白化导致其生态失去平衡。为了给珊瑚礁生态恢复争取时间，一些研究人员提出在大堡礁实施人工海洋碱化，以抵消人为碳排放造成的海洋酸化影响。科学家使用大堡礁周围的水动力——生物地球化学耦合模型，模拟船只施放碱化剂后大堡礁周边海水酸碱度的改善效果，发现持续施放碱化剂可以抵消之前人为导致的海洋酸化，但在碱化剂停止注入后，效果会反弹。此外，碱化剂的过度施放也会对珊瑚礁造成负面影响，因此还需针对大堡礁的实际情况对模型进行精细刻画，提高模拟分辨率。这项研究发表于《环境研究快报》。

（三）微生物与细菌

1. 深海沉积物中微生物依赖海水的辐射分解产物生存[171]

传统观点认为，沉积物中的生命依赖光合作用生存。然而，发表在《自然·通讯》上的一项研究表明，深海沉积物中的微生物大多依靠海水辐射分解的产物维持生命。海水辐射分解时会产生氢和氧化物（图4.18），许多微生物可以直接或间接地利用这个过程中生成的放射性氢或氧化物作为能量来源，而深海沉积物给这个反应创造了催化条件，使氢产量高达无催化分解时的 27 倍。根据氢的消耗速率和有机氧化速率，研究人员发现，海水辐射分解是几百万年以来海洋沉积物中微生物群落的主要能量来源。研究人员认为，在其他极端环境中（如火星上），如果水渗透到具有催化物质的地方，它的辐射分解能量也可能维持生命。

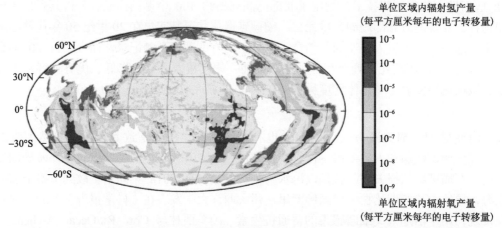

图 4.18　海洋沉积物中放射性氢和放射性氧化剂生产率的全球分布图（据 Sauvage 等[171]）

2. 美国科学家揭示控制海洋微生物营养平衡的因素[172]

浮游生物是海洋中数量较多的生物之一，其内部化学元素平衡对于塑造海洋食物网和全球碳循环等许多过程至关重要，传统上认为该平衡主要受温度控制。美国科学家发表的一项研究表明，表层以下（100m 或更深）的海洋活动也能很大程度影响浮游生物内部化学元素平衡。研究人员收集了全球主要海盆以及一系列环境中的大量浮游植物样本，测量了它们细胞中的营养组分并计算常量营养元素的化学计量比，发现除温度和环境光因素，从下层供应到光照层的海水提供的营养输入也控制了海洋微生物的营养物质平衡，这些营养物质构成了海洋健康的基础。这一发现可以让科学家更准确地探索海洋变化的复杂过程。这项研究发表于《通讯：地球与环境》。

3. 深海发现全新细菌，人体免疫系统无法识别[173]

通常认为，人类的先天免疫系统可以识别侵入人体的任何微生物或细菌，包括从我们未接触过的环境（如深海）中检测到的微生物。但是，有研究团队在水深 3000 多米处采集到新型微生物样本，通过数千个基因测序和培养研究，发现人体对这些微生物不会引发先天免疫系统的任何反应或应答。研究人员表示这一突破性发现或将在新生物学工具和疗法中得到应用，如可以利用这些细菌进行生物制药和免疫疗法。该项研究得到了美国国家卫生研究院和 NOAA 的支持，成果发表于《科学·免疫学》（*Science Immunology*）。

4. 美、德科学家在深海沉积物中发现可抗癌的真菌[174]

美国海洋生物技术中心和德国基尔亥姆霍兹海洋研究中心合作，从大西洋深度为3600m 的沉积岩心中成功分离并培养了一种活真菌，证明其具有抗癌和抗菌作用，可开发为抗生素和抗癌药物。这项研究成果发表于著名的科学期刊《海洋药物》（*Marine Drugs*），科学家认为，深海独特而丰富的生物资源将来可应用于药物、食品、化学，甚至生物燃料的开发利用。

5. 东北大西洋发现大量食油细菌[175]

发表于微生物学期刊 *mBio* 的一项研究发现，北极法罗群岛-设得兰群岛（Faroe-Shetland）海峡中有大量可降解碳氢化合物的细菌，这些细菌以海上石油为食，可用于监测海上石油钻井平台的渗油或漏油事故，对清理海上石油污染也有重要帮助。此外，科学家在东北大西洋油气开发活跃区建立了第一个微生物基线，评估了食油细菌在各季节的丰度变化，以分析该区域发生重大漏油事故时此类细菌的行为，预测生物对海洋环境的修复作用。

6. 来自大西洋深处的证据表明，微生物是海底生命的基础和金属矿产的可能来源[176]

巴西圣保罗大学海洋研究所与英国国家海洋学中心合作在大西洋里奥格兰海脊（RioGrande Rise）进行海底矿产调查和海洋生态研究，发现细菌和古细菌除了维持当地生物多样性外，还可能参与生物矿化过程形成铁锰结壳。研究人员在结壳样品中提取到DNA 序列，发现一种细菌属于硝化螺旋藻。同时，在同一区域的生物膜、珊瑚、基岩和结壳样品中都发现了相同类型的微生物。但微生物的年龄不同，生物膜中的最年轻，珊瑚比结壳更新。科学家由此认为结壳矿产不仅是由地质过程形成，而且生物过程也有贡献，微生物在其中发挥了重要作用（图 4.19）。这项研究成果发表在《微生物生态学》（*Microbial Ecology*），加深了科学家对南大西洋铁锰结壳上微生物多样性和潜在生态过程的了解。

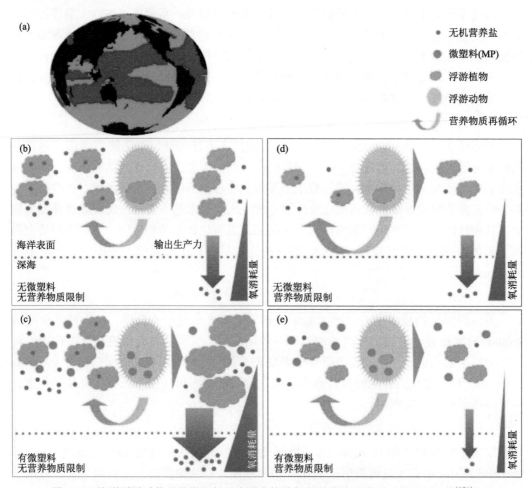

图 4.19　海洋浮游动物吸收微塑料对海洋水柱溶解氧的影响示意图（据 Bergo 等[176]）

（a）红色块表示海洋贫营养区，蓝色表示海洋富营养区；（b）海洋富营养区无微塑料时浮游动物捕食浮游植物；（c）富营养区有微塑料时浮游动物会捕食部分微塑料，浮游植物等自养型生物的被捕食压力减缓，初级生产力上升，有机物再矿化过程也会增加，消耗更多氧气；（d）海洋贫营养区无微塑料时浮游动物捕食浮游植物，浮游植物等自养型生物通过微生物循环和浮游动物排泄获取养分；（e）贫营养区的浮游动物捕食微塑料，其排泄物无法为浮游植物等自养型生物供给充足的养分，浮游植物等自养型生物的初级生产力下降，有机物的再矿化过程随之减少，因此氧消耗量更低

（四）海底热液生态系统

1. 全基因组分析揭示深海热液喷口蜗牛双重共生系统[177]

深海热液喷口是地球上独特的生态环境之一，生物是如何适应这样极端环境的仍是个未解之谜。2019 年 4 月，香港科技大学钱培元教授的研究团队在西南印度洋龙旂

热液区使用遥控无人潜水器（ROV）在 2800m 深处捕获了深海蜗牛 *Gigantopelta*，在其食道腺细胞内发现硫氧化细菌和甲烷氧化细菌共生。该团队对这两种共生细菌和宿主蜗牛进行基因解码，发现了一种新型的双重共生系统，硫氧化细菌可以利用氢、硫化氢、硫酸盐、亚硫酸盐和硫代硫酸盐中的化学能，而甲烷氧化细菌可以利用氢和甲烷产生能量。宿主蜗牛基因组中有多种模式的识别受体，它们在共生器官中的特异性帮助蜗牛识别并维持一个双重共生系统。蜗牛与共生体之间相互代谢的关系，使其得以在热液喷口系统中生长。该项研究发表于《自然·通讯》。

2. 美国科学家发现原生生物在热液喷口的作用[178]

原生生物一般为单细胞生物，可将有机碳从初级生产者转移到更高的营养水平，是食物网中的重要生态环节。美国科学家的一项研究量化了海底热液喷口食物网中捕食者与猎物营养之间相互作用的关系。科学家利用"鹦鹉螺"号科考船搭载的 Hercules 号遥控无人潜水器（ROV），采集到东北太平洋戈达海岭（Gorda Ridge）扩张中心热液喷口流体。流体样品的放牧实验结果表明，与深海水环境相比，原生生物在热液喷口处更具有捕食意愿，消耗了 28%～62% 的细菌。研究人员估计该行为可能将热液喷口固定碳的 22% 转移并释放到微生物循环中。这项研究证明了原生生物在深海碳循环中发挥重要的生态作用，发表在《美国国家科学院院刊》。

（五）生态系统脆弱性

1. 英国近海海洋保护区几乎都有拖网捕捞，严重破坏海底生态和气候环境[179]

2021 年 1 月，一份名为《海洋无保护区》的报告基于为期一年的研究，指出英国海底 93% 的碳被储存于沉积物中，海底拖网作业使沉积物中的碳被释放到海水中，最终会进入大气导致气候变化。这种作业方式造成的碳排放可能要花费 90 亿英镑来缓解。

2. 人类活动产生的噪声影响海洋生态系统[180]

海洋动物通过声波来探索海洋环境，在物种内部及与其他物种之间交流信息。自工业革命以来，人类活动如航运、资源勘探和基础设施建设产生的噪声不断增加。有证据表明，人为噪声会增加海洋动物死亡率。与海洋环境中持续存在的其他影响因素（如二氧化碳或有机污染物的排放）相比，人为噪声通常是点源污染物，一旦去除污染源，其影响迅速下降。科学界倡导国际社会采取有关措施，将人为噪声纳入评估海洋生态系统压力指标，规范现有技术方案以减弱海洋噪声。该项研究发表于《科学》。

3. 2021 年佛罗里达州海牛死亡数据破纪录[181]

2021 年以来，美国佛罗里达州东海岸印度河潟湖流域有 400 多头海牛死亡，是近五年同期死亡数量的三倍以上。海洋生物学家认为海牛是因失去赖以生存的食物——海草而饥饿致死。在印度河潟湖，由于污水和化肥的肆意排放，海草几乎全部消失。佛罗里达州渔业与野生动物管理部门正研究一种新方法，试图在潟湖中重新种植海草，并使其可持续生长，以修复海洋生态环境。

4. 海星可能在温暖的海水中被"淹死"[182]

2013 年前后，太平洋东北部的海星患上了一种奇怪"损耗病"而大规模死亡，科学家对此病的诱因进行研究，发现可能与海水变暖有关。不断升高的海水温度助长了海洋中有机物质和好氧细菌的增长，消耗了海星生存所需的氧，妨碍了海星的正常呼吸，因而患上损耗病死亡。而死亡海星的腐烂过程也是一个耗氧过程，所以损耗病通常会引起大片海域的海星感染疾病而死亡。

三、海洋环境恶化

近年来，人们对塑料制品的依赖越来越大，塑料污染无处不在，从近岸到远海，从冰川到深海，大型塑料在海洋中被海洋生物长期定居成为栖息地，又随洋流漂至远方，从而改变海洋生物群落结构；微塑料影响全球养分循环，降低海洋含氧量。工业活动造成的重金属污染也在从陆地向海洋迁移，影响海洋生态系统，已有科学家在深海海沟中发现了高浓度汞。海洋脱氧和酸化现象是人类活动和气候变化共同造成的海洋环境问题，也影响着全球珊瑚礁和贝类生长，科学家正探索环境友好且效果持久的解决方案。

（一）塑料污染

1. 海洋塑料在欧洲海域盛行，波罗的海为重灾区[183]

2021 年 5 月，海洋竞赛（The Ocean Race）欧洲赛段开赛，帆船在波罗的海、英吉利海峡、大西洋沿岸和地中海等欧洲海域获取了 36 个水样（图 4.20），并交由科学家分析。发表的分析报告表明，欧洲海域每立方米海水中平均含有 139 个微塑料颗粒，传统上认为是污染重灾区的地中海却低于平均值（平均 112 个），而波罗的海的平均值最高（平均 230 个），是地中海的两倍。这些微塑料颗粒中 83% 为微塑料纤维，来源于合成衣物和轮胎等，其他为较大塑料物体降解后的碎片，来源于塑料瓶、包装和化妆品等。科学家指出，微塑料纤维是海洋生物最常食用的塑料类型，过度污染将破坏整个海洋生态系统。该竞赛将继续收集海洋水样，协助科学家绘制全球海洋塑料地图，了解塑料来源与最终去向。

海洋竞赛自 1973 年开始每隔 3～4 年举办一次，一个赛程耗时可达 9 个月以上。从 2017～2018 赛季开始，竞赛组委会与德国基尔亥姆霍兹海洋研究中心、荷兰乌得勒支大学等研究机构合作，通过比赛帆船捕获水样分析海洋塑料污染情况，以发挥体育竞赛的科学价值。

2. 冰岛瓦特纳冰川发现微塑料，可能影响冰川融化和流变[184]

科学界关于微塑料的讨论主要集中在海洋污染上，关于冰盖中塑料的研究很少。2021 年 4 月，冰岛科学家在瓦特纳冰川中发现微塑料，他们通过光学显微镜和拉曼光谱法鉴定了各种尺寸和材料的微塑料颗粒。科学家认为，冰川上的微塑料颗粒是通过大气输送过来的，且在寒冷的冰川环境中降解非常缓慢，但最终会随冰川融化和流动进入河流和海洋，造成水体环境污染。

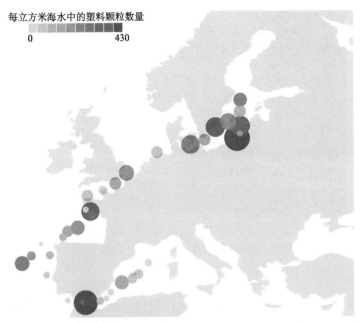

每立方米海水中的塑料颗粒数量

0　　　　　　　　430

图 4.20　海洋竞赛所绘制的欧洲海域塑料污染图（据 The Ocean Race[183]）

3. 微塑料污染物无处不在，已渗透至北冰洋[185]

长期以来，北极一直被证明是地球健康的晴雨表。2021 年 1 月发表于《自然·通讯》的一项研究却发现，微小的合成纤维正在渗透到北冰洋，并进入浮游动物、鱼类、海鸟和海洋哺乳动物体内。该项研究由加拿大一个海洋保护协会主导，在北冰洋每立方米海水中平均发现 49 个微塑料颗粒，这一浓度值低于近城市海域，但接近开放的太平洋和大西洋。这些污染物主要为聚酯纤维，推测纺织物洗涤排放和城市废水是其重要来源，主要从大西洋进入北冰洋。

4. 日本在其近海深处发现一处塑料"墓地"[186]

2021 年 6 月，日本海洋科技中心（JAMSTEC）利用 SHINKAI 6500 载人深潜器在日本千叶县东南约 500km 处 6km 深的海底发现大量塑料垃圾，包括购物袋、食品包装、合成纤维服装等，甚至发现一个塑料汉堡包装袋（图 4.21），上面标注的生产日期在 40 年前。此次发现的塑料垃圾碎片数量高达每平方公里 4561 块，科学家称这里是塑料"墓地"，大部分塑料垃圾上都附着了海星和海葵等生物，显示区域生态系统已经受到影响。据推测，这些垃圾很可能大多来自东亚和东南亚，随洋流至此。科学家推测日本其他地区海岸附近可能会形成更多塑料"墓地"，计划在后续对更多海域进行调查。

5. 红树林正遭受来自河流塑料污染的威胁[187]

挪威科研团队在《全面环境科学》（*Science of The Total Environment*）发表论文，首次评估全球河流塑料污染对红树林、珊瑚礁、海草和盐沼等海岸环境的影响。结果表明，红树林受到来自河流塑料污染的影响最大，全球 54% 的红树林生态系统正遭受这种污染威胁，其中以东南亚地区最为严重。

图 4.21　SHINKAI 6500 号深潜器拍摄到的海底塑料（据 Kanda[186]）

6. 科学家测试生物基塑料在海水中的降解速度，仅为几个月，远快于媒体宣传[188]

塑料在海洋环境中的存留时间是评估海洋塑料污染程度的重要指标。二醋酸纤维素（CDA）是一种广泛用于消费品的生物基塑料，主流媒体普遍报道 CDA 材料可以在海洋中存留长达数十年之久。为了检验该宣传，美国伍兹霍尔海洋研究所（WHOI）的科学家在定制的海水环境中培养了 350 个 CDA 材料和对照样本，利用实验室系统引流真实海水，使之流过样品，其间通过各项技术监测样品随时间推移的降解情况。结果表明，CDA 材料在海洋中的分解和生物降解速度（数月）比媒体宣传的速度（数十年）快了几个数量级，这也符合之前证实 CDA 材料在陆上土壤和废水中能被快速分解的特性。科学家认为，有必要通过测试不同类型的材料来寻找环境友好的塑料，需要基于科学数据而不是媒体宣传来讨论塑料的命运。该研究发表于《环境科学与技术快报》（*Environmental Science & Technology Letters*）。

7. 阳光可以将海洋塑料分解成数万种化合物[189]

传统观点认为阳光只会将海洋塑料分解成更小的颗粒，这些颗粒化学成分与原始材料相似，并且会永远存在。然而，美国伍兹霍尔海洋研究所（WHOI）在《环境科学与技术快报》上发表的一项研究表明，阳光还会将塑料的化学成分转化为一系列聚合物、溶解和气相产品。研究人员对一次性塑料袋和塑料薄膜在光照和黑暗两种环境下的变化进行对比观察和测试，经过几周的分解，发现溶解成分比原来认为的复杂数十倍，光照大大增加了溶解有机碳的产生，仅有 28% 的降解成分与原始材料相同。研究人员认为，今后应当在加快降解速度的基础上，重新配置塑料的化学成分，使之最大限度减少非良性化合物的产生。

8. 微塑料会影响全球养分循环，整体降低海洋含氧量[190]

全球气候变化导致海水中氧气含量不断降低，但这不是唯一的影响因素，海洋微塑料（直径 0.1μm～5mm）具有相同的作用。德国基尔亥姆霍兹海洋研究中心（GEOMAR）科学家在《自然·通讯》发表一项研究，首次表明海洋浮游动物吸收微塑料代替食物，将减少藻类食物摄入，导致藻类植物大量繁殖。藻类植物过量繁殖会影响全球养分循环模式，导致富营养区域海洋脱氧现象增多，贫营养区域海洋生物耗氧量下降，全球海洋含氧量整体呈下降趋势，其影响相当于气候变化的一半。这项研究将污染影响纳入海洋变化研究，扩展了地球系统模型。

9. 海洋塑料正在创造新的远洋生物群落，未来可能会成为物种入侵新途径[191]

海洋塑料污染的不断蔓延引起了国际关注，预计在未来几十年，这种污染对海洋环境的影响还将不断扩大。科学家在《自然·通讯》上发表文章，讨论了一个长期被忽视的海洋塑料污染后果。科学家以 2011 年日本海啸之后的塑料漂流行为为研究对象建立模型，发现沿海物种搭乘海洋塑料随北太平洋亚热带环流漂到数百公里外的大洋中心，发展成了新的生物群落，科学家将其称为"新远洋生物群落"（图 4.22）。由于这些塑料会永久或半永久存在，为沿海物种提供了在开放大洋长期定居的栖息地，导致沿海物种成为入侵物种，潜移默化地改变着远洋生态结构。科学家指出，到 2050 年全球积累的塑料垃圾可能会超过 250 亿 t，将加速海洋生物突破地理藩篱，对海洋生态系统产生难以预估的后果。

图 4.22 "新远洋生物群落"的一个模型（据 Haram 等[191]）

沿海物种原本被认为无法在远洋长期生存，近年来由于大量漂浮的塑料垃圾提供了合适的栖息地，沿海物种（d、e、f）和远洋物种（a、b、c）被发现可以长久共存于远洋环境

10. 澳美科学家分析斯里兰卡海域油轮泄漏事件的塑料颗粒化学性质，为海洋污染清理提供科学基础[192]

"X-Press 珍珠"号是一艘在新加坡注册的货船，船长 186m，最大排水量 37000t。2021 年 5 月，载有大量石油化工制品的"X-Press 珍珠"号在斯里兰卡附近海域发生严重火灾后沉没，估计约有 1680t 预生产塑料颗粒泄漏（图 4.23），严重威胁到海洋生态系统。由于这种塑料颗粒是经过烧灼之后进入海洋，其物化特性和潜在影响可能不同于传统的海洋塑料污染，给清理工作带来巨大挑战。澳大利亚西澳大学、美国斯克里普斯海洋研究所（SIO）和伍兹霍尔海洋研究所（WHOI）的科学家共同对该颗粒的化学性质展开研究，发现燃烧后的颗粒比未燃烧颗粒的化学复杂度高 3 倍，一部分燃烧产物包含石油衍生物，表明其燃烧过程中与化石燃料发生了反应。科学家指出，由于燃烧后的

颗粒在颜色、形状、大小和密度上高度缺乏统一性，清理过程中可能需要多种策略和方式相结合。该研究为海洋污染的清理和监测工作提供了科学基础，并将成果发表于《美国化学学会杂志》（*ACS Environmental Au*）。

图 4.23　大量预生产塑料颗粒被冲刷到斯里兰卡海滩（据 De Vos 等[192]）

11. 欧海神草可以帮助清除海洋中的塑料垃圾[193]

巴塞罗那大学研究团队对地中海的欧海神草（*Posidonia oceanica seagrass*）研究表明，这种海洋特有的显花植物在清除海洋微塑料、保护海洋环境方面发挥着重要作用。欧海神草根茎在海水机械冲刷作用下，形成球状的木质纤维团块，团块随浪飘荡，可捕获海水中的塑料细丝、纤维和比海水密度大的聚合物碎片。在风暴潮的作用下，捕获微塑料的团块再被冲击到海岸，可由人工清理。据估计，每公斤海草纤维团块中约有 1470 片微塑料，捕获微塑料能力远高于树叶或沙子。该项成果发表在《科学报告》。

12. 中美科学家联合开发数学模型，推测新型冠状病毒大流行相关医疗废物进入海洋的可能路径[194]

新型冠状病毒全球大流行导致对一次性塑料用品（口罩、手套等）需求激增，由此产生的医疗废物有部分进入河流和海洋中，加剧了对已失控的全球塑料污染问题的压力。发表在《美国国家科学院院刊》上的一项研究中，中国南京大学和美国斯克里普斯海洋研究所（SIO）的科学家联合开发了海洋塑料数值模型，以量化新型冠状病毒大流行相关陆源塑料排放对海洋环境的影响。研究人员综合分析了大流行开始至 2021 年 8 月的数据，发现全球已经产生了超过 800 万 t 与此相关的塑料废物，其中超过 2.5 万 t 进入海洋。科学家估计，在未来 3~4 年内，这些塑料碎片大部分将漂流到海滩或沉入海底，小部分将进入开阔的海洋，最终被困在大洋中央和亚热带环流中心，或成为垃圾斑块堆积在北冰洋环极塑料区（图 4.24）。模型还显示，经过河流进入海洋的塑料废物大部分来自亚洲，占总排放量的 73%，其中医疗废物远多于个人废物。该研究成果突

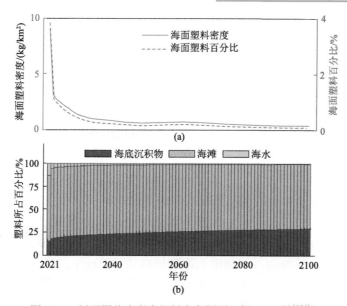

图 4.24 新型冠状病毒废塑料走向预测（据 Peng 等[194]）

（a）海面塑料密度和海面塑料百分比；（b）海底沉积物、海滩和海水中塑料所占百分比

出了医疗塑料废物管理中需要特别关注的河流和海域，号召相关地区加强管理。

13. 科学家提出新技术方案，塑料清洁船可将塑料转化成燃料，一艘船每年可清除 230～11500t 海洋塑料[195]

美国佐治亚大学研究组于 2015 年在《科学》杂志发表统计结果显示，2010 年有 480 万～1270 万 t 塑料垃圾流入大海，这一数字还在逐年增加，这些垃圾最终被分解成微小颗粒进入食物链。目前主要海洋塑料清理方式是利用船只收集和储存后运回港口，这一过程费时费力且又消耗了化石燃料，产生新的温室气体。美国伍斯特理工学院、伍兹霍尔海洋研究所（WHOI）和哈佛大学的科学家在《美国国家科学院院刊》上发表文章，提出将海洋塑料转化成船用燃料的技术解决方案。科学家检验了水热液化法的可行性及其环境影响。分析表明，在高温（300～550℃）高压（250～300bar①）下，塑料可通过解聚作用（指将报废聚合物转化为单体后，再用于聚合步骤合成聚合物）重新利用，其解聚产物具有足够的能量为执行海洋垃圾清理的船舶提供动力。该方法可减少清洁船舶往返港口的次数和化石燃料的使用量，科学家估计运用该方法，每条清洁船每年可清除 230～11500t 海洋塑料。

（二）重金属污染

1. 俄罗斯科学家评估南海西部陆架痕量金属污染，发现镉元素富集，湄公河是主要污染输入源[196]

痕量金属毒性大，流入自然界后长期存在，难以消除，其污染已成为一个世界性

---

① 1bar=10^5Pa。

问题。2019 年，俄罗斯 Akademik MA Lavrentyev 号科考船在执行国际科考任务期间，利用重力采样器在南海西部陆架采集了 33 个表层沉积物样品，主要为分选性差的粉砂和黏土。样品在实验室的地球化学分析取样间隔均小于 1cm，结果表明，南海西部的镍、铜、铬、锌、铅和砷等痕量金属元素平均浓度略高于上地壳，与南海北部大亚湾、北部湾、红河河口和珠江口海域相当，均为天然来源，但镉元素富集。结合区域水动力过程，科学家认为镉元素富集是湄公河悬浮物与海水混合后以吸附的形式附着于沉积物，最终进入大陆架的结果。该研究发表于《海洋污染公报》（*Marine Pollution Bulletin*）。

2. 太平洋深海沟沉积物中发现高浓度汞[197]

发表于《科学报告》上的文章揭示太平洋深海沟沉积物中存在高浓度的汞。这项研究由丹麦、加拿大、德国和日本的科学家合作开展，测量了东太平洋阿塔卡马（Atacama）海沟和西太平洋克马德克（Kermadec）海沟及其相邻海域的沉积物汞浓度和通量，发现阿塔卡马海沟沉积物中汞浓度最高达 401ng/g，接近世界受污染最严重的一些海域陆架沉积物中的汞浓度，甚至高于许多由工业排放直接造成污染的地区。这表明人类向海洋排放了越来越多的汞，令人震惊。但该文章作者也表示，海沟沉积物中的汞可以封存数百万年，不参与全球汞循环，而且板块运动也可以将部分汞带入地幔深处。

3. 我国香港大学科学家揭示香港过去 100 年海洋生态系统变化，重金属污染为首要影响因素[198]

过去 100 年里，随着我国香港的城市化发展（图 4.25）而产生了大量污染物，影响着生活在香港沿海水域的海洋物种。由于缺少监测，人们对香港过去 100 年海洋生态系统变化的认识有限。香港大学科学家通过海底沉积物中保存的数万个小型贝类化石，重建了过去 50～100 年间香港的海洋生态系统模型。重建结果表明，气候和金属污染物在塑造香港当今的海洋生态方面发挥了重要的作用，东亚季风增强引起珠江淡水量增加和泥沙排放量增加，导致稀有物种出现了强烈的东西向梯度变化；金属污染引起香港中部海域物种的更替与集中。而近年来愈发严重的海洋富营养化和脱氧事件对香港的海洋生态系统并没有明显影响。该研究认为，对沿海城市环境变化的研究需要更多地关注重金属污染。该研究成果发表于《人类世》（*Anthropocene*）。

（a）避风塘　　　　　　　　　（b）维多利亚港

图 4.25　我国香港避风塘和维多利亚港体现了香港繁荣的航运业和城市发展（据 Hong 等[198]）

（三）海洋脱氧和酸化

1. 二氧化碳排放导致海洋溶解氧含量持续降低[199]

溶解氧是海洋生物赖以生存的根本，然而近几十年海洋中溶解氧的含量持续降低。研究表明，二氧化碳排放造成全球变暖，导致海洋氧含量下降，降低了海洋环流和垂直方向上的混合速度。科学家使用地球系统模型模拟，发现即使立即停止所有二氧化碳排放，人类过去已经排放的二氧化碳也会导致海洋溶解氧持续消耗（脱氧），这一过程将持续几个世纪，总脱氧量将达到现在的四倍多。模拟结果还显示，约 80% 的脱氧反应发生于 2000m 以下的深海中，表层海水的脱氧过程会随着二氧化碳排放的停止而基本终止，而海洋生物的代谢能力将继续下降 25%。这项研究发表于《自然·通讯》。

2. 海洋急性脱氧会造成珊瑚礁大规模白化[200]

气候变化和海水富营养化导致全球海洋氧气加速流失，但人们对急性脱氧事件如何影响热带海洋生态系统仍缺乏整体认识。美国伍兹霍尔海洋研究所在《自然·通讯》上发表一项研究，详述了在急性脱氧事件下加勒比海珊瑚礁和底栖生物群落的变化过程。研究发现，缺氧导致珊瑚礁大规模白化，约一半珊瑚死亡，仅部分能够存活。珊瑚礁群的规模直到一年之后才显示恢复迹象，大型底栖生物如海尾蛇等也在贫氧环境下死亡。然而，珊瑚礁中的微生物在缺氧后一个月内就恢复了正常状态。研究人员认为，这些微生物并非适应了环境，而是它们本身就适合在无氧环境下生存。总体来说，珊瑚的大规模死亡对其所支持的生态系统造成了巨大的破坏，未来需要更好地管理和改进海洋开发和渔业活动，以减少海洋缺氧事件的发生。

3. 海洋变暖和酸化降低全球珊瑚礁碳酸盐产量[201]

具有碳酸盐骨架构造的钙质珊瑚礁对海水温度和酸碱变化极为敏感，而碳酸盐产量是珊瑚礁生长的一个重要指标。发表在《美国国家科学院院刊》上的一项研究中，科学家通过模型研究了不同气候情形下的珊瑚礁表面变化，预测了在未来海洋变暖和酸化背景下，全球 183 座珊瑚礁碳酸盐净产量的变化。科学家发现，即使在不考虑物理侵蚀的乐观情形下，到 2050 年全球珊瑚礁的净碳酸盐产量依然会下降 71%，到 2100 年下降 77%。而在全球较高碳排放的情形下，仅由海洋酸化导致的净碳酸盐产量下降就超过了当今总产量的 31%，全球变暖导致的海平面上升和海洋热浪也对其净碳酸盐产量具有直接或间接影响。研究结果表明，持续的气候变化将从根本上减少世界上大多数珊瑚礁的净碳酸盐产量，如果大气二氧化碳排放无法在短期内得到稳定，全球珊瑚礁将很难保持其应有的功能。

4. 海洋酸化正在改变贝壳的组分[202]

美国加利福尼亚大学的最新研究表明，海洋 pH 和碳酸盐含量（而不是温度）在影响贝壳的矿物组成方面起着重要作用。60 多年来，海洋酸化正在改变着北美西海岸加利福尼亚贻贝壳体的成分，从以文石矿物为主转变为强度较低但相对稳定的以方解石矿物为主。这种变化使壳体对酸性海洋环境的耐受性越来越强，但降低了抗捕食能力和抗波浪能强度。该项研究发表于《美国国家科学院院刊》。

5. 海草可以缓解海洋酸化[203]

海洋吸收了人类活动排放二氧化碳的三分之一，这降低了海水 pH，直接影响牡蛎、鲍鱼和螃蟹等物种形成外壳，破坏了海洋生态系统。加利福尼亚大学戴维斯分校的一项研究跨越 6 年时间，收集和分析加利福尼亚州海岸 7 个海草床中数百万个数据，发现海草生态系统可以显著缓解海水酸化。白天海草通过光合作用自然吸收碳，但即使在夜晚也是如此。科研人员发现，海草可以减少多达 30%的局部酸度，这种缓冲作用使海草环境暂时回到了工业化之前的 pH 条件。此项研究成果发表在《全球变化生物学》（*Global Change Biology*）。

6. 科学家探索人工海洋碱化方案，以缓解海洋酸化和清除大气二氧化碳[204]

《巴黎协定》的长期目标是将全球平均气温升幅控制在前工业化时期 2℃以内，并努力限制在 1.5℃以内。然而，单单减少碳排放并不足以缓解全球气候变暖趋势。因此，科学家提出要开发和实施主动清除二氧化碳策略，海洋负排放是其中一项重要技术，而人工对海洋进行碱化处理是实现海洋负排放的一种方法。发表于《气候前沿》（*Frontiers in Climate*）上的一项研究模拟了地中海的海洋碱化效果，科学家通过耦合物理-生物地球化学高分辨率模型（NEMO-BFM）对地中海进行碱化效率的定量评估，结果表明，碱化 30 年后，地中海吸收二氧化碳的潜力几乎翻了一倍，而且施放入海中的碱也中和了海洋的酸性（图 4.26）。但此方案对海洋生物和生态环境的影响还不清楚，有待进一步评估。

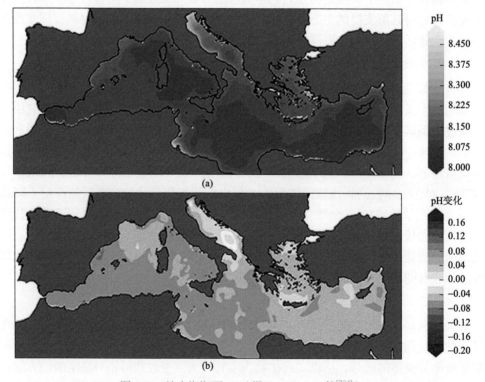

图 4.26 地中海海面 pH（据 Butenschön 等[204]）

（a）2016～2020 年海面 pH；（b）在 RCP 4.5 基线模型下到 21 世纪中叶（2046～2050 年）相对于 2016～2020 年的海面 pH 变化

四、现代海洋与气候

全球气候变化造成极端气候和自然灾害频发、海水变暖、海平面上升。2020 年海洋持续升温，未来 80 年海洋升温幅度可能还会继续增加到 15 倍之高。已有不少科学家发现海水变暖影响海洋浮游生物分布，热带海洋生物开始向两极迁移。全球海洋环流受气候影响发生改变，海洋环流增强不仅影响二氧化碳的吸收能力，还可能加速海洋酸化。海平面上升形势严峻，未来热带地区将更多地承受海平面上升带来的威胁，但也有科学家认为当前气候模型高估了未来海平面上升速度。

（一）全球气候变化

1. 《自然》问卷调查：部分气候学家对控制碳排放、减缓全球变暖持怀疑态度，认为《巴黎协定》目标难以实现[205]

2021 年 8 月，联合国政府间气候变化专门委员会（UN-IPCC）发布了第六次评估报告，明确人类活动加速了全球气候变暖过程。该报告由全球 234 位顶级气候科学家共同撰写，反映了科学界对当时气候变化的最前沿解读。11 月，国际顶级科学期刊《自然》面向这些科学家进行了匿名调查，共收到 92 份回复，占调查人数的近 40%。调查结果表明，尽管多国领导人在 2015 年的《巴黎协定》中做出了政治承诺，但科学家仍对全球变暖步伐能否放缓持强烈的怀疑态度。60%的受访者表示，预计到 21 世纪末与工业革命前相比全球至少升温 3℃，20%受访者认为会限制在 2℃以内，只有 4%的受访者认为可实现控温 1.5℃的目标。大多数受访者认为全球变暖已构成一场"全球危机"，气候变化将在他们有生之年给人类带来灾难性的影响。《自然》将这一调查结果发布后，另一些科学家指出该调查具有局限性，仅回收了近 40%的回复不足以代表主流观点，且问卷形式侧重于个人认知而非科学的观点。

2. 科学家提出"碳死亡成本"概念，预测美国和沙特阿拉伯对气候变化影响最大[206]

"碳社会成本"概念最初由美国里根政府提出，是指在任何时间点每多排放一吨温室气体所造成影响的边际成本，包括对环境和人类健康的"非市场"影响。美国哥伦比亚大学的研究人员提出"碳死亡成本"概念，用以描述过量温室气体排放与过热死亡之间的关系，以了解如果人类继续以高速率排放温室气体，未来将有多少人因气温升高而丧生。研究表明，大多数死亡将发生在比美国更热和更贫穷的地区。这些地区通常对全球碳排放的责任较小，但受气候变化产生的灾害影响更大。科学家以 2020 年的碳排放量为基准，估算到 2100 年过量碳排放对不同国家人们的影响。结果显示，3.5 名美国人一生的碳排放量会导致一个人的死亡，而在尼日利亚这一数据是 146.2 人，全球平均数则是 12.8 人。科学家在《自然·通讯》上提出这个概念，旨在唤起人们对气候变化的重视。

3. 厄尔尼诺现象引起的生物质燃烧产生了异常碳排放[207]

2015 年，极端厄尔尼诺现象和印度洋偶极子正异常造成热带区域严重干旱，包括印度尼西亚、马来西亚、巴布亚新几内亚和周边地区在内的赤道亚洲地区经历了毁灭性的生物质燃烧事件，大量二氧化碳排放到大气中。为了估算 2015 年燃烧引起的碳排放量，日本科学家利用商用客机以及货船上的高精度观测仪，捕获大气二氧化碳浓度的三维梯度。利用观测结果，科学家进行了基于大气传输数值模拟的逆向分析，估算赤道亚洲地区在 2015 年 9～10 月的碳排放量为 2.73 亿 t，仅这两个月的二氧化碳排放量就相当于日本一年的排放量。该研究发表于《大气化学和物理学》（*Atmospheric Chemistry and Physics*）。

4. 气候变化破坏海洋稳定性，降低海洋固碳能力[208]

海洋表层和深层在生态环境、温度、盐度等方面有显著差异，全球不同海域的表层和深层界线也各不相同（图 4.27）。发表在《自然》上的一项研究分析了 1970～2018 年全球海洋观测数据，发现海洋表层和深层的温度、盐度差异明显增大，这降低了表层与深层之间海水的交换效率，使氧气、热量和碳无法通过垂直环流进入深海。这种情况不仅破坏海洋生物的生存环境，还降低了海洋的固碳能力。研究人员还发现，由于气候变化，海面风力增强，在过去 50 年中海洋表层每 10 年加深 5～10m，从而破坏了海洋食物网。

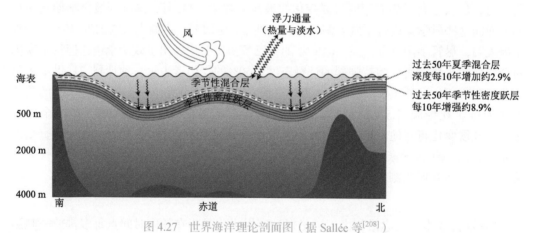

图 4.27　世界海洋理论剖面图（据 Sallée 等[208]）

该图展示了海洋的三层结构。上层季节性混合层受到风力和浮力推动，产生一系列湍流过程；中层季节性密度跃层为表层和深层海水之间出现的密度分层，是表层与深层海洋之间的屏障；深海在很大程度上与大气隔绝，一般通过与季节性密度跃层混合或冬季与上层混合层直接接触来接收氧气、热量和碳

5. 自 19 世纪 70 年代以来，全球海洋表面盐度急剧上升[209]

工业化早期，英国 HMS Challenger 调查船（1872～1876 年）和普鲁士 SMS Gazelle 调查船（1874～1876 年）进行环球航行考察，获取大量海洋生物学、地质学、物理学和化学资料。英国国家海洋学中心（NOC）和苏格兰海洋科学协会联合整理和研究了两艘科考船记录的 400 个站位表面海水盐度数据。研究结果证实，随着全球气温升高，海水循环也在加强；盐度较高海域（如大西洋）的海水蒸发量增加，而其他海域的降水量增加。19 世纪 70 年代至 20 世纪 50 年代之间的海水盐度变化强度比 20 世纪 50 年代以来低 50%，20 世纪 50 年代以来海水盐度变化加剧。事实上，20 世纪 50 年代以来地球的平均温度已经升高了 1℃以上，这加速了海水循环。

6. 美国航空航天局（NASA）证实，人类活动使地球能量预算失去平衡[210]

　　地球能量预算（图 4.28）是表达从太阳到达地球的辐射能与从地球流回太空的能量之间的平衡。大气系统一直维持这种平衡，如果地球系统由于火山等自然现象或人类活动而发生变化，并且地球能量预算出现失衡，那么地球的温度最终将升高或降低，以恢复能量平衡。NASA 的"云与地球辐射能系统"项目通过卫星观测研究地球大气层顶部的辐射流，发现人类发电、运输和工业制造等活动增加了温室气体排放，已导致 2003~2018 年间地球上的辐射强度每平方米增加约 0.5W，这影响地球的能量平衡并导致气候变化。该方法可用于跟踪人类排放物如何影响气候，监测各种缓解气候变化工作的效果，以及评估各种预测未来气候变化的模型。该项成果发表在《地球物理研究快报》。

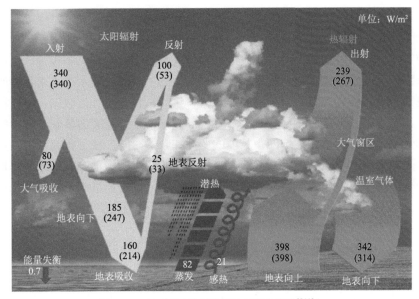

图 4.28　地球能量预算简图（据张华等[211]）

图中数值表示全球平均能量平衡各分量的最佳估计值，括号内数值为晴空条件下能量通量的最佳估计值

7. 海洋延缓了地球能量失衡的过程[212]

　　全球海洋热量变化可以用来量化地球能量失衡过程。2000m 以下海水占据着海洋体积绝大部分，但由于缺乏对该部分海水温度的直接观测数据，以往的海洋热量变化评估存在较大误差，认为 20 世纪地球能量失衡处于加速状态。美国科学家基于海水温度数据，使用计算机机器学习技术（ARANN）重建了 1946~2019 年间全深度海洋热量变化模型，重新评估了 20 世纪海洋热量变化。分析结果显示，深海冷却作用和上层海洋热传输导致 1990 年前全球海洋热量没有明显变化，1990 年后变化幅度增大。这意味着在 20 世纪后半叶大部分时间里，地球能量收支大致平衡，地球的能量失衡加速发生在最近 30 年中。这项研究发表于《自然·通讯》，证明海洋延缓了地球能量失衡的过程。

8. 英国科学家发现，极端风暴也可对海床生态系统造成巨大破坏[213]

由于长期底拖捕鱼，英国莱姆湾海床生态系统受到巨大破坏。为了恢复生态系统，英国政府于 2008 年设立了莱姆湾海洋保护区，禁止底拖捕鱼并使用水下摄像头等监测设备和技术进行长期监测，此后三年生态系统缓慢恢复。然而发表于《海洋科学前沿》（*Frontiers in Marine Science*）上的一项研究指出，之前被忽视的极端风暴也会对海床生态系统造成巨大破坏。研究人员通过调查分析 2013～2014 年该区域发生的一系列风暴，发现冬季风暴几乎摧毁了海洋保护区，与底拖捕鱼造成的破坏程度相当，但这种破坏的恢复速度很快，从风暴后第一年就开始了。科学家认为，随着全球气候变化，极端风暴可能变得更加频繁且破坏力无法阻挡，未来有必要通过扩大海洋保护区范围、改善健康状况来增强其恢复能力。

9. 到 2100 年北半球夏季可能会延长至六个月之久[214]

20 世纪 50 年代的北半球，四季以一种可预测且时长相对均衡的模式出现，但气候变化正使某些季节的时间和长度发生改变，而且这种改变既强烈又不规则。由中国科学院南海海洋研究所发表在《地球物理研究快报》上的一项研究显示，未来这种改变可能会变得更加极端。研究人员分析了 1952～2011 年的每日历史气候数据，将这段时间内日平均气温最高的 25%区间定义为夏季，最低的 25%区间定义为冬季，统计每年夏季和冬季的天数，以此测量北半球四季长度的变化和开始时间。根据研究结果，这 60 年间的夏季平均天数从 79 天增加到了 95 天，且发生时间有所提前，其中地中海地区和青藏高原的季节周期变化最大。研究人员预测，如果放任该趋势继续发展而不采取任何应对措施的话，到 2100 年北半球夏季可能会延长至六个月之久，冬季将持续不到两个月，且过渡性的春秋季也将进一步缩短。

10. 全球气温上升趋势稳定，2020 年与 2016 年并列史上最热[215]

2021 年初，美国航空航天局纽约戈达德太空研究所发布报告称，尽管 2021 年的第一个月北半球遭受寒流袭击，但 2020 年全球平均温度与 2016 年非常接近，比 1951～1980 年基线的平均温度高 1.02℃，是有气温记录以来最热的年份。报告认为，人类活动排放温室气体是地球持续变暖的主因，但 2019～2020 年的澳大利亚森林大火和全球新冠疫情也影响了全年平均气温。前者烧毁了 4600 万英亩①土地，向大气中释放的大量烟雾和微粒会阻挡阳光并可能稍微冷却大气；后者促使全球大规模停工，减少了污染粒子排放而使更多阳光到达地面，产生少许变暖作用。

11. 热带气旋以每十年30km 的速度向沿海移动[216]

热带气旋是发生在热带或副热带洋面上的低压涡旋，属于沿海地区破坏性最强的自然灾害。伦敦帝国学院研究人员分析了 1982～2018 年间全球沿海地区热带气旋活动卫星观测数据，发现在数量上每十年会增加两个气旋，平均中心位置向岸移动约30km，与陆地距离越近则发生频率越高。分析表明，热带气旋同时存在向西部、海岸和极地迁移的趋势，这种区域性转移可能是大气层中引导气流的区域性变化所驱动。该

---

① 1 英亩=0.404856hm²。

项研究发表于《科学》。

12. 随着气候变暖，北极闪电数量将增加一倍[217]

近年来，研究人员记录到北极地区闪电的数量异常增加。根据发表在《自然·气候变化》的一项研究，到 21 世纪末北极的闪电数量可能会增加一倍，将在阿拉斯加等北极圈地区引发更多山火，并融化永冻土，加速北极地区变暖。但现有的气候建模和闪电检测系统仍具有不确定性，很难长时间精确测量。科研人员呼吁在北极建立精度更高的地面和卫星闪电监测系统，以预测未来天气变化及其影响因素。

13. 全球气温每上升 1℃，人类流离失所风险将增加 50%[218]

自 2008 年以来，自然灾害造成 2.88 亿人流离失所，是战争、冲突和暴力造成流离失所人数的三倍，其中仅洪水造成的流离失所人数就比冲突和暴力造成的人数多 63%。苏黎世联邦理工学院的一个国际研究团队使用温室气体浓度、气候模型和水文模型量化了全球变暖对沿海国家流离失所风险的影响，表明如果将人口固定在当前水平，那么每升温 1℃，由于河水泛滥而造成人口流离失所的风险将增加约 50%。这意味着如果气候变化符合《巴黎协定》，并考虑到人口增加，则到 21 世纪末全球因洪水而流离失所人口的风险预计将增加一倍，人类需要通过城市规划和保护性基础设施来规避风险或减轻影响。这项研究发表于《环境研究快报》。

（二）全球海洋变暖

1. 全球海洋变暖 2020 年度报告发布[219]

由中国科学院大气物理研究所牵头，联合全球 13 个研究机构 20 位科学家组成国际研究团队，发布了国际上第一份 2020 年全球海洋环境（温度和盐度）变化研究报告。报告指出，2020 年海洋升温持续，吸收了 20 亿 J 的热量，成为有现代海洋观测记录以来最暖的一年（图 4.29）；海洋"咸变咸，淡变淡"的盐度变化态势加剧，海水垂向层化持续加强。海洋变暖导致极端天气增加，严重影响海洋生态系统。

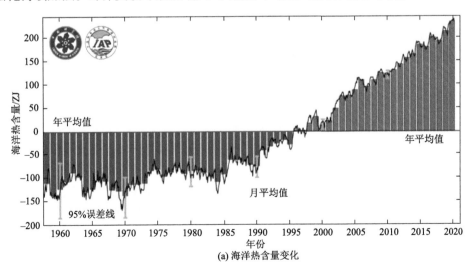

(a) 海洋热含量变化

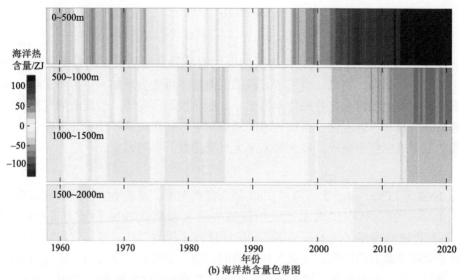

图 4.29　1960～2020 年全球海洋热含量变化和深度分布图（据 Cheng 等[219]）

$1ZJ=10^{21}J$

2. 澳大利亚科学家分析 Argo 浮标数据，提出未来 80 年间海洋升温幅度将增加 15 倍[220]

Argo 是一个国际性的海洋监测项目，由包括中国在内的 30 多个国家参与，目的是通过浮标来采集从海表到海面以下 2000m 的海水温度、盐度数据。目前该项目已投放超过 3500 个浮标，其中美国投放数量最多，超过 2000 个。与传统的海水数据采集方式相比，Argo 浮标覆盖范围更广，数据精度更高。澳大利亚科学家通过分析 Argo 浮标提供的近 20 年海洋数据，发现在全球变暖过程中温室气体捕获的能量有 90%被海洋吸收，导致海水升温幅度持续加大。科学家估计，2019～2100 年间海洋温度的升幅将比 2005～2019 年间高 11～15 倍，仅由于海水变暖导致的海平面上升幅度可达 17～26cm。科学家肯定了 Argo 浮标所提供的高精度监测数据，提出需要继续维护该海洋观测系统，并扩展观测记录，以更准确地预测全球变暖带来的影响。该研究发表于《自然·气候变化》。

3. 科学家模拟气候变化对海洋生态环境的影响，可支持国际组织和政府制定温室气体减排政策[221]

人为因素造成气候变化对海洋生态系统的影响日益明显，气候变化将加剧海洋动物的反应，包括死亡率上升、海洋酸化导致贝类生物和珊瑚钙化、物种分布和种群丰度变化，以及改变生物群落之间的相互作用等。一个由斯克里普斯海洋研究所（SIO）科学家领导的国际研究小组使用新一代气候模型来预测气候变化将如何影响未来的海洋生态系统，尤其是气候变化对海洋物理性质和浮游生物的影响。模拟结果显示，到 2100 年前，相比于其他生态系统，海洋生态系统的气候风险更高。新一代变化模型清晰地表明在温室气体强减排和高排放两种情景下，海洋生物量的变化有巨大差异。在高排放情景下，气候变暖加剧，海洋生物代谢成本加大，海洋物理分层增多，浮游动植物大幅减少（图 4.30）。该研究发表于《自然·气候变化》，可降低人们对海洋生态系统应对气候变化认知的不确定性，支持国际组织和各国政府制定更有效的温室气体减排政策和实现路线图。

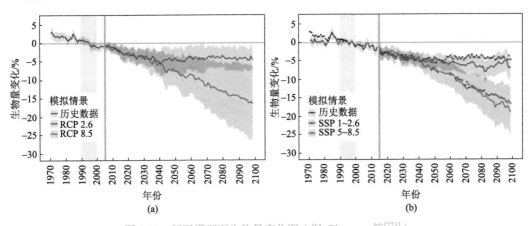

图 4.30　新旧模型下生物量变化图（据 Tittensor 等[221]）

旧模型（a）和新模型（b）显示未来近 80 年，在强减排情景下（蓝色），生物量小幅减少；在高排放情景下（红色），生物量大幅下降。新模型精度更高。SSP 1～2.6 代表可持续性发展路径；SSP 5～8.5 代表化石燃料发展路径

4. 科学家发现海洋升温对浮游植物影响程度不一，研究结果可预测未来海洋生物分布模式[222]

浮游生物是大多数海洋食物网的基础，作为初级生产力推动了商业渔业发展，维持海洋固碳，维护海洋生态系统的健康。但目前关于浮游生物如何应对气候变化和海洋升温方面仍缺乏认识，为此，美国罗得岛大学的科学家对硅藻、蓝藻、球石藻和鞭毛藻四种主要浮游植物随温度升高的生长情况变化进行了研究。科学家以气候模型对 2080～2100 年海洋升温预测值为试验条件，结合目前浮游植物的分布模式来进行预测模拟，结果表明，四种浮游植物的生长速度和分布模式均会随着升温而变化，在赤道海域生长速度下降，而在较冷的海域（如阿拉斯加湾）将加速生长。科学家还注意到，不同种类的浮游植物生长速度变化并不一致，鞭毛藻对升温的响应变化最小，这可能和其活动方式相关。该研究可用来预测海洋升温对不同海域浮游生物的影响，从而进一步预测未来全球海洋生物分布模式，其成果发表于《自然·通讯》。

5. 科学家绘制 860 多种海洋表层浮游生物分布图，发现全球变暖会丰富浮游生物种类，促使其向两极移动[223]

海洋浮游生物包括浮游动物和浮游植物，是海洋食物网的基础，由它们组成的生物碳泵也是决定二氧化碳海气平衡的关键因素。浮游生物多样性主要受气候控制，为了解气候变暖对浮游生物种群和营养水平的影响，瑞士苏黎世联邦理工学院的科学家基于物种分布模型，绘制了全球 860 多种海洋表层浮游生物分布图（图 4.31），并根据不同物种的种群特征和栖息地环境，模拟并预测了二氧化碳高排放情景（RCP 8.5）下，全

球变暖后生物多样性的纬度分布梯度。研究发现，海洋变暖会驱动浮游生物物种丰富度增加，热带和亚热带的物种分布会以中值约 35km/10 年的速度向两极移动。浮游植物和浮游动物对海洋变暖的反应有所区别：当海表温度高于 25℃后，除北冰洋外，大部分海域的浮游植物物种丰富度将增加 16%以上；同样的情景下，浮游动物物种丰富度在热带地区会略有下降，但在温带至次极纬度地区将大幅增加，较高纬度地区的生物群落会因此发生重组，海洋生态系统特性（如生物碳泵）也会随之改变。这项研究发表于《自然·通讯》。

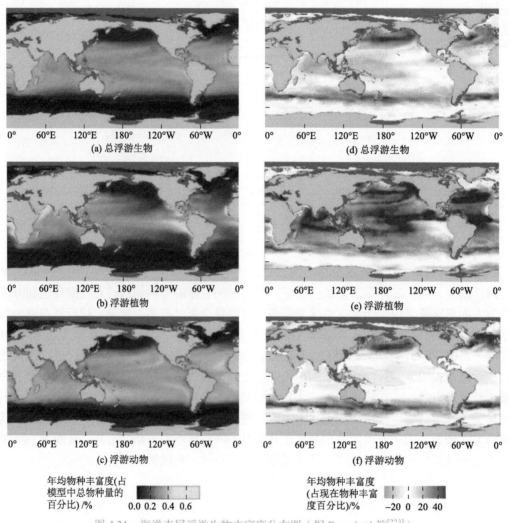

图 4.31　海洋表层浮游生物丰富度分布图（据 Benedetti 等[223]）

（a）～（c）现在海洋表层浮游生物年均物种丰富度分布；（d）～（f）模拟的全球变暖条件下（2081～2100 年）的平均物种丰富度相对现在的变化

6. 全球气候变暖，大白鲨向北迁移[224]

美国西海岸大白鲨通常生活在加利福尼亚州南部较温暖水域中，但近年来在加利福尼亚州中部水域也发现了这种大型海洋动物。蒙特利湾水族馆研究所（MBARI）科学家分析了 14 种不同类型共 2200 万条电子数据，并与近 38 年来的海洋温度记录进行比较，发现大白鲨的活动海域显著向北转移。研究者认为这是因为温室气体排放正在破坏地球气候，迫使部分海洋生物不断迁徙以寻找合适的生存环境。该项研究发表于《科学报告》。

7. 海洋热浪正严重威胁属地性海洋鱼类的生存[225]

海洋热浪指某海域的水温异常升高，并持续 5 天以上。近年来，受气候驱动形成的海洋热浪变得更热和更频繁发生，而且每次持续时间更长，严重威胁海洋生态系统。美国夏威夷大学研究团队通过模拟试验，评估珊瑚礁鱼类对海水升温的适应性反应。结果表明，不同种类的鱼对海水温度上升的适应性响应各不相同，活跃的巡游性鱼类会更早出现适应性响应，属地性鱼类受到海洋热浪威胁更大。该项成果发表于 eLife。

8. 全球变暖导致地中海东部的生物多样性改变，部分物种灭绝[226]

过去四十年来，地中海东部的平均水温上升了 3℃，如今水温经常超过 30℃，使这片海域的生物生存压力巨大。奥地利维也纳大学的一项研究对此海域的软体动物生存情况进行量化分析，发现有历史记录的浅层沉积物软体动物到今天只存在约 12%，而岩礁上的软体动物仅有过去的 5%。这些生物或已迁移到了其他水温较低的区域，或已经局部灭绝。剩余的软体动物种群中，60% 都低于其正常繁殖规模。

9. 海水升温会大幅增加飓风强度[227]

2017 年，飓风"玛丽亚"袭击加勒比海地区，造成了 3000 多人死亡、900 亿美元以上的财产损失以及美国有史以来最长的停电事故。"玛丽亚"肆虐期间，美国地质调查局（USGS）科学家在波多黎各西南海岸附近部署了一系列海洋学传感器，以研究南部岛架和陆坡的波浪和环流动力学。经研究和分析记录数据发现，由于海底陆架和斜坡地形影响，不同深度的海水温度变化模式各有不同，总体上导致海面温度升高，这为风暴提供了更多的能量，使"玛丽亚"的潜在强度增加了多达 65%，受虐海岛周围水温直到风暴后 11 个小时才冷却下来（图 4.32）。这项研究成果发表在《科学·进展》。

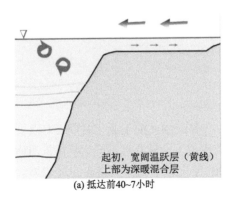

(a) 抵达前40~7小时

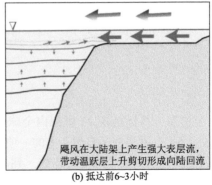

(b) 抵达前6~3小时

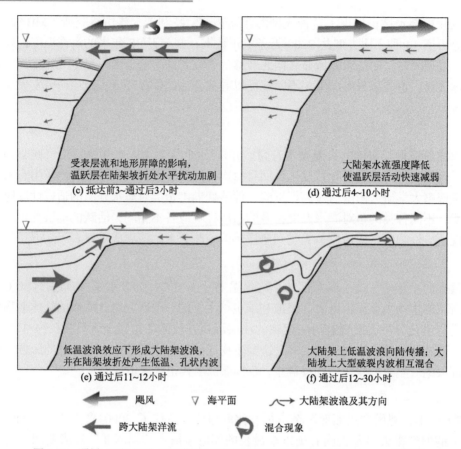

受表层流和地形屏障的影响，
温跃层在陆架坡折处水平扰动加剧
(c) 抵达前3~通过后3小时

大陆架水流强度降低
使温跃层活动快速减弱
(d) 通过后4~10小时

低温波浪效应下形成大陆架波浪，
并在陆架坡折处产生低温、孔状内波
(e) 通过后11~12小时

大陆架上低温波浪向陆传播；大
陆坡上大型破裂内波相互混合
(f) 通过后12~30小时

⬅ 飓风　　▽ 海平面　　〰➤ 大陆架波浪及其方向

⬅ 跨大陆架洋流　　🔄 混合现象

图 4.32　飓风"玛丽亚"通过期间的跨岸气压动态示意图（据 Cheriton 等[227]）

10. 全球海洋变暖将加剧热带降雨[228]

厄尔尼诺-南方涛动（ENSO）是发生于东太平洋赤道地区的风场和海面温度振荡现象，影响全球季风模式，增加极端天气频率。为了解 ENSO 与海表温度（T）和降雨量（P）的关系，科学家建立热带地区的 T-P 关系模型，并研究 ENSO 对 T-P 关系的影响，发现 ENSO 现象与 T-P 关系有关。研究人员认为，全球海洋变暖可能会促进 ENSO 发生，增强降雨对海表温度的响应机制（即降雨敏感性），使太平洋上空的降雨波动幅度增加。这项研究发表于《通讯：地球与环境》。

（三）海平面上升

1. 若气温上升过高，未达到《巴黎协定》目标，海平面上升将不可逆转[229]

《巴黎协定》目标是在 21 世纪内全球平均升温限制在前工业化时期 2℃以下，并力争不超过 1.5℃。发表在《自然》上的一项研究模拟了全球几种不同变暖情景对南极冰盖的影响，发现以当前的全球变暖趋势，到 2100 年全球平均升温将会超过 2℃。如果全球平均升温达 3℃，南极冰盖将加速融化，将导致海平面上升 17~21cm，这种影响可能在未来几百年内都无法逆转。而如果将升温控制在2℃以下，海平面将上升 6~11cm。

2. 到 2100 年海平面上升可能危及 4.1 亿人[230]

海岸洪水是海洋潮位、洪峰等因素引起的自然灾害，受海平面上升影响，极端海岸洪水事件的影响范围越来越大，受威胁的区域越来越多。进行海岸洪水风险评估时往往需要高精度陆地高程数据。发表在《自然·通讯》上的一项研究中，科学家利用美国航空航天局（NASA）的太空激光雷达获得精确的全球高程模型。该模型显示，海平面以上两米内的易受威胁地区中 62% 位于热带。目前，全球易受威胁地区人口约为 2.67 亿人，而这一数字到 2100 年预计将增加到 4.1 亿人，其中热带地区占 72%，尤其是亚洲的热带地区就占到 59%（图 4.33）。该研究认为未来热带地区，特别是亚洲的热带地区，将更多地承受海平面上升带来的威胁。

3. 海平面上升速度超过先前预期[231]

联合国政府间气候变化专门委员会（UN-IPCC）《气候变化下的海洋和冰冻圈报告》指出，如果不减轻全球温室气体排放，到 2100 年全球平均海平面预计会上升 0.61~1.1m。丹麦科学家最新的研究成果否认了这一观点，他们认为，过去的气候变化模型未考虑全球温度升高和冰盖融化对海平面上升速度的影响。因此，研究人员开发了一个称为"瞬时海平面敏感度"的新指标，可量化全球温度升高时海平面上升速度，使海平面模型更具可靠性。这项研究发表于《海洋科学》（Ocean Science）。

4. 二十世纪美国东海岸海平面上升速度为两千年来最快[232]

美国新泽西州立罗格斯大学发表在《自然·通讯》上的一项研究表明，公元 1900~2000 年间，全球冰层融化、海洋变暖和区域性地面沉降等因素导致美国大西洋沿岸海平面上升，每年达 3.1mm，是公元 1~1800 年间平均水平的两倍以上。这项研究可以更好地了解海平面变化过程，预判未来的变化。

5. 海洋涡流参数影响预测全球平均海平面变化，当前气候模型高估了未来海平面上升速度[233]

目前科学家对全球海平面上升的估算都是基于大量气候模型模拟结果，而模型中最大的不确定因素是南极冰盖融化速度对全球平均海平面上升的贡献。荷兰科学家将南大洋涡流对南极冰盖融化的影响引入气候变化模型中，发现受涡流影响，南大洋温度变化对海平面上升速度的影响并不大，预计未来 100 年内海平面上升速度比当前未考虑涡流的模拟结果低 25%。这项研究发表于《科学·进展》。

（四）洋流

1. 科学家绘制北大西洋深水全球翻转环流路线图[234]

海洋经向翻转环流（MOC）是地球气候系统的关键组成部分，包括南大洋的中层和上层海水向北流入大西洋，最终形成北大西洋海水的中深层翻转，以及由南大洋上升流组成的深层翻转环流。美国斯克里普斯海洋研究所（SIO）和麻省理工学院的研究人员分析 1992~2015 年收集到的 10 亿个海洋观测数据，利用拉格朗日法重建了全球主要海盆周围的翻转环流轨迹，绘制了北大西洋深水离开大西洋后重新进入大西洋经向翻转

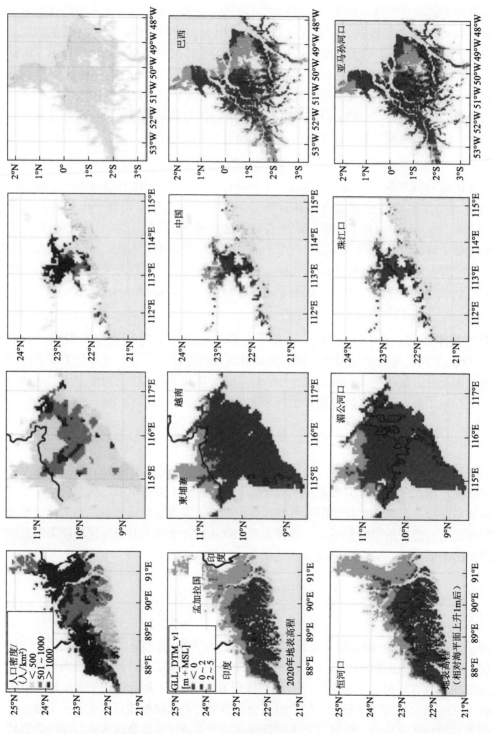

图4.33 2020年全球四个大型热带三角洲低于海平面以上5m区域内人口密度、地表高程图（据 Hooijer 和 Vernimmen[230]）

高程图中红色斑代表地表高程小于0m，深蓝色为0～2m，浅蓝色为2～5m

环流（AMOC）上支的路线图（图 4.34），发现北大西洋约三分之一的海水会流经太平洋、印度洋和南太平洋，大约需要 300 年才会重新进入大西洋，最久的甚至需要 2800 年。这项研究发表于《科学·进展》。

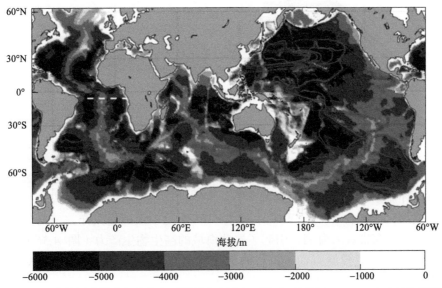

海拔/m

图 4.34　大数据建模获得的北大西洋深水离开大西洋后重新进入 AMOC 上支的路线图
（据 Rousselet 等[234]）

2. 影响大西洋经向翻转环流变化的关键因素[235]

大西洋经向翻转环流（AMOC）将来自热带海域的暖水向北输送，对全球热量循环和碳循环起着关键作用。通过已有的气候模型预测，AMOC 在未来几十年可能会减弱，将对区域和全球气候产生广泛影响。发表于《自然·地球科学》上的一项研究确定了 AMOC 变化的主要原因。美国埃克塞特大学和英国牛津大学组成的研究团队分析了国际海洋观测项目 RAPID（Rapid Climate Change Programme）和 OSNAP（Overturning in the Subpolar North Atlantic Program）在 26°N 的美国佛罗里达州和非洲之间海域（亚热带）采集的数据，以及北大西洋副极地（亚寒带）采集的数据，重建了两组观测网月度和年度 AMOC 变化与海表风应力、温度和盐度之间的响应关系，发现发生在亚热带的 AMOC 变化主要受局部风应力影响，而亚寒带的 AMOC 变化受风应力和海表浮力异常综合影响。研究还表明，与亚热带相比，亚寒带 AMOC 对海洋变化更为敏感，这意味着未来气候变化可能会导致亚寒带 AMOC 每年都会发生变化，因此在北大西洋副极地进行持续观测具有一定的必要性（图 4.35）。

3. 科学家提出新太平洋深层环流模型[236]

北太平洋深层水富含营养物质并长期储存生物呼吸碳，当其上升到海洋表面时，其中的营养物质可支持生物生产，溶解的二氧化碳将释放到大气中，因而对全球生态和气候系统起着关键作用。然而，深层水与表层海水的交换途径和速率尚不明确。目前有两种传统观点：一是深层水上升到距海表 1.5km 处后向南流回南大洋，二是深层水上升

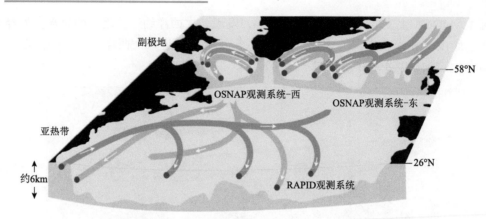

图 4.35　北大西洋亚热带和亚寒带大尺度海洋环流示意图（据 Kostov 等[235]）

到距海表 2.5km 处停滞，形成太平洋"阴影带"。一个国际研究团队利用数学方法分析最新海洋环流模型，提出了调和两种传统观点的深层水扩散传输模式：水体上升到"阴影带"后发生扩散，一半上升到距海表 1.5km 处后流回南大洋，一部分在低纬度带和北太平洋亚寒带进入海表，引起了这些海域的高生物生产力（图 4.36）。新的太平洋大规模深层环流模型有助于解释海洋生物地球化学过程。该项研究发表于《自然·通讯》。

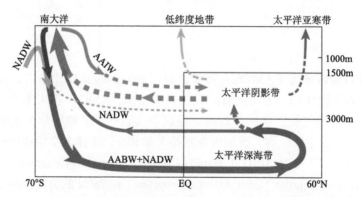

图 4.36　太平洋深层环流示意图（据 Holzer 等[236]）

实线表示翻转型传输，虚线表示扩散型传输。AABW：南极底层水；NADW：北大西洋深层水；AAIW：南极中层水

4. 巨型海洋涡旋强度增加，可能影响南大洋吸收二氧化碳的能力[237]

海洋涡流类似于大气中的云层和暴风雨，直径 10～100km，影响深度可达数百米。涡旋在将热量、碳、营养物质转移到其他海域和调节全球气候方面发挥了重要作用。一个国际研究团队根据 1993～2020 年卫星观测数据分析了近 30 年来海水温度和海平面高度的变化，发现南大洋上的涡流强度显著增加，并不断融合在一起（图 4.37）。南大洋是世界较大的天然碳库之一，科学家担心涡流的变化可能会影响南大洋吸收二氧化碳的能力，对全球气候产生破坏性的影响。这项研究发表在《自然·气候变化》。

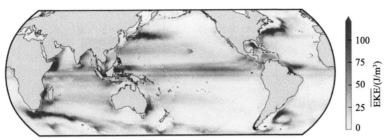

图 4.37　全球平均海面涡旋动能（EKE）图（据 Martínez-Moreno 等[237]）

5. 海洋环流影响阿拉斯加湾的海洋酸化过程，大气二氧化碳浓度并非唯一的影响因素[238]

大气二氧化碳浓度升高引起了海洋持续酸化，从而对海洋生态环境造成影响。然而，科学家注意到在大气二氧化碳浓度稳定上升的背景下，阿拉斯加湾的海洋酸化现象却呈现波动性变化。美国阿拉斯加大学的研究人员通过物理、生物、地球化学和水文学等海洋模型，重现了 1980～2013 年间阿拉斯加湾的海洋酸化过程，发现北太平洋次极地环流强度变化驱动了自然年代的海洋化学条件变化：当环流很强时，它将更多二氧化碳从深水带到海洋表面，加速海洋酸化，对环境敏感型生物造成压力并可能升级为极端生态事件；当环流较弱时，输送到海面的碳减少，抑制甚至逆转了海洋酸化效应。科学家将进一步采集数据并建立预测模型，提供该海域未来海洋环境变化信息，以协助渔民提高应对能力。该研究近期发表于《通讯：地球与环境》。

五、海洋物质循环

生物泵是海洋碳循环的重要环节，浮游植物通过光合作用吸收 CO_2 后被鱼虾食用，大气中的碳由此进入食物链或经鱼类消化排泄后沉入海底。海洋生物泵的效率受温度影响，历史上的生物泵在大规模灭绝后具有超强恢复力。2021 年，科学家除了研究碳从海表向深海的迁移外，也开始研究碳的横向流动模式；不仅研究海洋对 CO_2 的吸收机制，还着力研究海洋的固碳机制，调查海洋碳汇潜力，期望通过人为介入，加强海洋固碳能力，以支撑实现全球"碳中和"目标。

（一）碳循环过程与机制

1. 温度控制海洋暮光区的碳循环和生物演化[239]

一般认为，海洋生物碳泵（海面产生的有机物质转移到深海的过程）的效率受气候变化影响，因为温度控制着光合作用和呼吸速率。科学家采用数据建模的方式，研究了过去 1500 万年全球降温过程中海洋碳和养分的循环利用率，发现海水表层碳浓度梯度发生了变化，且这个变化与海洋生物碳泵效率的变化一致。海水降温提高了生物碳泵效率，加大了有机碳微粒进入海洋暮光区的通量，使海洋暮光区中浮游生物丰度不断增加（图 4.38），扩大了生态系统。根据此结果，研究人员推测，现在人为导致的全球变暖，可能会使碳泵输送效率下降，从而破坏暮光区的生态系统。这项研究发表于《科学》。

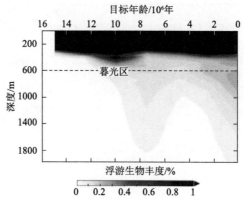

图 4.38　过去 1500 万年中浮游生物丰度随深度分布（据 Boscolo-Galazzo 等[239]）

2. 海洋生物泵在生物大规模灭绝后具有超强恢复力[240]

海洋生物泵是将碳和营养物质从海洋表面输送到深处的机制，对海洋和大气之间二氧化碳的分配和海洋沉积物封存碳的速度都至关重要。生物泵通常以海洋浮游生物为介质，输送有机物的强度和效率根据海洋浮游生物和微生物群落以及食物网结构不同而有所差异。发表于《英国皇家学会会刊 B》（*Proceedings of the Royal Society B*）的一项研究中，科学家分析了从大洋钻探计划（ODP）1262 站位中获取的 49 个岩心样本，通过浮游有孔虫的化石记录和碳同位素记录，发现 6600 万年前的白垩纪/古近纪（K/Pg）大灭绝事件（小行星撞击地球）发生后，海洋营养水平、生物多样性恢复大约需要 400 万年，但海洋生物泵的恢复速度要快得多。科学家认为，灭绝事件发生后，海洋生物泵恢复与生物多样性恢复之间没有必然联系，海洋生物泵的恢复过程可能受其他因素控制，而生物多样性恢复后不断增加的生物可使生物泵的特征发生改变。

3. 科学家使用同位素标记方法研究海洋生物碳泵，揭示浮游植物在碳循环过程的作用[241]

浮游植物是海洋生物链底层的微生物，通常生活在海洋上部，通过光合作用固定大气中的二氧化碳，是海洋生物碳泵的关键部分。异养微生物和高等生物以浮游植物为食，它们的行为将改变碳的流向，一部分碳被释放重新回到大气，一部分碳最终埋入海洋沉积物中被固定。这一过程以往只在理想化的实验室条件下模拟，未能在自然环境下观察。美国科学家成功使用稳定同位素标记方法，直接追踪天然微生物群落中浮游植物的活动过程。研究发现，不同类型浮游植物固碳的方式和总量各不相同，在海洋生物链中发展成不同的谱系，这与不同类型生物的觅食习惯和方式相关。这一方法可用来追踪和量化海洋中碳的去向，为海洋生态结构和碳循环研究提供新的手段。该项研究发表于《美国国家科学院院刊》。

4. 科学家发现海洋碳氢化合物（烃）大循环[242]

一般认为，海洋中烃主要来源于石油开采过程中的泄漏或渗漏，但实际上，海洋蓝细菌（cyanobacteria）也会从脂肪酸中生产烃，这种细菌所生产的十五烷也是柴油中常见的烃。发表在《自然·微生物学》（*Nature Microbiology*）上针对蓝细菌的一项研究发现，海洋中存在一个巨大而且反应快速的烃循环，在阳光照射的表层海水中，烃分布呈现分层和昼夜循环的特点。研究人员还发现，每年全球海洋中蓝细菌生产十五烷总量比通过渗漏、泄漏或倾倒等人为因素进入海洋的十五烷总量多 100～500 倍，且主要生产于低透光度的海水中，其他微生物很容易消耗它作为能量。这项研究对于理解海洋对石油的分解作用具有重要意义。

5. 海洋鱼类每年将 16.5 亿 t 碳带入海底，贡献了海底表层约 16%的碳量[243]

海洋通过与大气交换二氧化碳，从而在地球的碳循环中发挥关键作用。发表于《生命科学与海洋学》（*Limnology and Oceanography*）的一项研究表明，鱼类和浮游植物作为地球生物泵的重要组成部分，在海洋碳通量中影响巨大。从浮游植物吸收二氧化碳到鱼类排泄物颗粒下沉的生物泵过程，每年可将 16.5 亿 t 碳带到海底，约占海底表层总碳量的 16%。

6. 科学家研究北极碳的横向流动模式，以全面了解碳在陆地、海洋和大气之间的循环[244,245]

北极是对气候变化最敏感的区域，也是全球增暖最显著的地区。北极气候变化的表现形式有很多，包括水文循环加剧和永冻土融化等。研究碳排放及碳循环对气候变化的影响时，人们更关注碳在陆地-大气或海洋-大气之间的垂直流动。为了更好地了解北极碳循环模式，受美国能源部、美国航空航天局、美国国家科学基金会资助，马萨诸塞大学研究人员着重研究了北极陆源碳到海洋的迁移方式，通过建模分析 1981～2010 年间北极土壤季节性融化、冻结和表面积雪对溶解有机碳（DOC）产量及其流入水文系统浓度的影响，并对北极河流向沿海水域输出的 DOC 进行了评估。研究发现，北极年均 DOC 产量和地下径流中 DOC 含量具有明显的空间分布梯度，年均 DOC 产量分布在空间上呈"西多东少"的特点；与总径流 DOC 相比，地下径流 DOC 含量占比的分布则为"东多西少"。此外，2019 年北极河流向近海潟湖输出的 DOC 和淡水总量大幅增加，比 20 世纪 80 年代初期的年度量增加了一倍以上（图 4.39）。这项研究的两个成果于 2021 年 8 月和 10 月先后发表于《地球物理研究杂志：生物地球科学》（*Journal of Geophysical Research: Biogeosciences*）和《环境研究快报》。

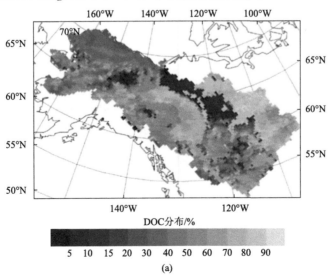

(a)

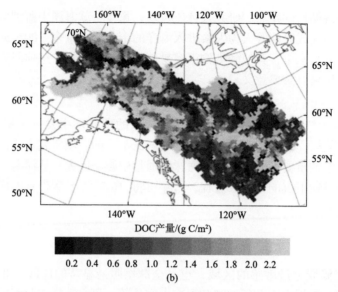

图 4.39　北极研究区内 DOC 分布特征图（据 Rawlins 等[244]）

（a）地下径流 DOC 分布特征（单位是地下径流 DOC 浓度占网格内所有径流中 DOC 浓度的百分比）；（b）1981～2010
年平均 DOC 产量分布（g C/m²）

7. 海洋化学变化表明海平面如何影响全球碳循环[246]

加利福尼亚大学圣克鲁兹分校研究人员基于深海沉积物岩心中提取的重晶石分析
数据，重建过去海水中锶同位素含量变化过程（图 4.40）。分析发现，在过去的 3500
万年中，锶的放射性同位素和稳定同位素比率发生重大改变，这意味着海水中锶的浓度
发生了巨大变化。受海平面和气候变化的影响，海水中锶的组成会根据碳酸盐的沉积方
式和沉积位置而变化，因此我们可以从锶的稳定同位素比率变化推测全球碳循环如何适
应海平面和气候变化。这项研究发表在《科学》，为全球碳循环的内部模式，尤其是通
过碳酸盐沉积将碳从环境中清除的过程，提供了新见解。

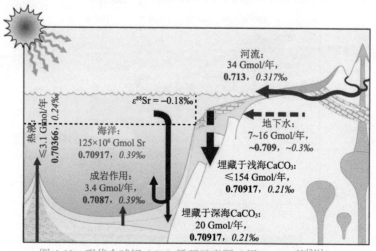

图 4.40　现代全球锶（Sr）循环示意图（据 Paytan 等[246]）

图中粗体数值为 $^{87}Sr/^{86}Sr$ 值；斜体千分比数值为 $^{88}Sr/^{86}Sr$ 值

8. 陆地向海洋的碳通量比以前的估算多两倍[247]

碳通过河流、地下水、气溶胶等形式从陆地输送至海洋，是全球碳循环的重要组成部分。当前全球碳循环估算从陆地到海洋的输入量为每年 5 亿~9 亿 t，主要来自河流。然而，韩国科学家通过碳同位素示踪和数值模型计算等方法，估算每年陆地向海洋输送约 14 亿 t 碳（图 4.41）。他指出，以往碳通量的计算忽略了沿海地区和非河流的碳迁移途径，碳通过气溶胶沉降到海洋的通量也是不可忽视的一部分。这项研究发表于《全球生物地球化学循环》（Global Biogeochemical Cycles）。

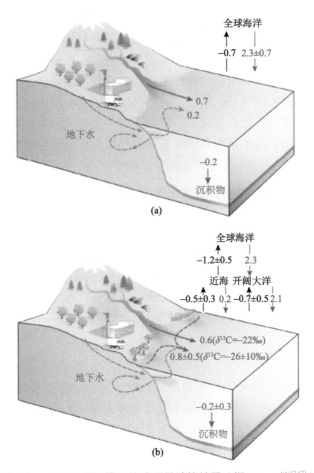

图 4.41　两种碳循环模型的碳通量计算结果（据 Kwon 等[247]）
（a）通过 UN-IPCC 的碳循环模型计算的碳通量（10^6t/年）；（b）该研究中采用碳同位素示踪法计算的碳通量（10^6t/年）。箭头指示线表示碳循环的流通方向。蓝色虚线表示地下水中碳流通方向；蓝色实线表示沉积物中碳流通方向；黑色实线表示碳从海洋进入大气；红色实线表示碳从大气进入海洋

9. 测量碳基物质如何在海洋中积累和循环[248]

碳循环对于理解全球气候至关重要，我们可以通过分析碳循环和储存方式更好地预测气候变化。美国南加利福尼亚大学在《美国国家科学院院刊》上发表的文章提出一种新模型，可以模拟过去的海洋状况，预测地球变暖前景，并测量碳基物质如何在海洋

中积累和循环。该模型证实，海洋微生物消耗大量有机物，并随着海水变暖而以二氧化碳的形式释放出来，增加大气中的碳浓度并最终加速全球变暖程度。研究预测，一旦碳浓度达到阈值，这种现象便会以非线性方式迅速发生。

（二）海洋固碳能力

1. 碳酸盐岩中的微生物是海底甲烷的主要消耗者[249]

海底甲烷渗漏是一种广泛的自然现象，在世界各地都有分布，也是全球气候变化研究中的热点问题。多年来，科学家发现越来越多的海底甲烷渗漏现象，但很少有甲烷从海底渗漏后通过海水层进入大气。发表在《美国国家科学院院刊》上的一篇文章中显示，哈佛大学研究人员对 7 个地点、4 种地质环境中的海底甲烷渗漏点中微生物进行了分析，发现所有渗漏点都有以甲烷为食的微生物，而且在碳酸盐岩中的微生物消耗甲烷的速度比沉积物中的微生物快 50 倍，因此判断海底甲烷渗漏后，在进入大气前就被这些微生物消耗掉了。研究人员正在进一步研究不同环境特征对微生物代谢率的影响，期望能将这些微生物应用于净化其他有甲烷排放的环境（如垃圾填埋场等）。

2. 海洋沉积物中的食电细菌可帮助海洋固碳[250]

海洋食电细菌是一种以吸食电子为生并排放电子、产生电流的微生物。美国华盛顿大学圣路易斯分校的研究人员发现，一种使用铁离子进行无氧光合作用的食电细菌在"吃电"过程中可吸收并固定海水中的二氧化碳。此前这种无氧光合细菌大多发现于淡水生态环境中，而在海洋中只发现过两种这样的细菌。本次研究团队从海洋沉积物样品中分离了 15 种海洋无氧光合细菌，科学家将进一步研究这种细菌进行无氧光合作用时的固碳机制，以探讨其在能量储存、碳捕捉和微生物合成等应用中的实用性。这项研究发表于《自然·微生物生态交叉学科》（*The International Society for Microbial Ecology Journal*）。

3. 海洋硅藻通过五种关键的酶吸收大气二氧化碳[251]

硅藻是海洋中生产力最高的自养型浮游植物，它们通过生物碳泵有效地将大气中的二氧化碳捕集并沉入海底，通过光合作用每年可去除 10 亿～20 亿 t 的大气二氧化碳。发表在《植物科学前沿》（*Frontiers in Plant Science*）的一项研究显示，硅藻主要通过五种关键的酶捕集大气二氧化碳，将其浓缩后转化为有机碳，且表层海水的二氧化碳浓度不会影响这五种关键酶的基因表达和丰度，因此其对二氧化碳的吸收效率一直保持较高水平。研究小组发现，这些关键酶的基因表达模式会随着温度和地理环境变化而变化，因此还需收集更多数据以进一步评估环境变量对硅藻吸收二氧化碳机制的影响。

4. 低氧水体中的硫可能对有机碳封存具有重要作用[252]

海洋低氧区通常指溶解氧含量低于 0.5ml/L（或 20mmol/L）的海洋区域，生物在此难以存活（图 4.42）。海水脱氧通常与气候变暖有关。黑海是一个典型的低氧水体，在 150m 以下深度的溶解氧含量趋近于零，而这样的水域中储存了大量有机碳，有助于防止全球气候变暖。发表在《科学·进展》的一篇文章中，德国科学家发现黑海低氧区中近五分之一的有机分子含有硫，海水中溶解有机质和深水柱中的还原硫化物（如硫化氢）发生非生物反应，有利于有机碳封存。这种硫的碳储存机制可能会影响未来海洋的化学成分，但在短期内不会对气候变化产生明显影响。科学家认为，在历史上几次大规模海水脱氧事件中，这种机制可能对去除大气中二氧化碳起到一定作用。

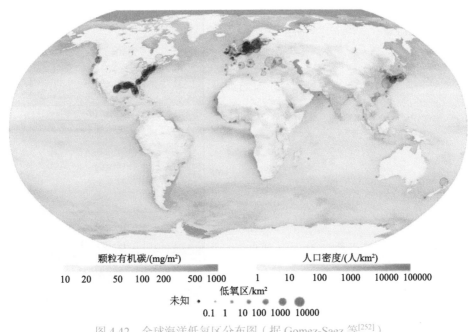

图 4.42　全球海洋低氧区分布图（据 Gomez-Saez 等[252]）

5. 科学家估算地球最大碳库的碳释放量[253]

深海石灰岩在过去 1.8 亿年捕获了地球上大部分碳，是地球上最大的碳库，但它们对地球长期碳循环的贡献很难被量化。近期，澳大利亚科学家利用同步加速器开发了 X 射线显微镜技术，对新西兰古新世远洋石灰岩进行高分辨率化学和结构分析，发现石灰岩中包含非常多微小到其他显微技术几乎看不到微溶解裂隙。通过质量平衡计算，科学家发现微溶解裂隙溶解了石灰岩总碳量的 10%。结合石灰石溶解的数学模型以及地质证据，科学家认为这种溶解发生在沉积物以下 10cm～10m 范围内，历时 50～5000 年，溶解的碳以方解石胶结物的形式被原位捕获，可能会通过沉积物压实变形等过程释放回海洋。这种微溶解结构可能通过地圈-水圈碳交换，在地球长期碳循环中发挥重要作用。该研究成果近期发表于《通讯：地球与环境》。

6. 海底永冻土中碳库储量巨大，且随气候变暖不断释放[254]

永冻土是指持续多年冻结的土石层，根据前人研究，北冰洋周围大陆架的永冻土中以天然气水合物等形式封存了大量碳。为了解海底永冻土的碳储量，25 位国际研究人员联合对北冰洋大陆架的永冻土进行了评估，首次披露了海平面以下的冻土层中封存了约 600 亿 t 甲烷和 5600 亿 t 有机碳。冰川消退会造成封存在永冻土中的碳向大气释放，据研究小组估计，自 1.4 万年前的末次冰期结束以来，海底永冻土在不断融化，目前每年向大气中释放约 1.4 亿 t 二氧化碳和 530 万 t 甲烷，但这只占人类每年温室气体排放总量的一小部分，相当于西班牙每年的排放量（图 4.43）。研究人员指出，人为造成的全球变暖可能会加速永冻土中温室气体的释放，目前的气候预测模型尚未考虑永冻土的碳储量，需要进一步完善。这项研究发表于《环境研究快报》。

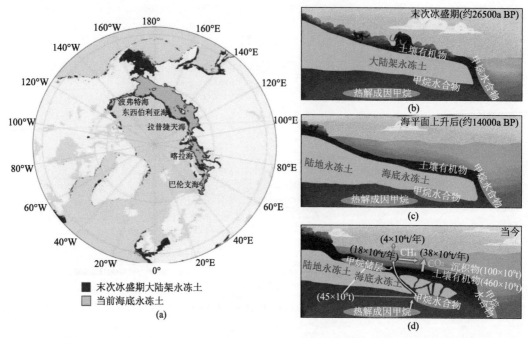

图 4.43　北冰洋大陆架永久冻土范围与其生物地球化学影响（据 Sayedi 等[254]）

（a）末次冰盛期北冰洋大陆架永冻土范围；（b）～（d）冰川消退和海平面上升对海底永冻土产生的热学、物理和生物地球化学影响，图中白色字体数据代表碳库储量，黑色字体数据代表碳通量

7. 海底热液可能会向海水中释放古老碳[255]

作为全球碳循环的重要一环，海洋中储存了大量碳，主要以溶解有机碳（DOC）和溶解无机碳（DIC）的形式存在。海洋中溶解有机碳的来源和归宿十分复杂，其动力学特征有待研究。碳同位素比值主要用来确定 DOC 的年龄，可用于跟踪 DOC 在碳循环中的源区和轨迹。美国科学家利用放射性碳测年技术检测了 2016～2017 年科考航次中采集的不同深度海水样品，发现从南大洋到北太平洋（69°S～20°N），DOC 与 DIC 具有相似的古老年龄，且在水深 1200～1340m 之间的碳年龄和碳同位素比值更低，认为这可能是东太平洋海隆的海底热液向海水中释放了古老碳。结合之前的研究，可能表明热液区的自养微生物吸收了古源区 DIC 后转化成 DOC 释放。该研究成果发表于《地球物理研究快报》。

8. 硫细菌会溶解碳酸盐岩，释放二氧化碳到海洋和大气中[256]

海底自生碳酸盐沉积物是碳封存于海底的一种形式，但是甲烷冷泉区的自生碳酸盐岩经常会有溶解的现象，这通常是甲烷氧化或硫氧化作用的结果。美国明尼苏达大学研究人员对海底甲烷渗漏处碳酸盐岩上采集的微生物样品进行了基因测序，发现有种类

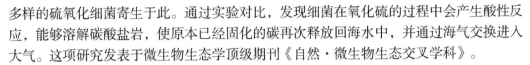

多样的硫氧化细菌寄生于此。通过实验对比，发现细菌在氧化硫的过程中会产生酸性反应，能够溶解碳酸盐岩，使原本已经固化的碳再次释放回海水中，并通过海气交换进入大气。这项研究发表于微生物生态学顶级期刊《自然·微生物生态交叉学科》。

9. 海底洋壳微生物可直接吸收二氧化碳[257]

2020 年，科学家在海底洋壳中发现了活性微生物群落，增进了人们对极端环境中微生物存在的了解。2021 年 4 月，发表在《科学·进展》的一项研究中，科学家对北大西洋板块边缘沉积物和海底深部地壳流体中微生物群落进行了研究，发现即使在低生物量和低碳含量的环境下，这些微生物依然具有极强的生存能力，可直接"捕食"未转化为有机碳的二氧化碳。这个发现对深海碳循环的定量评估提供了新认识，科学家将进一步研究深海微生物利用二氧化碳生存的机制。

10. 海洋或将成为有害气体氟氯化碳（CFC）的来源[258]

氟氯化碳（CFC）曾用作制冷剂，因为会破坏大气臭氧层，在 20 世纪 80 年代已禁止使用。排放到大气中的 CFC 有 5%～10%可以被海洋吸收，发表于《美国国家科学院院刊》的一篇文章表示，根据模型预测，海洋正在逐步改变其作为 CFC 吸收者的角色。如果气候持续变暖，到 2075 年海洋 CFC-11（CFC 一种类型）的排放量将大于吸收量，至 2145 年其排放量可明显被检测到。若气候变化加剧，预计这种情况会提前 10 年发生，CFC-11 在大气中的停留时间也会延长 5 年。

（三）海洋"碳中和"

1. 海洋负排放技术试验用于评估岩石风化与海洋碳封存的关联性[259]

2021 年 9 月，由德国基尔亥姆霍兹海洋研究中心（GEOMAR）领导协调，6 个国家 50 名科学家参与的"基于海洋的负排放技术"项目（OceanNETs）在亚热带大西洋加那利群岛进行试验。科学家设计了一种安装在海水中的超大型试管（图 4.44），向试管中添加矿物模拟岩石风化之后进入海洋的过程。据估计，每千克矿物可结合半千克二氧化碳带入海洋。科学家准备了 9 个试管，分别添加不同数量矿物来进行浓度梯度对比试验。该试验将提供加速风化的环境兼容性信息，量化风化产物对海洋酸化的影响。科学家计划将试验结果同亚寒带挪威近海生态系统对比，以更准确评估海洋碳封存的可行性及海洋酸化对生态系统的影响。

"基于海洋的负排放技术"项目由欧盟资助，旨在探索大规模部署海洋负排放技术的可行性，确定一批最具潜力的部署方案，以最大程度发挥海洋在减少大气二氧化碳中的作用，帮助全球实现《巴黎协定》确立的目标。

2. 科学家计算评估各国的海洋蓝碳财富[260]

蓝碳是指通过海洋和海岸带生态系统吸收并固存的碳，其储存形式主要包括生物碳和沉积物碳。一个德国科学家团队基于各个国家的社会碳成本，同时考虑人力资本、自然资本及制造资本等财富概念，计算评估了各个国家对全球蓝碳财富的贡献度及在蓝碳财富分配中的受益度（图 4.45）。计算结果显示，全球海岸带生态系统每年向碳库贡献了约 1900 亿美元。其中，澳大利亚、印度尼西亚和古巴贡献最大，仅澳大利亚就创

图 4.44 超大型试管进行海洋实地实验（据 GEOMAR[259]）

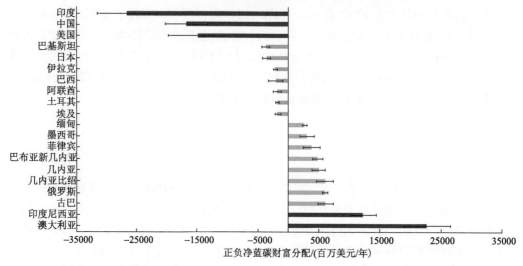

图 4.45 十个最大的蓝碳财富贡献国和受益国（据 Bertram 等[260]）

造了每年约 230 亿美元蓝碳财富。印度、中国和美国从自然碳汇中受益最大，分别为 264 亿美元、166 亿美元和 147 亿美元。科学家强调，该计算仍存在一些不确定性，如分析使用的是全球生态系统分布资料库，忽视了各国碳吸收能力的差异等因素。未来的研究将扩展到碳排放和所有碳汇，以获得更全面的碳财富再分配估算结果。该研究发表在《自然·环境变化》（*Nature Climate Change*）上。

3. 海草的二氧化碳释放量高于吸收量，建立海草生态可能并非固碳良策[261]

应对气候危机的一个常用建议是通过恢复海岸带生态系统来增加天然二氧化碳储存量，包括大规模种植红树林和恢复海草床、盐沼地。然而，德国科学家在《科学·进展》上发表一篇文章，对海草生态系统的固碳效果提出了质疑。科学家通过测量海水-大气之间的直接二氧化碳交换量、观测沉积物与海水之间碳酸盐和其他化学物质的相互作用等，分析生态系统储存和释放二氧化碳的过程。研究结果发现，原本岩石风化进入海洋形成溶解碳酸盐会促进海水储碳（海水中的碳酸盐含量越高，吸收和储存有机碳的能力越强），但是海草植物在代谢过程中会导致海水中的碳酸盐转化为碳酸钙沉入海底，造成碳酸盐流失，最终结果就是海草通过自身掩埋等方式所储存的有机碳量，远不及其消耗海水碳酸盐所降低的海水吸收和储存的有机碳量。因此，科学家认为需要全面考虑各种因素，重新评估蓝碳生态系统的固碳能力。

4. 科学家研究蓝碳生态系统与地区社会的关联性，定量分析两者之间的关系[262]

针对东南亚蓝碳生态系统正在快速消失的问题，日本和菲律宾的科学家联合进行了一项研究，对依赖蓝碳生态系统的渔业的脆弱性进行了分析和评估。科学家以菲律宾布桑加岛的蓝碳生态系统、社会经济水平和渔业为研究对象，评估它们对生态威胁的实际感知度、敏感度以及适应能力。结果认为，与红树林生态系统的渔业相比，海草生态系统的渔业更容易遭受损失和退化；在更加依赖渔业和旅游收入的地区，社会经济敏感性增加；而教育水平限制了地区对生态系统变化的适应能力。该研究所用方法能指导和评估蓝碳生态系统与地区社会之间的联系。该项研究发表于《海洋科学前沿》（*Frontiers in Marine Science*）。

5. 英国首次完成专属经济区（EEZ）碳库测量[263]

沉积环境在全球碳循环中起着重要作用。众所周知，海洋沉积是巨大的碳库，生物作用形成的有机碳和无机碳均随沉积物一起沉降，堆积于海底，并长期封存。国家碳预算和碳储量管理是政府实现节能减排目标的重要方式，因此了解海洋碳库对实施可持续海洋沉积碳管理至关重要。英国政府组织科研人员对整个英国 EEZ 的碳储量首次进行了全面评估，获取约 27.5 万个数据，划分沉积物类型，创建高分辨率海底地图，形成数据库，为将来实施 EEZ 沉积碳库管理提供了宝贵的平台（图 4.46）。这项研究发表于《地球科学前沿》（*Frontiers in Earth Science*）。

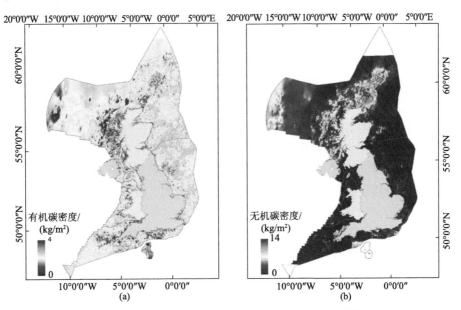

图 4.46 英国 EEZ 沉积物空间模型（据 Smeaton 等[263]）

（四）海洋养分循环

1. 海底地下水排放对沿海生物地球化学有重大影响[264]

海底地下水排放（SGD）指地下水通过连接的沿海含水层从陆地流向海洋的过程，是陆海相互作用的重要形式之一，其挟带物质对近岸海域生物地球化学循环过程有重要影响，但通常难以量化。2021 年 3 月，发表在《自然·综述：地球与环境》（*Nature Reviews Earth & Environment*）的一篇文章中，科学家梳理了全球 200 多个区域的 SGD 养分含量，发现全球沿海约 60%区域 SGD 养分含量比河流要高，沿海地下水的任何人为因素都有可能影响养分向海洋迁移。这种影响既可能是正面的，也可能是负面的（图 4.47）。而全球气候变化和土地使用方式变化将改变全球水循环模式，推动海平面上升，迫使海水回渗进入沿海地下含水层，改变地下水的化学组分和养分含量。

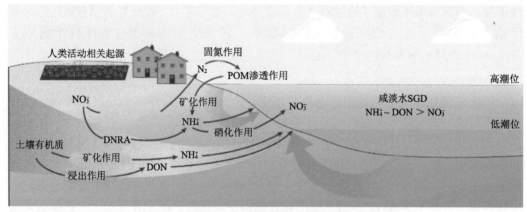

图 4.47　砂质沿海含水层中的氮循环（据 Santos 等[264]）

DON 为溶解性有机氮，DNRA 为硝酸盐异化还原为铵，SGD 为海底地下水排泄，POM 为藻源颗粒有机物

2. "海洋雪"在海洋生态中发挥重要作用[265]

在深海中，由死亡的海洋生物碎屑、细菌、排泄物等有机物所组成的碎屑像雪花一样不断飘落，称作"海洋雪"。"海洋雪"可被视作深海和底部栖生态系统的基础，深海生物严重依赖"海洋雪"作为能量来源。为了解"海洋雪"在海洋低氧区（OMZ）氮循环中的作用，德国不来梅大学和基尔亥姆霍兹海洋研究中心的科学家研究了秘鲁海域 OMZ 的上升流物理化学条件、"海洋雪"颗粒丰度与表征，以及不同条件下的厌氧氨氧化速率。厌氧氨氧化是一种脱氮过程，由厌氧氨氧化细菌在缺氧条件下将海洋中的氨转化为氮气，改变海洋营养结构。研究表明，缓慢下沉的"海洋雪"小颗粒可能是 OMZ 中 75%的氮流失的主要原因，而这些小颗粒在目前海洋的营养预算中正被低估。这项发表于《自然·通讯》的研究成果可用于调整现有的生物化学地球系统模型，以更好地评估人为导致的海洋脱氧对氮循环的影响。

3. 科学家利用浮游植物基因评估全球海洋养分模式[266]

浮游植物是海洋食物网的基础，通过光合作用固定了全球近一半的二氧化碳。原绿球藻是贫营养海水中最丰富的浮游生物，也是地球上年平均数量最多的光合自养生物，随季节变化提供全球光合作用氧生产量的 13%～48%。科学家收集了大西洋、太平洋和印度洋共 909 个海水样本，对营养物质水平和原绿球藻的基因组进行了分析，发现生活在不同水域的原绿球藻会发育一些特殊基因来适应营养环境的变化。因此，通过宏基因组学数据分析可以对海洋氮、磷、铁等营养环境进行量化评估，这有助于理解海洋生物地球化学、合理预测浮游生物在调节海洋和大气碳水平中的作用。这项研究发表于《科学》。

4. 科学家首次评估全球地下水化学元素通量，发现地下水对海洋化学有重要影响[267]

多年来，在海洋同位素测量中，通常会考虑地表水的影响而忽略地下水，因为地下水同位素通量难以测量。发表在《自然·通讯》上的一项研究首次对全球地下水中五种元素的通量进行了估算，并评估了其对海洋同位素的影响，发现这些元素从地下水进入海中的通量占河流贡献的 5%～16%，且地下水的同位素组成可能与河流不同。该研究对建立全球生物地球化学循环模型、解释地球气候历史的同位素记录具有重要意义。

第五章

海 底 矿 产

深海矿产主要为多金属结核、富钴结壳、多金属硫化物，分布于 2000～6000m 水深的海底表面，富含 Cu、Co、Ni 等高价值金属元素，是生产风力涡轮发电机、电动汽车电池必需的材料。随着陆地矿产资源日渐枯竭，开采环境恶化，深海矿产资源越来越受到重视。

电动汽车市场需求扩大激发了采矿者对深海矿产的兴趣。世界权威金融分析机构——标准普尔发布报告显示，2 月德国、法国、英国和挪威的电动汽车销量同比增长了 75%，而中国已成为全球最大的电动汽车市场，2021 年充电式电动汽车销量达到 190 万辆，到 2025 年将攀升至 500 万辆以上。电动汽车市场快速增长，推动电池金属需求量不断攀升，各国深海采矿意愿更加强烈。尽管有环保组织和部分汽车公司反对，许多企业仍然加紧深海矿产资源勘探和开采技术实验。

1. 日本计划 10 年内在其专属经济区开采海底金属矿产[268]

2021 年 1 月，日本政府宣布计划商业化开采南鸟岛附近富钴结壳资源，以确保国内原材料钴的稳定供应。至 2022 财年前，通过声学测量和无人深潜技术评价资源量，筛选矿区范围；在南鸟岛建立港口，码头满足 8000t 级矿石运输船靠泊。至 2023 年底，在公海选定潜在的采矿备选区。至 2028 年底，建立完善的深海采矿技术，并在其专属经济区内确定采矿目标靶区。

2. 加拿大 DeepGreen Resources 公司在大洋矿产资源调查获新发现[269]

2021 年 2 月，加拿大 DeepGreen Resources 公司在东太平洋克拉里翁-克利珀顿区（太平洋 CC 区）完成了一项矿产资源调查，认为该区多金属结核储量高于预期。在部分区域，结核覆盖率超过 50%，丰度超过 15kg/m^2，结核中约含 1.4%镍、1.1%铜、0.3%钴和 32%锰。该公司在太平洋 CC 区已有 4 个合同区块，声称其拥有的海底金属资源可为 10 亿辆电动汽车提供电池。该公司计划在 2024 年前实现商业化开采，认为与使用陆地矿石相比，用海底结核制造电池在气候变化、生物多样性、社会和经济影响因素方面具有更多优势，同时也表示需要更多的环评工作来确定海底采矿对生态系统的影响。

3. 印度计划未来 5 年将加速深海战略金属资源开发[270]

2021 年 2 月，印度财政部长在 2021 年的预算案中宣布，未来 5 年内将拨款 400 亿卢比（约合人民币 35.6 亿元），运用高科技深潜器和水下机器人进行深海采矿，在印度洋海盆中部面积为 7.5 万 km² 的合同区块开发多金属结核。据评估，印度洋海盆中部约有 1 亿 t 多金属结核资源。

4. 多家公司呼吁暂停深海采矿，但科学家持不同看法[271]

2021 年 4 月，巴伐利亚发动机制造厂股份有限公司（宝马公司）、沃尔沃集团、谷歌公司和三星集团联合宣布，在证明可以确保有效保护海洋环境之前，将暂停资助深海采矿活动（如 2019 年西班牙阿波罗二号海底采矿车项目）（图 5.1），且通过深海采矿获得的矿物不会进入他们的电动汽车电池制造供应链。然而，许多海洋地质学家认为，深海采矿造成的环境影响相对于整个海洋来说微乎其微，但可以为能源零碳转型提供原料，停止深海采矿将阻碍各国实现其"碳中和"目标。

图 5.1　西班牙阿波罗二号海底采矿车进行海试（据 Shukman[271]）

5. 印度将启动印度洋海洋自然资源调查，并研究可持续开发利用技术[270]

2021 年 6 月，印度总理批准其地球科学部提出的深海任务提案，以调查印度洋海洋自然资源，并开发可持续利用这些资源的深海技术。该任务主要分为 6 个部分，包括：开发深海采矿和载人潜水器技术、开展海洋气候变化和预测研究、深海生物调查和可持续利用技术创新、以海底热液为主的深海矿产调查与勘探、海洋能和海水淡化工程设计、海洋生物和工程领域的工业化应用及产品开发等。该任务将分阶段实施，为期五年，已获得约 407.7 亿卢比（约 5.5 亿美元）的拨款，第一阶段（2021～2024 年）预计耗资 282.34 亿卢比（约 3.81 亿美元）。

6. 日本和新加坡两家公司将合作研发全球首套商业化深海稀土采矿系统[272]

2021 年 9 月，日本东洋工程株式会社（Toyo Engineering Corporation）和新加坡油田设备供应商 Nustar Technologies 签署了一份合同，双方将共同设计和制造一套深海稀土资源调查和萃取系统，包括收集管、流量控制装置、泵管单元和控制模块，并针对深水环境设计电动操作。这套系统可在日本近海 6000m 水深海底进行稀土采矿作业。2012 年，日本海洋科技中心（JAMSTEC）领导的"跨部门战略创新促进计划"在日本专属经济区发现了超大规模深海稀土矿床（图 5.2）。

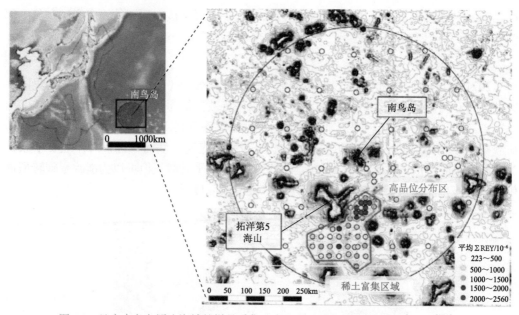

图 5.2　日本南鸟岛周边海域的样品采集地点和稀土品位度分区（据王淑玲[273]）

7. 德国公司欲将垂直沟槽切割技术推广到海底采矿业[274]

2021 年 9 月，德国机械制造商保尔（Bauer）公司和船舶管理公司（Harren&Partner 公司）合资成立了一家海底矿业服务公司，将研发和改进在船舶上应用垂直沟槽切割技术，并推广到海底采矿领域。传统的深海采矿车沿海底水平移动，会搅动海底沉积物，在中层海水释放沉积物残渣形成羽流，影响脆弱的深海生态系统。垂直沟槽切割技术将切割机固定在海底，通过设置保护环，可减小和控制切割固体矿产过程中沉积物的扩散，并配置矿石容器以吸入细粒沉积物和切割碎屑，分离、过滤、释放干净的海水，可以在很大程度降低采矿作业对深海环境的影响（图 5.3）。目前，新合资公司基于国际海底管理局的可持续采矿战略要求，计划对垂直沟槽切割技术在海底采矿应用中的经济可行性和环境兼容性进行评估和试验。

图 5.3　保尔公司的海底采矿垂直沟槽切割机示意图（据 Moore[274]）

8. 加拿大矿业公司组织联合科考，对东太平洋克拉里翁-克利珀顿区（太平洋 CC 区）进行环境评估调查[275]

2021 年 10 月，加拿大矿业公司（The Metals Company）宣布，组织美国夏威夷大学马诺阿分校、马里兰大学、得克萨斯农工大学和日本海洋科技中心的研究人员，乘 Maersk Launcher 号科考船（图 5.4）在太平洋 CC 区进行为期六周的联合科考，解析从海洋表面到底栖生物边界层的食物网结构，分析海水纵向化学成分、痕量金属和营养成分的变化，建立严格的区域环境基线，以评估在多金属结核开采过程中对海洋环境的潜在影响。Maersk Launcher 号是一艘多用途海洋科考船，长 90m，总吨位 6798t，乘员 65 人。加拿大矿业公司的前身是 DeepGreen Metals 公司，声称其主营业务是开采海底多金属结核以提取电池金属，目前拥有太平洋 CC 区 3 个多金属结核合同区的勘探权，并运营 Maersk Launcher 号科考船。

图 5.4   Maersk Launcher 号科考船（据 Lauber[275]）

9. 国际海底管理局和英国国家海洋学中心组织会议，推进深海固体矿产资源可持续开发[276]

2021 年 11 月，国际海底管理局（ISA）和英国国家海洋学中心（NOC）合作，组织召开"推进技术和创新以支持区域矿产资源可持续开采"的专家级会议。会议由来自 41 个国家共 120 位技术专家参与，评估当前和今后深海海底矿产资源勘探和开发、潜在环境影响监测等方面的技术发展水平。会议重点讨论未来深海采矿价值链中新兴智能技术（自动化、人工智能等）和净零碳排放技术的发展与应用，探讨了技术发展和创新方向，商议向发展中国家转让技术的实施方向，为未来 ISA 制定相关政策提供支撑。为确保"ISA 战略计划"、"ISA 2019—2023 高级别行动计划"和"ISA 支持联合国十年行动计划"的顺利实施，实现未来开发活动的环境可持续性，ISA 表示将组织更多同类会议，以促进不同利益相关者和专家群体之间进行对话与沟通，探讨技术进步的必要性。

10. 科学家揭示深海采矿中沉积物羽状流的动态机制[277]

深海采矿过程中容易产生两种沉积物羽状流，一种是采矿车在 4500m 以下的海底行驶时产生的"采集羽状流"，另一种是回流管在约 1000m 处排出废弃沉积物时生成的"中层水羽状流"。这两种沉积物羽状流对环境的影响尚未得到准确评估。美国麻省理工学院和斯克里普斯海洋研究所（SIO）的科学家在太平洋 CC 区多金属结核矿区首次进行了一系列海上实验，对"中层水羽状流"进行详细的观察研究。科学家使用传感器系统监测了羽状流的位置、形状和浓度演变过程，建立了羽状流的动态机制。科学家将收集到的数据与此前开发的预测模型相比较，证实了该模型可准确预测各种海流和采矿条件下"中层水羽状流"的变化过程，并可用于评估羽状流对海洋生物和环境的影响（图 5.5）。该项研究发表在《通讯：地球与环境》。

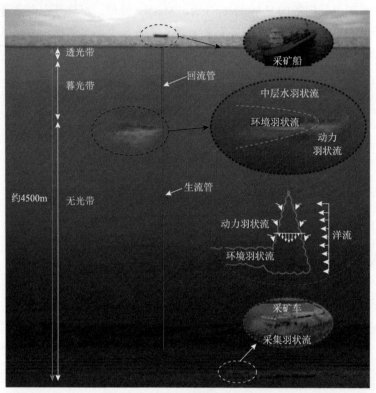

图 5.5　多金属结核开采作业示意图（据 Muñoz-Royo 等[277]）
图中右侧从上到下放大显示了采矿船、中层水羽状流和在海床上运行的采矿车

第六章

海 洋 地 质

海洋地质是一门全球性的科学，随着海洋新技术方法向着大气、水体和海底空间方向发展，观测数据不断积累，精度不断提高，海洋地质愈发强调将地球科学作为一个相互联系的整体。以此为中心思想，一方面，海洋地质的研究继续挖掘整个地球系统的活动规律及相互作用，尤其注重通过元素循环窥探深部构造、通过数值模拟揭示俯冲带机制，通过调查和岩石分析评估火山活动；另一方面，海洋相关的地质记录对人类未来生存的启示作用研究越来越受到关注，通过对不断积累的深海沉积岩心精细解析，科学家认识到过去的气候变化规律及地球自身的调节能力水平，为目前的全球气候危机提供了客观强有力的地质思考。传统地质研究受到"以点窥面"的限制，而如今，随着更多"点"研究成果的积累，地球科学系统的整体面貌正在逐步清晰。

一、大洋钻探最新进展

国际大洋发现计划（IODP）是地球科学历史上规模最大、影响最深的国际合作研究项目，旨在利用大洋钻探船或平台获取海底沉积物、岩石样品和数据，在地球系统科学理论指导下，探索地球的气候演化、地球动力学、深部生物圈和地质灾害等，它是深海钻探计划、大洋钻探计划和综合大洋钻探计划的延续。国际大洋发现计划每年预算超1.5 亿美元，有美国、中国、日本、韩国、澳大利亚、新西兰、巴西、印度，以及欧盟国家组织参与。

IODP 目前运营三个钻探平台执行大洋钻探任务，分别是美国"乔迪斯·决心"号、日本"地球"号和欧洲"特定任务平台"。2021 年，在新冠疫情依然全球扩散的背景下，美国"乔迪斯·决心"号共执行了一个补充航次和两个完整航次：分别为2021 年 6 月 5 日～8 月 6 日期间的 IODP 395C 航次（主题为"雷恰内斯地幔对流和气候"）、2021 年 8 月 11 日～10 月 6 日期间的 IODP 396 航次（主题为"挪威中部大陆边缘岩浆作用"）、2021 年 12 月 11 日～2022 年 2 月 5 日期间的 IODP 391 航次（主题为"沃尔维斯海脊热点"）。欧洲"特定任务平台"执行了一个航次：2021 年 4 月13 日～6 月 1 日期间的 IODP 386 航次（主题为"日本海沟古地震"）。IODP 相关研究也取得了一系列优秀论文成果。

1. 2024 年韩国将于郁陵海盆实施大洋钻探[278]

2021 年 2 月，韩国地球科学与矿产资源研究所（KIGAM）宣布，国际大洋发现计划（IODP）已批准其在韩国东海郁陵海盆（Ulleung Basin）的钻探计划，目的是了解地质构造和沉积特征，探索该区域海啸和海底滑坡频繁发生的原因。钻探航次将于2024年由"乔迪斯·决心"号执行，韩国三维地震勘探船 Tamhae Ⅱ 号也将加入这个计划，负责调查区域地球物理特征。Tamhae Ⅱ 号总长 64.4m，宽 6.5m，载重约 1113t，最多载员 36 人。

2. 日本"凯美"号科考船在 8023m 水深处获取 37.74m 长沉积物岩心，刷新世界纪录[279]

2021 年 5 月 14 日，正在西太平洋日本海沟执行国际大洋发现计划（IODP）386 航次的"凯美"号科考船（Research Vessel KAIMEI）（图 6.1）在 8023m 水深处，通过大型活塞取样器获得了长度为 37.74m 沉积物岩心。航次首席科学家声称，这刷新了在最大水深进行岩心取样和获取海平面以下最大深度样品（8060.74m）两项世界纪录。此前的最深取样记录是 2012 年 IODP 343 航次在 6889.5m 水深处钻透海底以下 844.5m获得样品。

图 6.1 日本"凯美"号科考船（据 Musto[279]）

3. "乔迪斯·决心"号钻探船（JR）连续执行国际大洋发现计划（IODP）两个航次任务[280]

2021 年 8 月 6 日，JR 完成 395C 航次任务回到冰岛雷克雅未克港，并于 8 月 11 日再次起航执行 396 航次（图 6.2）。395C 航次（主题为"雷恰内斯地幔对流和气候"）成功在北大西洋雷恰内斯海岭东部 5 个站位钻获沉积物和长约 130m 的玄武岩岩心。科学家将利用岩心和测试数据来检验大西洋中脊（MOR）和冰岛地幔柱相互作用的 V 形洋脊假说，探讨大洋洋流和地幔柱活动的关联，重建在洋壳年龄增长、沉积物厚度和地壳结构变化等多重因素影响下岩浆演化过程。IODP 396 航次（主题为"挪威中部大陆边缘岩浆作用"）将在挪威大陆架中部 9 个站位钻取岩心，用于探索北美大陆和欧亚大陆在分裂期间异常岩浆活动特征、成因及其对古气候的影响等科学问题。

4. 受新冠疫情影响，国际大洋发现计划（2013～2023 年）将延长至 2024 年，欧洲大洋钻探联盟（ECORD）将承担重任[281]

2021 年 10 月，IODP 举行了论坛会议，11 月发表了共同声明。声明表示，美国国家科学基金会（NSF）及其他出资机构一致同意将国际大洋发现计划延长至 2024 年，以

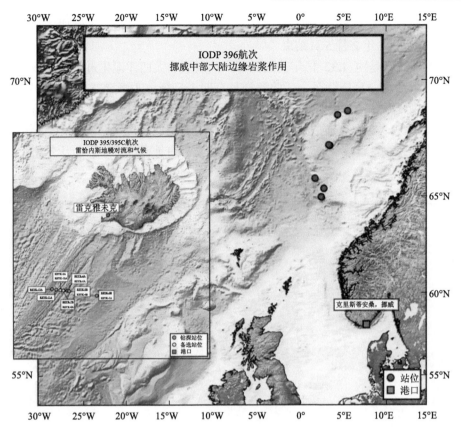

图 6.2　IODP 395/395C 航次（小图）和 IODP 396 航次（大图）站位图（据 IODP[280]）

补偿因新冠疫情影响而减少的活动；声明感谢 NSF 收购了一艘全新的、全海域航行的
无隔水管作业钻探船，并将在未来几年内取代现有的"乔迪斯·决心"号；声明肯定
了中国大洋发现计划成为 2024 年后大洋钻探平台的潜在提供者，鼓励中国大洋发现计
划与国际伙伴进一步合作实施"2050 年科学框架"；声明赞扬了澳大利亚-新西兰
IODP 联盟、韩国大洋钻探计划和印度大洋钻探计划为支持大洋钻探资金所做的努力。
声明特别赞扬了欧洲大洋钻探联盟（ECORD）的"特定任务平台"（MSP）为 2024 年
后大洋钻探发展方向所做的探索，由于"乔迪斯·决心"号可能在 2025 年退役，此后
MSP 将作为无隔水管钻探的主要力量。共同声明发表后，ECORD 也于 2022 年 1 月向
国际科学界和 ECORD 合作伙伴通报其在 2024 年后的大洋科学钻探计划。

　　5. "乔迪斯·决心"号执行国际大洋发现计划（IODP）391 航次，揭示大西洋沃
尔维斯海脊热点的形成机制[282]

　　2021 年 12 月 11 日，美国大洋钻探船"乔迪斯·决心"号从南非开普敦启航，执
行 IODP 391 航次。该航次命名为"沃尔维斯海脊热点"（图 6.3），将在南大西洋沃
尔维斯海脊 6 处钻探海底火山岩探索海脊热点的形成机制，以加深了解罕见的带状热点
成因、热点与大西洋中央海岭及微板块三者之间相互作用关系等科学问题。该航次中，
来自意大利、印度、中国等 12 个国家的 26 名科学家登船作业或参加陆上测试，联合首

席科学家来自美国休斯敦大学和德国基尔亥姆霍兹海洋研究中心，两名中国科学家参与航次。航次于 2022 年 2 月 5 日结束。

沃尔维斯海脊是约 1.32 亿年前冈瓦那大陆破裂、大西洋诞生过程中形成的带状热点海脊，火山活动一直持续至今。此海脊具有四个特征：①海脊宽度达 400km，远宽于其他典型热点海脊；②长期深部活动形成了带状地球化学结构；③海脊包含 3 列大致平行的小型海脊；④海脊与微板块间有相互作用过程。此航次将钻采 1.04 亿年到 5900 万年前形成的玄武岩岩心，通过地球化学、年代学和古地磁测定来解析沃尔维斯海脊热点的形成过程。

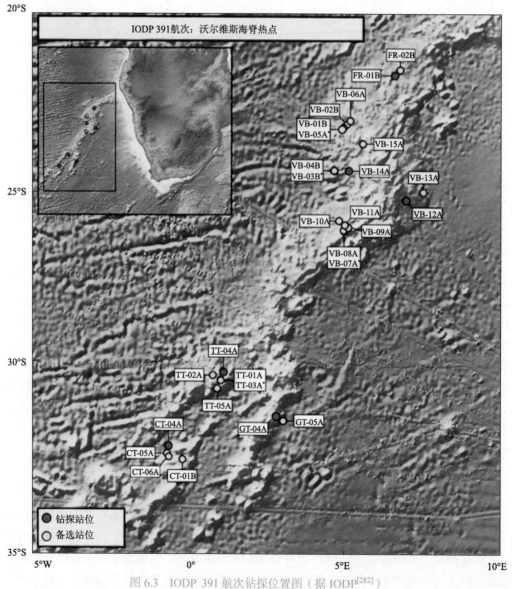

图 6.3 IODP 391 航次钻探位置图（据 IODP[282]）

FR-01B 等均为站点编号

6. 科学家在国际大洋发现计划（IODP）374 航次后发表关于南极火山灰层的研究结果[283]

IODP 374 航次在南极洲罗斯海的 U1524 钻孔（图 6.4）中发现了约 20cm 厚的火山灰层，科学家在美国地球物理学会期刊《地球化学，地球物理学，地球系统学》（*Geochemistry, Geophysics, Geosystem*）上发表了对该层的研究结果。研究评估了火山颗粒的形态、矿物组成和火山玻璃的化学成分，测得火山灰的 Ar-Ar 年龄约为 1300 万年。研究人员认为该火山灰层与位于 1300km 外南极洲玛丽·伯德地（Marie Byrd Land）的张氏峰（Chang Peak）火山喷发高峰期年代一致，是南极西部早更新世的一个重要年代地层标记。

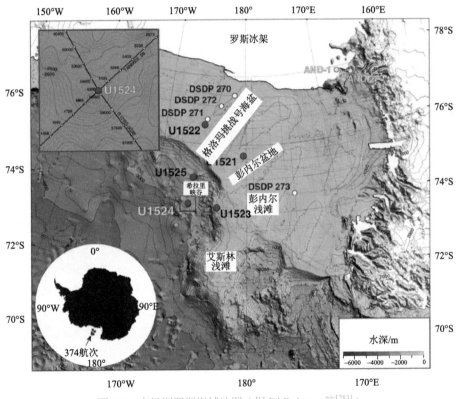

图 6.4　南极洲罗斯海域地图（据 Di Roberto 等[283]）

黄色点文字为 IODP 374 航次钻探位置

7. 国际大洋发现计划（IODP）岩心显示断层破裂非对称分布，存在多种解释[284]

对断层破裂带的定量化分析是了解断层活动过程中应力分布和流变特征的重要手段。2018 年实施的 IODP 372/375 航次获取到了新西兰希库朗伊（Hikurangi）俯冲带内一条活跃逆冲断层的岩心，研究人员利用高分辨率岩心扫描照片，对主断层面上下破裂带进行统计学分析。结果表明，上下盘破裂带的裂缝密度呈非对称分布，上盘裂缝密度更大且分布范围距离主断层面更远，裂缝密度的峰值出现在上盘中尺度褶皱和局部滑动的区域内，而非主断层带附近。研究人员认为这可能是上盘发生微褶皱、下盘延性变形，和/或断层滑动时周围产生的应力不对称造成的。进一步的研究还发现，断层位移会使初始产生的破裂愈合。该研究对了解俯冲带断层的破裂模式以及地震成因具有启发意义，发表于美国地球物理学会《地球化学，地球物理学，地球系统学》。

8. 国际大洋发现计划（IODP）375 航次发布报告认定岩心放射虫代表了太平洋南部中纬度生物地理带的生物[285]

"乔迪斯·决心"号于 2018 年执行 IODP 375 航次，在新西兰附近的 U1520 钻孔岩心中发现了火山碎屑岩和陆源混合岩，其中一段为富含有机物的黑色粉砂岩。船上科学家初步分析了这段岩心，认为其大致形成于早白垩世晚期—晚白垩世早期（113～89.8Ma），可能记录了晚白垩世早期著名的大洋缺氧事件 2（OAE 2）（约 93.9Ma）。由于在该岩心段中发现放射虫，科学家认为可以建立放射虫生物地层序列，精确测定沉积物年龄，并确认放射虫与 OAE 2 是否相关。IODP 375 航次科学小组发布 U1520 站位岩心古生物学研究报告。科学家通过精细提取和分析放射虫，获得了 7 个富含多种放射虫的样本，其中一个样本的放射虫种属相对统一，可指示年龄为约 97Ma。研究报告表明，此岩心中的放射虫代表了晚白垩世早期一个独特的太平洋南部中纬度生物地理带的生物，岩心样品可进一步用于同时期的沉积学研究。

9. 科学家利用国际大洋发现计划（IODP）钻孔数据解释慢地震[286]

慢地震通常发生在俯冲带板块边界，是一种相对安静的地震。不同于一般地震的瞬间发生，慢地震通过较长的时间来释放能量，通常为数小时至数月。虽然慢地震本身无害，但也可能诱发破坏性地震。慢地震的发生和俯冲带渗水区孔隙压力变化有关。发表在《地球物理研究杂志：固体地球》（*Journal of Geophysical Research: Solid Earth*）的一项研究中，科学家利用 IODP 370 航次在日本西南海域慢地震发生区获得的钻孔数据，分析了不同深度的孔隙压力，估算钻探过程中发现的含水层孔隙压力升高值，证实了横向延伸数百米的超压含水层的存在。科学家进一步将数据同邻近钻孔数据进行综合对比分析，认为该俯冲带中存在着零散分布的、亚公里尺度的超压含水层，这些超压含水层的存在可能导致了该地区慢地震的发生（图 6.5）。

10. 中国科学家揭示北太平洋晚中新世深层水形成演化历史[287]

近期，《古海洋学与古气候学》（*Paleoceanography and Paleoclimatology*）杂志发表了国际大洋发现计划（IODP）346 航次的研究成果，研究人员分析日本海 U1425 和 U1430 站位的沉积岩心，重建了晚中新世 1100 万年以来日本海古生产力和深层水体氧化还原状态的演化历史，进而揭示了北太平洋深层水的历史，发现日本海 740 万～400 万年前的深层水体发生了显著氧化，使有机碳封存效率大大降低，北太平洋深层水的形成也可能在南北半球热量平衡方面起到重要推动作用。本研究揭示了时间尺度上北太平洋深层水与全球气候变冷的响应过程，对北太平洋深层环流演化研究具有借鉴意义。

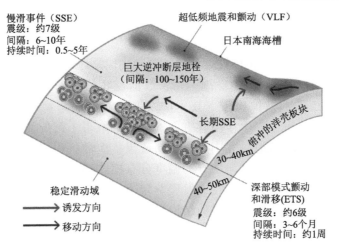

慢滑事件（SSE）　　　　　　　　　　超低频地震和颤动（VLF）
震级：约7级
间隔：6~10年　　　　　　　　　　　　日本南海海槽
持续时间：0.5~5年

巨大逆冲断层地栓
（间隔：100~150年）

　　　　　　　　　　　　　　　长期SSE　　　俯冲的洋壳板块

　　　　　　　　　　　　　　　　　　　　30~40km

稳定滑动域　　　　　　　　　　　　　　40~50km

→　诱发方向　　　　　　　　　深部模式颤动
→　移动方向　　　　　　　　　和滑移(ETS)
　　　　　　　　　　　　　　　震级：约6级
　　　　　　　　　　　　　　　间隔：3~6个月
　　　　　　　　　　　　　　　持续时间：约1周

图 6.5　日本西南海域的各类慢地震非均质分布示意图（据 Hirose 等[286]）

11. 日本和美国科学家发现洋流对海底地震监测系统的影响[288]

　　日本东南部的南海海槽是全世界地震活跃区域之一，"地球"号钻探船在此海域大陆架和大陆坡实施了多次钻探，在钻孔中安装了长期观测装置，组建成地震和海啸海底观测密集网络（DONET）（图 6.6），以长期、持续、高灵敏度地监测地壳运动。利用 DONET，日本和美国科学家成功检测并分离出与 2020 年 3 月慢地震事件相关的纳米级钻孔体积变化信号，通过计算慢地震发生期间日本暖流（又称黑潮）引起的海底压力变化，认为此次慢地震信号是日本暖流活动产生的。科学家指出，基于慢地震信号来研究深部板块边界滑动时，需要提高检测精度并去除气象和洋流等海洋扰动因素带来的影响。该研究发表于《地球科学前沿》。

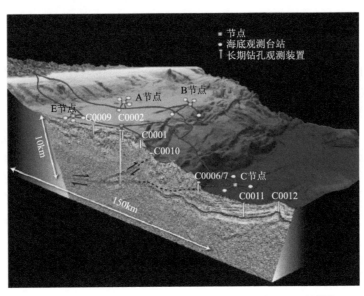

图 6.6　日本东南部的南海海槽深部观测网络（据 Taira 等[289]）

黑色虚线：推测断层浅部走向；蓝色虚线：推测断层深部走向；红色实线：观测网络电缆线路；黑色双向箭头：断层活动方向

二、地球动力学

认识地球大尺度运动或整体性运动的机制和规律是地球科学的重要研究目的。近年来，随着地震观测数据、大洋钻探样品/数据、高精度海底地图等基础资料的积累，高精尖分析技术、数值模拟等技术的发展，对边缘海盆地、大洋沉积、俯冲带、洋中脊、深部地质及火山作用等方面的研究都取得了新的认识。我国科学家在以南海为典型的边缘海盆地研究中积累了新成果；大洋沉积岩心研究不断往高分辨率解析方向发展；全球和区域洋中脊的温度分布模式和在板块增生过程中发挥的作用持续受到关注；计算机技术的飞速发展奠定了数值模拟研究的基础，为俯冲带活动机制与物质循环、深部地壳地幔的结构与演变历史、火山作用的机理与预测提供了全新的认识窗口。

（一）边缘海盆地

1. 我国科学家取得南海构造演化新认识[290]

南方科技大学海洋系杨挺教授研究团队利用海底地震仪（OBS）台阵观测数据，揭示了南海扩张洋中脊在闭合前洋壳增生和岩浆活动的特征。结果显示，在南海洋中脊扩张的最后阶段，地壳厚度显著减薄，生成新洋壳的岩浆供应量显著下降。沿着洋中脊形成裂隙和断层，海水通过这些裂隙和断层进入地幔顶部并与之反应，形成新的岩石类型，这种岩石具有非常高的纵横波波速比。该项成果发表在《地球物理研究快报》。

2. 中国科学家分析南沙地块的英安岩，提出南海南部边缘地块中生代古地理演化过程[291]

南海南部边缘各地块（南沙地块、礼乐地块、民都洛地块和巴拉望地块等）和华南大陆边缘之间的关联是重建亚洲东南部中新生代古地理环境的关键所在。中国"南科1井"（NK-1）钻探项目在南沙地块钻取了约1000m的珊瑚石灰岩和下伏约1000m的火成岩，总取心长度为2020.2m。科学家对该岩心中的英安岩进行了年代学和地球化学分析，研究岩石成因和构造的亲缘关系。锆石U-Pb测年显示英安岩形成于晚三叠世（218～217Ma），地球化学数据表明其原始岩浆可能由古代地壳物质部分熔融产生，形成于晚三叠世华南大陆边缘拉张环境。科学家认为，现今南海南部边缘各地块在中生代早期是华南大陆边缘的一部分，其演变受古太平洋板块俯冲控制，在中生代晚期（晚白垩世），除巴拉望地块向东南漂移外，大部分地块都从华南大陆分离出来，隶属于古南海（图6.7）。该研究提供了中生代以来亚洲东南部古地理演化的详细信息，发表于 *Lithos*。

3. 中国科学院广州地球化学研究所科学家探究巴拉望岛中南部古近系同裂谷沉积的地层和物源[292]

巴拉望地块是华南大陆破裂后南海扩张期间从华南陆缘分离出来的，但其分离的具体时间和地点尚不清楚，且对分裂前陆缘沉积物层序仍缺乏认识。中国科学院广州地

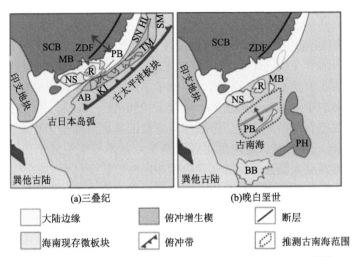

图 6.7 南海南部边缘地块中生代古地理演化（据 Miao 等[291]）

SCB：华南地块；AB：阿武隈地体；HI：飞驒地体；KI：北上俯冲-增生体；SM：萨马尔卡俯冲-增生体；SN：三郡俯冲-
增生体；TM：常吕俯冲-增生复合体；BB：婆罗洲地块；MB：民都洛地块；NS：南沙地块；PB：巴拉望地块；PH：菲
律宾地块；R：礼乐地块；ZDF：政和-大浦断裂

球化学研究所领导的一项课题，研究了巴拉望岛中南部 Panas-Pandian 组的生物地层序
列和同裂谷沉积物。科学家通过微古生物证据表明，Panas-Pandian 组的年代为中始新
世—早渐新世（47.7～32.9Ma）。后裂谷阶段最古老的 Nido 石灰岩年龄约为 32Ma，代
表了巴拉望地块的破裂不整合年龄，与珠江口盆地（约 30Ma）和国际大洋发现计划
（IODP）U1435 钻位（约 34Ma）年龄接近，它们之间可能为共轭关系。痕量化石和底
栖有孔虫化石表明 Panas-Pandian 组沉积于华南陆缘大陆坡的中深海-深海环境。根据物
源分析，Panas-Pandian 组沉积物来源于中生代华夏地块内陆，说明至少从中始新世
（47.7～42.1Ma）开始，古珠江就已经搬运华夏地块内陆的沉积物流经裂谷边缘，最终
到达大陆坡（图 6.8）。该研究发表于美国地球物理学会《大地构造学》（Tectonics）。

图 6.8 中始新世华南陆缘古地理重建（据 Chen 等[292]）

QDNB：琼东南盆地；PRMB：珠江口盆地；TXNB：台西南盆地；MB：中沙海台；RB：礼乐滩

4. 菲律宾海加瓜海岭基底为华夏地块碎片[293]

菲律宾板块的构造历史是东南亚构造演化史的重要组成部分。一个国际科学家团队首次获得了加瓜海脊（Gagua Ridge）熔岩样品，测试的地球化学数据和斜长石 Ar-Ar 年龄表明，该熔岩主要是玄武质安山岩，形成于早白垩纪大洋板块沿东亚大陆边缘俯冲的弧岩浆活动。熔岩中的锆石为捕房晶，记录了 250Ma、750Ma 和 2450Ma 三个年龄峰值，与华夏地块锆石年龄相吻合，推断加瓜海脊的基底可能是华夏地块的碎片。结合区域大地构造特征，科学家认为加瓜海脊西侧花东盆地可能形成于白垩纪华夏地块破裂，是中国东南部活动大陆边缘构造背景由俯冲向伸展转变过程中的产物。这项研究对我们认识东亚边缘海盆地的形成和关闭具有启示意义，发表于《地质》。

5. 中国科学家约束南海两期独立伸展构造事件，分别为早白垩世和早新生代[294]

南海扩张期前的构造特征与过程一直缺少直接的时间约束。国际大洋发现计划（IODP）367/368 航次在 U1504 站位获取了大量变形的基性绿片岩相糜棱岩，科学家推测其形成于晚中生代大陆边缘背景下，记录了中-新生代南海北部由活动大陆边缘向被动大陆边缘转变、大陆边缘破裂的过程。南方海洋科学与工程广东省实验室（广州）的科学家对该糜棱岩进行了显微构造、地球化学和原位 U-Pb 同位素测年研究。显微构造观测表明，糜棱岩经历了前期韧性变形和后期脆性变形，发育了前糜棱岩化、同糜棱岩化和后糜棱岩化三期碳酸盐岩脉；测年结果表明，前糜棱岩化期碳酸盐岩脉为 210 ± 20Ma 和 195 ± 32Ma，同糜棱岩化期碳酸盐岩脉为 135 ± 12Ma，表明南海活动大陆边缘在早白垩世经历了明显的伸展过程。U-Pb 测年未获得可靠的后糜棱岩化碳酸盐岩脉年龄，但通过同位素组成、显微结构和地震剖面的综合分析，间接确定了与该时期岩脉相关的脆性断裂发育于早新生代。科学家推测，绿片岩相糜棱岩记录了南海两个独立的伸展构造事件，早白垩世伸展与古太平洋板块后退有关，早新生代伸展是被动裂谷作用的结果。该研究发表于《海洋地质》（*Marine Geology*）。

6. 同济大学研究人员揭示南海及周缘地区新生代玄武质岩石的起源[295]

南海扩张停止后，海盆及周边陆缘发生了大规模板内岩浆活动，其岩浆来源一直存在不同说法。同济大学领导的一个科学家团队采集了南海海盆中蛟龙海丘、石星北海山、中南海山和珍贝海山的玄武质熔岩样品，进行了锆石测年及全岩样品、火山玻璃、熔融包裹体、尖晶石和橄榄石的综合地球化学分析。研究人员将分析结果与南海周边陆缘玄武岩作综合比较，认为两者具有相同源区，可以由富集地幔-2（EM-2，随俯冲洋壳再循环进入地幔的陆源沉积物与地幔混合的结果）和亏损 MORB 型地幔（DMM，壳-幔分异的结果）混合作用而成。结合区域地球物理数据和板块重建模型，研究人员推测南海晚新生代岩浆活动可能是地幔转换带物质不稳定上涌引起的（图 6.9）。该结果对认识地幔转换带附近俯冲物质的分异、储存和循环具有启发意义，发表于《地球化学，地球物理学，地球系统学》。

7. 美国科学家利用水深数据编制高精度海底构造地貌图，可应用于弧前活动变形研究[296]

识别俯冲带中断层的类型及其活动方式是预测板块边缘大地震和海啸的关键，最直

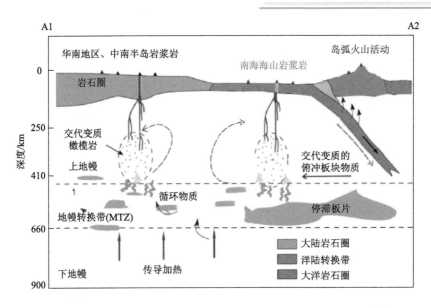

图 6.9 南海及周缘地区新生代玄武岩的起源模式图（据 Qian 等[295]）

接的研究手段是采集深部地震反射图像和钻探岩心数据，但这些数据空间分布有限且难以获取。美国科学家开发了一套算法工作流程，可应用海底高程数据分析，识别和提取出与断层、断层相关褶皱以及陆坡破裂相关的微地貌信息。科学家将该算法应用于日本南海海槽的熊野海盆，编制高分辨率海底构造地貌图，从图中识别出活动构造成因的微地貌形态，揭示沿俯冲带走向的地形应变积累和崩坏变形，展示了走滑断裂系统在区域构造变化中的重要性以及对地震和海啸的潜在影响（图 6.10）。该算法表明海底构造地貌对于研究弧前活动地形变形具有实用性，该成果发表于《地球化学，地球物理学，地球系统学》。

8. 通过比较两次高精度海底地形图，科学家解析澳大利亚西北陆缘海底峡谷变化过程[297]

深海地形和环境的变化往往难以持续直接观测。澳大利亚科学家在《海洋地质》上发表文章，展示了他们间隔 12 年对澳大利亚西北陆缘两段海底峡谷的地貌学和生态学研究成果。2008 年 Sonne 号科考船使用 Simrad EM120 12kHz 型多波束测深系统、2020 年 Falkor 号科考船使用 Kongsberg EM302 30kHz 型多波束测深系统分别采集了此海域海底水深数据并编绘地形图，后者分辨率更高（图 6.11）。比较分析发现，两个海底峡谷最初发育在大陆坡中下段，如今却位于大陆坡上段，通过小型水道和沟壑与大陆架相连。区域在 12 年间留下了大量滑坡证据，包括滑坡陡壁（滑坡体与不动体脱离后在后缘形成的暴露在外面的陡壁）后退、深海沉积物反复被冲刷、伴随滑坡的浊流活动在峡谷底形成小型增生堆积构造等，导致现今谷底形成了大面积沉积物。科学家还发现生物栖息地大多位于不受沉积作用影响的峡谷陡壁，底部较少，这可能是峡谷生态系统的一个典型特征。该研究表明重复测量海底地形地貌有助于了解海底峡谷的动态变化过程，为监测和评估区域生态的系统稳定性提供科学依据。

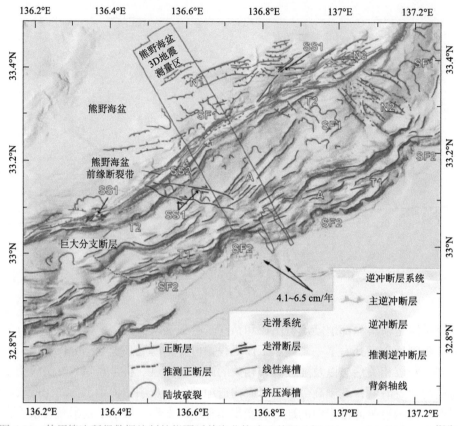

图 6.10　使用算法所得数据编制的熊野弧前海盆构造地貌图（据 Schottenfels 和 Regalla[296]）
T1 和 T2：逆冲断层。A：背斜。N1、N2 和 N3：正断层。SF1 和 SF2：陆坡破裂。SS1 和 SS2：走滑断层。巨大分支断层，
起源于板块边界滑脱带的巨大断层

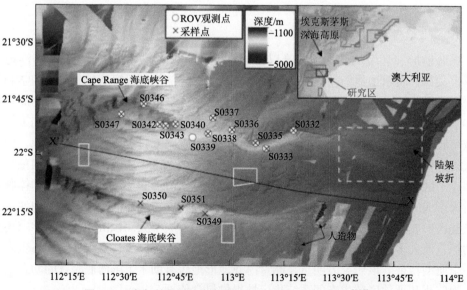

图 6.11　澳大利亚西北缘海底峡谷位置图（据 Post 等[297]）

（二）大洋沉积

1. 下沉有机物可能会改变沉积物所记录的信息[298]

长期以来，科学家一直通过挖掘海底沉积物信息来重建古海洋环境。然而，以色列和美国科学家合作发表在《自然·通讯》上的一项研究认为，沉积物中记录的全球环境变化信息，可能已经被区域沉淀的有机物永久改变。科学家选取了秘鲁大陆架上大洋钻探计划（ODP）1229E 钻孔中代表海底冰期-间冰期的岩心，测试了岩心的碳、氮、硫浓度变化和黄铁矿硫同位素，发现氧气供应量和区域沉淀有机物通量共同影响了黄铁矿硫同位素的变化，即向海底下沉的有机碳改变了黄铁矿所保存的环境地球化学特征。该研究指出，在提取沉积物中全球生物地球化学循环的潜在记录时，应当充分考虑区域环境变化产生的影响。

2. 科学家用黄铁矿同位素研究局部海洋沉积过程[299]

过去，科学家常用海底沉积物中的岩石和微生物信息来重建古海洋和气候模型。美国地球学家发表在《科学·进展》上的一篇文章表示，过去的方法忽略了局部沉积过程。黄铁矿（FeS_2）反映了地球大气层和海洋的氧合作用，通过对新西兰陆架沉积物中黄铁矿的分析，研究人员发现，黄铁矿具有地域差异性，从同一个海盆获取的沉积物样品中的黄铁矿同位素组成不尽相同，因此可用于研究局部海洋环流和环境演化。进一步研究发现，近海沉积过程会受到海平面变化影响，而深海中的沉积过程则不会。研究人员推断，深海沉积环境对气候和环境的敏感性比较低。

3. 日本科学家利用古地磁场长期变化检验深海沉积物沉积序列，发现浊积物和地震发生时间一致[300]

近年来对日本海沟沉积记录的研究表明，地震会诱发形成特征性沉积层。为了将沉积序列与历史地震联系起来，日本科学家利用古地磁场长期变化（PSV）来检验日本海沟附近获得的两段沉积岩心。两段沉积岩心由"新青丸"号科考船通过重力活塞取样在水深 7400m 和 7600m 处获得，长度均小于 7m。尽管处于大水深环境，得益于高沉积速率，岩心中仍保存了高质量古地磁信息。两段岩心的测量结果均表明，根据岩心古地磁数据能够区分陆源颗粒浊积物和半远洋沉积物，PSV 曲线可用来确定深海沉积物的年龄，且陆源颗粒浊积物层的形成与历史上地震发生时间一致。这项研究中科学家发现了 PSV 有助于精确建立高沉积速率下的深海沉积地层序列，相关成果发表于《海洋地质》。

4. "地球"号钻探船获取与黑潮相关的沉积岩心，日本科学家将还原 25 万年来黑潮的波动过程[301]

黑潮是北太平洋副热带环流的西部边界流，通过纬向输送热量、盐分和水汽，对东亚的气候变化、降雨模式和大气环流强度波动产生重要影响。据推测，40 万～10 万年前的超级间冰期可能是一个极暖时期，但科学家对该时期的黑潮活动一直缺乏认识。日本海洋科技中心（JAMSTEC）的科学家于 2021 年 8 月 22～31 日利用"地球"号钻探船在四国岛海域进行钻探，该处可能留下黑潮波动痕迹。此航次共采集了 300m 连续地层样品，样品在"地球"号上进行 X 射线 CT 扫描和地磁测量后移交日本高知岩心中心作进一步研究。高知岩心中心在线发布了该岩心样品的分析速报，表明岩心最老年龄为 25 万年，主要为厚层细粒泥颗粒，含有微生物化石，部分位置含有火山灰层和浊流沉积物。高知岩心中心计划未来开展国际联合研究，通过微生物、沉积学和地球化学分析，恢复过去 25 万年来黑潮的波动过程。此外，科学家估计，岩心中的火山灰层和浊流沉积物可能蕴含了地史上异常事件和特大地震的信息。

5. 科学家揭示深海硅质成岩作用中的温度-时间关系[302]

大洋沉积物中的深海软泥（ooze）随着温度和时间的变化，会依次转化成蛋白石 A（Opal-A）、蛋白石 CT（Opal-CT），并最终稳定成石英（Quartz）。其中，Opal-A 到 Opal-CT 的转化会引起岩石物理性质的显著变化。Hein 等于 1978 年提出了硅质成岩转化的温度-时间动力模型。英国牛津大学和剑桥大学的科学家基于对大洋钻探计划（ODP）及深海钻探计划（DSDP）中共 67 个来自全球不同位置钻探孔位样品的整合，拓展了之前的模型。科学家发现岩心柱中蛋白石 A—蛋白石 CT 转化带厚度为 10～40m，转化速率主要受温度控制，在低温下（<30℃）需要 3500 万年，在中等温度下（33～35℃）需要不到 300 万年，而在高温下（>55℃）将会更快。科学家利用 ODP 钻孔孔位 794 和 795 来验证新的硅质成岩温度-时间动力模型，证实在给定地热梯度和沉积速率的条件下，可以成功预测含蛋白石沉积物在任意深度的硅质成岩状态。该研究成果有助于预测地震的发生，发表于《海洋地质》。

6. 法国科学家对沉积岩心进行高分辨率分析，验证大洋钻探前提出的沉积模式[303]

地震/海啸与海底沉积事件之间的联系是海底古地震学的重要研究方向。2017 年执行的国际大洋发现计划（IODP）381 航次的科学目标是了解地中海科林斯海盆活动裂谷的发展过程，所获得的岩心提供了该海盆在开放海洋到孤立裂谷的演化过程中沉积机制变化的信息。法国科学家对该航次 M0078B 和 M0079A 站位岩心进行了详细研究，使用高分辨率 X 光显微层析技术对沉积物进行粒径、磁性和荧光测量，获得了分辨率为 10μm 级的晶粒结构，识别了"浊积岩+均质岩"沉积事件的基底界面，以及内部向上演化的高分辨率序列。分析结果表明，实际的沉积类型比钻前预想得更为复杂，尤其是在浊积岩下部、均质岩顶部以及均质岩内部，但仍然与钻前提出的科林斯裂谷"浊积岩+均质岩"沉积模式一致，即沉积物主要形成于地震或非地震斜坡崩塌，以及在其后发生了海啸或海面波动效应。该研究发表于《沉积学》（Sedimentology）。

（三）洋中脊

1. 海水渗入和糜棱岩共同作用，可缓解转换断层的地震发生[304]

岩浆从洋中脊喷出并冷却凝固，形成典型的洋中脊岩石组合，由上到下为玄武岩、辉长岩和橄榄岩。洋中脊系统和大洋转换断层相交位置附近会发现糜棱岩，相较于其他洋中脊岩石，糜棱岩粒度更细，因而更容易滑动。过去几年，美国科学家团队在全球洋中脊和大洋转换断层附近，利用 Alvin 载人深潜器采集了岩石样品进行分析，部署了海底地震仪以监测海底地震。研究人员基于糜棱岩中含水矿物的稳定场，推断糜棱岩变形过程中的温度变化，发现脆性和韧性变形可以在 300～1000°C 的广泛温度范围内发生。同时，在海水渗入大洋转换断层的过程中，渐进的水化作用和糜棱岩的形成共同增强了断层蠕变程度，从而缓解了地震的发生。该研究发表于《自然·地球科学》，将有助于科学家预测海底地震的发生过程。

2. 中美科学家利用 AUV 测量数据，重建西南印度洋脊拆离断层多期演化历史[305]

岩浆和构造作用可以促进洋壳非连续增生，这在超慢速扩张洋脊的热液循环过程中发挥着重要作用，但由于以往的研究缺乏对增生洋壳年龄的限制，很难准确描述这一过程。中美科学家合作对西南印度洋脊 49.7°E 正在发生热液活动的拆离断层系统作了精细尺度演化研究。科学家在 2015～2018 年"向阳红 10 号"科考船执行 DY40 和 DY49 航次期间，利用潜龙二号自主式水下航行器（AUV）进行了 7 次调查，除了高分辨率水深测量和热液流量测量数据外，AUV 尾部还安装了三轴通门磁力计以采集近底磁数据（图 6.12）。基于这些数据，科学家重建了拆离断层多期演化历史，分析认为前一期拆离断层发生在 1.48～0.76Ma，而目前的断层活动从 0.33Ma 开始一直持续至今，正值盛年。科学家认为间歇性拆离断层和间歇性岩浆增生共同维持了热液循环，西南印度洋脊具有开发大型硫化物矿床的潜力。该研究近期发表于《自然·通讯》。

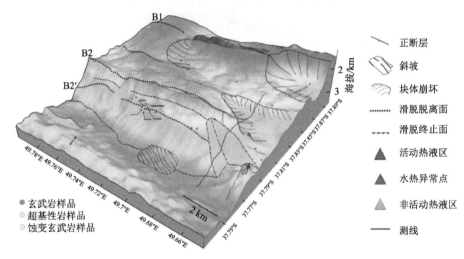

图 6.12　西南印度洋脊 49.7°E 的地质和地形结构（据 Wu 等[305]）

B1、B2 和 B2′ 为三个滑脱面，圆形为采样点，三角形为热液区

3. 沙特阿拉伯和德国科学家分析红海扩张轴辉长岩，认为可能与火山活动有关[306]

辉长岩等深层侵入岩能够提供洋中脊扩张轴（中轴）的岩浆-构造过程及洋壳形成的信息。迄今为止，来自红海裂谷扩张轴的火成岩仅限于玄武岩等喷出岩，唯一的侵入岩样品（辉长岩）来自裂谷侧翼，被解释为大陆裂谷作用晚期的岩浆侵入。德国 Poseidon 号科考船于 2011 年、荷兰 Pelagia 号科考船于 2013 年和 2018 年分别对红海裂谷扩张轴进行了多波束和地震测量调查，其中，Pelagia 号科考船于 2018 年的调查中采集到了水深 2240m 处的辉长岩碎块。沙特阿拉伯和德国的科学家对该辉长岩碎块进行了详细地球化学分析，发现该碎块显示典型的洋中脊辉长岩特征，其中的单斜辉石矿物

化学数据指向多相岩浆发育史，单斜辉石气压计算显示其结晶压力低于前人发现的裂谷侧翼的辉长岩样品，结晶深度为 6～10km。区域地形和地震数据分析显示，海底以下 400m 有一强反射面表现出海底火山口结构特征。综合以上信息，科学家认为该辉长岩的出现可能与扩张轴火山活动有关，辉长岩侵入火山通道，作为捕虏体被挟带喷出到海底。该研究发表于《地球科学前沿》。

4. 美国科学家提出全球洋中脊系统地幔温度图，平均温度 1350℃[307]

洋中脊系统是了解地球内部温度、压力、原始组分等变化的重要窗口，此前的算法模型估算了包括洋中脊在内的全球特定区域地幔温度，但存在一些局限性。美国地质学家提出一种新算法，分析了一万多个沿洋中脊喷发的玄武岩玻璃样品，计算每个样品的初始熔融温度，以此反演地幔温度，提出全球洋中脊系统地幔温度图（图 6.13）。结果显示，全球洋中脊系统的地幔温度变化较小，平均温度约为 1350℃，其中地幔热点的温度可达约 1600℃，而在慢速扩张脊附近的地幔温度可小于 1250℃。该研究成果对了解地壳的生长与演化、认识板块的形成和运动具有重要意义，发表于《地球物理研究杂志：固体地球》。

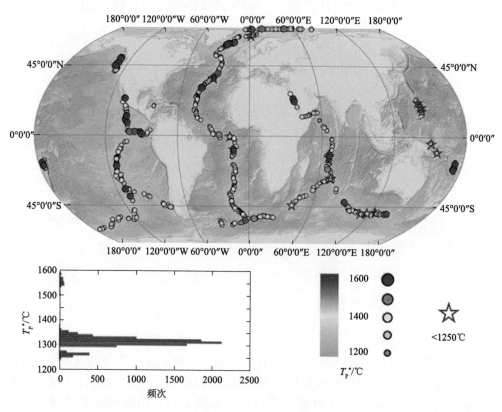

图 6.13　全球洋中脊系统地幔温度（T_p^*）图（据 Brown 等[307]）

5. 德国科学家发现，大洋走滑断层是海底的流体通道，发育花状构造[308]

花状构造指构造剖面上一条走滑断层自下而上呈花瓣状散开，是走滑断层系中一种特征性构造。东北大西洋马蹄深海平原中发育了一条大型走滑断层，是亚欧板块和非洲板块边界的一部分，切割 5km 深的深海沉积物及其下老于 140Ma 的大洋岩石圈。2012 年，德国基尔亥姆霍兹海洋研究中心（GEOMAR）对该断层进行了详细研究，Meteor 号科考船沿该走滑断层部署了 10 个重力钻孔和地热流测站。科学家发现，走滑断层中发育花状构造，在海底表面形成约 100m 高的海丘地貌，孔隙流体地球化学和地热流数据表明海丘中亏损镁元素，富集硅元素和甲烷。这与周边地区的泥火山特征相似，均为深部流体上涌和水平对流的表现，以及与碳酸盐岩发生反应的结果。科学家认为，花状构造是深部流体的上涌走廊，为岩石圈和大洋之间的物质交换提供了通道。该研究发表于《地质》。

6. 美国科学家证实，蠕动变形是转换断层中地震缺乏的原因，具有全球普遍性[309]

大洋转换断层是全球板块边界系统的重要组成部分，具有地震数量少、震级小的特点，科学家提出了转换断层中的蠕动变形可能为地震缺乏的假设。美国罗得岛大学的科学家在全球范围内检验了这一假设。科学家观测分析了全球 138 段大洋转换断层中发生的 5 级以下地震，识别了这些断层中的蠕动变形部分。结果显示，几乎所有大洋转换断层都存在蠕动变形，蠕动变形部分占所研究大洋转换断层总长的 64%，大多数蠕动变形与大型地质构造无关，表明该活动方式主要受沿断层带走向的地层性质变化所控制（图 6.14）。该研究证实了之前的假说，发表于《地质》。

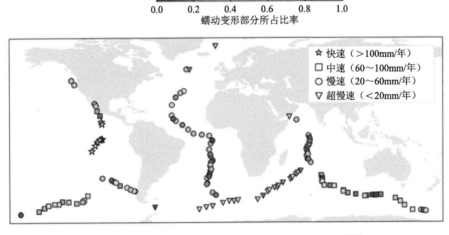

图 6.14　全球 138 段大洋转换断层分布图（据 Shi 等[309]）
不同形状代表洋中脊扩张速度，所填充的颜色代表该位置的转换断层中发生蠕动变形的长度占整条转换断层长度的比率（蠕动变形部分所占比率），如深蓝色代表整条转换断层全部为蠕动变形

7. 大西洋中脊在板块漂移中扮演重要角色[310]

英国南安普敦大学团队通过在大西洋中脊地震带布设 39 台海底地震仪，首次获得了洋中脊下方 410～660km 深度地幔过渡带的高分辨率结构成像，并记录到过渡带的地震活动和深层地幔物质大规模上涌现象。结果表明，地幔上升流可能从下方推动了板块运动，即洋中脊在推动新形成的板块分离运动中起着关键作用，推翻了此前认为洋中脊上升

流的源头深度较浅（60km 左右）且在板块运动中处于被动角色的传统观点。该项成果发表于《自然》，对理解地球深部活动如何与板块构造相联系提供了新认识。

8. 科学家绘制西南印度洋超慢速扩张脊的高分辨率地图[311]

西南印度洋超慢速扩张洋脊（SWIR）具有熔体供应变化大的特点，先前研究表明，SWIR 在 50°28'E 段的中心具有高熔体供应。2016 年"向阳红 10 号"科考船在执行 DY-40 航次中，科学家利用搭载高分辨率测深侧扫声呐系统的"潜龙二号"自主式水下航行器（AUV），获得了面积约 110km^2、分辨率为 2m 的测深数据，结合 2015 年"大洋一号"科考船 DY-34 航次拍摄的大量海底照片和视频资料，绘制了高精度海底地形图（图 6.15），揭示了过去 78 万年以来该区域海底地形和熔岩形态、断层陡坡的变化，发现主要喷发单元。从高精度地图分析，发现该扩张中心具有喷发率高和构造应变慢的特点，与中速和快速扩张洋脊相似。地图还显示该段洋脊的岩浆喷发量具有增减变化周期，周期约为 30 万年。科学家认为，50°28'E 段超慢速扩张洋脊的演化主要受熔体供应控制，熔体供应源深、单次供应时间短、供应频率低。该研究发表于《地球物理研究杂志：固体地球》。

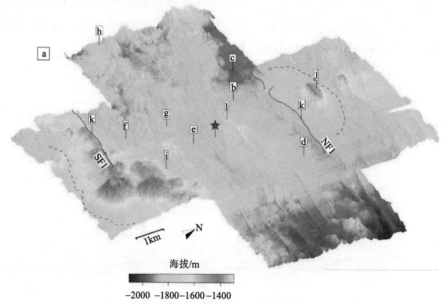

图 6.15　SWIR 50°28'E 段中心区域高精度海底地图（据 Chen 等[311]）

NF1 为北部断层；SF1 为南部断层

（四）俯冲带

1. 科学家建立板块俯冲模型，可解释俯冲板块的最终去向和状态[312]

板块构造理论中，板块俯冲下沉是整套系统的主要驱动力，传统的观点认为俯冲下沉的板块必须保持完整才能拉动后面的部分，但这也与许多地球物理证据不符。为了解释这一问题并探究俯冲板块的最终去向和状态，瑞士和美国的科学家合作建立了数值模拟俯冲模型。该模型充分考虑了岩石密度、黏塑性流变等诸多因素，基于地质学、岩体力学和地震层析成像设计，将模拟结果与日本海沟俯冲带进行对照。模型显示，当板块进入地幔时，它突然向下弯曲，使冰冷而脆弱的背部裂开。与此同时，弯曲改变了岩石下腹部的细粒结构，使其减弱。背腹两侧的变化作用相结合，应力沿薄弱点挤压但不断裂，使板块基本完好无损，仍会继续被拉下，形状类似于构造地质中的"布丁构造"。虽然目前仍然缺乏对俯冲板块弯曲却不断裂现象的全面解释，但该模型能模拟包括日本海沟俯冲带在内的一些重要地质现象。科学家计划使用 3D 模型进一步研究这个现象，未来或许能够通过模拟俯冲带获取地震将要发生的信息，有助于地震预测。该研究发表于《自然》。

2. 科学家在卡斯卡迪亚俯冲带寻找巨大逆冲断层[313]

2021 年 7 月，以探究产生巨大地震的断层性质及位置为目的，一支科研团队搭载 Marcus G. Langseth 号科考船沿北美西海岸对卡斯卡迪亚俯冲带进行为期六周的调查。该团队由哥伦比亚大学、得克萨斯大学地球物理研究所、伍兹霍尔海洋研究所、华盛顿大学、俄勒冈州立大学和美国国家海洋和大气管理局组成，使用高精度地震成像设备，获取完整的卡斯卡迪亚俯冲带的地震影像，并探测和表征俯冲带的精细结构，以帮助解决与太平洋西北地区地震和海啸灾害有关的一系列科学问题。

卡斯卡迪亚俯冲带位于北美大陆西岸，曾是巨大逆冲断层型地震的发生地。据统计，该俯冲带每隔 200～530 年便会诱发一场特大地震，但现今却异常平静，这种巨大逆冲断层"锁定"状态所积累的应变力可能会在下一次巨大地震中被释放。

3. 块俯冲作用可将碳酸盐岩沉入地幔深处[314]

地球深部碳储存能力和机制一直难以直接观测。英国剑桥大学和新加坡南洋理工大学的科学家团队发表在《自然·通讯》上的一篇文章认为，随俯冲带进入地球内部的碳大部分被锁在深处，而非以火山灰排放的形式重新回到地表。科学家利用欧洲同步辐射光源设施（ESRF）模拟俯冲带的高温高压环境，发现在此条件下碳酸盐岩中钙含量会降低，而镁含量会升高。这种化学转变将降低碳酸盐的溶解度，使其不会被吸入作为火山补充源的流体中。相反，大部分碳酸盐岩会沉入地幔深处，最终可能会变成钻石。科学家推测进入俯冲带火山弧下的碳仅有约三分之一会通过火山作用返回到地表，这与之前认为的大部分碳会重新上升的理论形成鲜明对比（图 6.16）。这项研究证实了深层碳储存在维持地球宜居性方面发挥着关键作用。

4. 科学家用数值模拟解释暖俯冲带弧前地幔的地震学特性[315]

年轻、薄、热和轻的大洋岩石圈发生低角度缓慢俯冲时，俯冲板片表面具有较高的温度，称为暖俯冲带，反之则为冷俯冲带。西南日本俯冲带是一个典型的暖俯冲带，暖俯冲带的热结构在控制弧前地幔的地震学性质中发挥重要作用。大型 S 波延迟时间空间分布及深部非火山震颤表明，暖俯冲带板块内部存在蛇纹石化层，但该层的发育环境尚未了解。两位韩国科学家的数值模拟结果显示，蛇纹石化始于俯冲板片-地幔耦合界面下方流体释放处，并沿板块边界向上往地幔楔尖发育，这解释了弧前地幔大型 S 波延迟时间空间分布（图 6.17）。蛇纹石化层的发育使流体向地幔楔尖端持续流动，这可能是弧前地幔深部非火山型震颤的成因。这项研究发表于《科学·进展》。

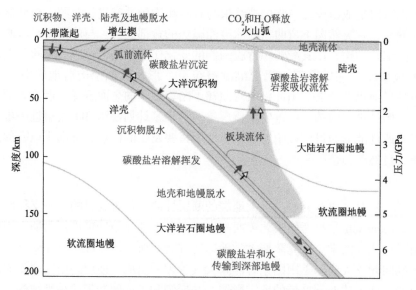

图 6.16　俯冲带中碳酸盐岩和水的流通示意图（据 Farsang 等[314]）
白头黑色箭头表示碳酸盐通量，蓝色箭头表示水通量。淡紫色阴影区域表示富水区

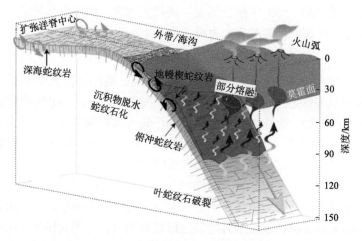

图 6.17　俯冲带中的蛇纹石化（据 Lee 和 Kim[315]）

5. 海山对俯冲带的润滑作用[316]

位于新西兰北岛东部的希库朗伊俯冲带由太平洋板块往北西向澳大利亚板块下俯冲。俯冲带北部板块边界缓慢滑动，慢地震频发；南部构造板块锁定，存在诱发巨大地震的风险。长期以来，科学家试图充分了解南北部俯冲差异的原因。发表在《自然》上的一项研究中，科学家利用电磁成像技术获得了高分辨率图像，观察到俯冲带北部存在富含流体的海山，流体在深部释放，可能润滑板块边界，促进俯冲带顺畅地缓慢滑动。相反，俯冲带南部缺乏海山释放流体的润滑作用，更易黏滞，最终引发巨大地震。下一步科学家将试图确定海山的流体量及其对俯冲带总流体量的贡献。

6. 科学家揭示慢地震机制[317]

慢地震是一种能量释放缓慢的地震，间歇周期性地重复发生，比一般地震持续时间长得多，可以从几分钟到几周甚至几年。此前有研究发现，慢地震事件在俯冲带的板块构造运动中占有很大比例，但尚不清楚它们与破坏性地震有何联系。美国得克萨斯大学奥斯汀分校的科学家利用新型计算机图像处理技术（地震 CT 扫描）和超级计算机对新西兰希库朗伊俯冲带进行研究，通过模拟该俯冲带的物理、结构和力学特征，还原了过去二十年中监测到的慢地震事件，加深了对断层载荷作用过程和瞬时慢滑移的理解（图 6.18）。这项研究发表于《自然·地球科学》。

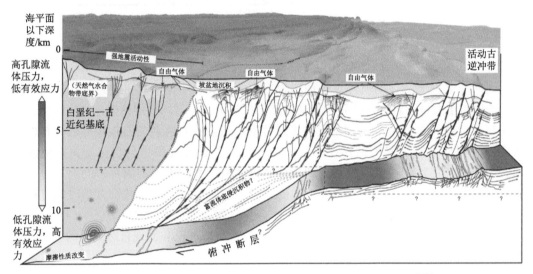

图 6.18 希库朗伊俯冲带边缘剖面的 3D 概念模型（据 Arnulf 等[317]）

该模型解释了几个关键物理、水文和断层滑移过程（红色阴影表示俯冲断层上的孔隙压力，橙色虚线表示板块下的沉积物，蓝色箭头表示沿高渗透率地层和断层的流体方向，箭头大小按比例定性反映了流速）

7. 俯冲带弧前地幔是碳储库，可储存碳数万年以上[318]

俯冲带在全球碳循环中发挥着重要作用，板块俯冲将碳带到地球深部，然后碳循环返回地球表面，但科学家对于碳循环的时间尺度仍然缺乏足够的认识。2017 年，日本科学家在调查伊豆-小笠原海沟（水深 6400m）陆侧斜坡的海山时，使用"深海6500"号深潜器获得了海山出露的蛇纹石化橄榄岩（形成于弧前地幔背景），发现橄榄岩中含有碳酸盐岩脉，而同区域获取的玄武岩和辉长岩中并未观察到岩脉。科学家对碳酸盐岩脉的矿物、地球化学和同位素组成进行了详细分析以追溯来源，X 射线和 CT 扫描显示岩石碎片漂浮于碳酸盐基质中，表明碳酸盐沉淀于高速水流环境；地球化学和同位素测量结果表明碳酸盐来源于溶解在海水中的碳；碳酸盐岩脉中的放射性碳浓度远低于超深海水，可能因其已在弧前地幔中循环了数万年。科学家通过数值模拟估算被俯冲带带到深部的海水以 0.01～0.1m/s 的速度从地幔岩石中析出，最终回到海底表面（图 6.19）。该研究发表于《通讯：地球与环境》，证实含碳海水在俯冲带弧前地幔中循环了数万年，海水缓慢析出可能是俯冲带碳返回地表的重要方式。

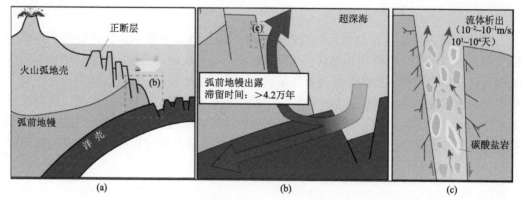

图 6.19 研究中提出的俯冲带浅部碳循环过程简图（据 Oyanagi 等[318]）

8. 俯冲带沉积物在深部形成"熔岩灯构造"，最终重返地壳[319]

俯冲带沉积物的行动轨迹对于理解岩石圈的组成和演化具有重要意义。美国中西部陆地出露了大量片岩，这些岩石最初为陆上沉积物，经过风化侵蚀搬运到达海沟，此后随俯冲带进入约 32km 的深部变质形成片岩。目前，对这些岩石在深部的分布以及从深部返回地表的过程仍然存在争议，传统的理论认为沉积物分布在北美板块的底部，形成一个片状层。美国科学家利用计算机模拟了美国中西部的片岩的上升过程，表明这些沉积物密度远低于地幔或下地壳中的岩石密度，在经历数百万年时间过程中会流动并上浮，就像蜡灯中热蜡上浮一样，科学家称为"熔岩灯构造"（lava lamp tectonics）（图 6.20）。该研究对理解俯冲带构造运动过程和发现自然资源的分布具有重要意义，发表于《地质》。

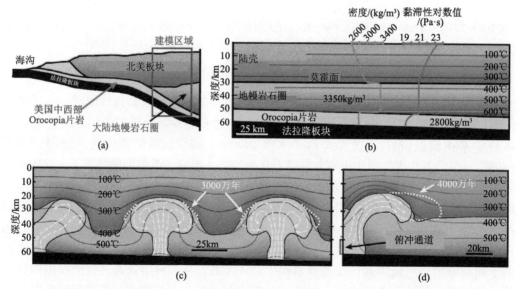

图 6.20 美国中西部 Orocopia 片岩形成模式的计算机模拟（据 Chapman[319]）

（a）Orocopia 片岩相关俯冲带示意图，红色方框为建模区域；（b）计算机模拟的初始状态，主要参数包括温度、密度和黏滞性双数值；（c）模拟经过 800 万年后，底辟作用形成了"熔岩灯构造"；（d）模拟经过 1000 万年后，形成了"地壳柱状体"。白色虚线为 Orocopia 片岩在地壳中的推测位置

9. 科学家揭示橄榄岩蛇纹石化在俯冲带硅循环中的作用，发现水/岩值是主要控制因素[320]

在马里亚纳汇聚板块边缘，太平洋板块向菲律宾海板块俯冲，俯冲板片释放的水进入地幔楔使橄榄岩蛇纹石化。在 2016 年实施的国际大洋发现计划（IODP）366 航次中，科学家获取到马里亚纳弧前 Yinazao、Fantangisña 和 Asùt Tesoru 三座含蛇纹石泥火山样品，它们分别代表了 13km、14km 和 18km 深度的板片样品，对应的俯冲带温度分别为 80℃、150℃ 和 250℃。德国不来梅大学的科学家对三座泥火山样品进行了电子探针、MC-ICPMS（多通道接收电感耦合等离子体质谱仪）和硅同位素测量，结合实验室可控条件下橄榄岩蛇纹石化实验，以确定其在俯冲带硅循环中的作用。研究认为，水/岩值是这一过程的主要控制因素，在低水/岩值条件下形成的蛇纹石中，硅同位素与原始橄榄石中类似，表明早期蛇纹石化过程中没有明显的硅同位素分异；而高水/岩值条件下形成的蛇纹石由多种硅同位素组成，反映了蛇纹石化过程中多源流体的相互作用（图 6.21）。该研究表明，硅同位素可作为俯冲带中板片脱水过程的可靠指示，也可用于识别古俯冲环境中俯冲沉积物的来源和类型。研究成果发表于《地球和行星科学快报》（*Earth and Planetary Science Letters*）。

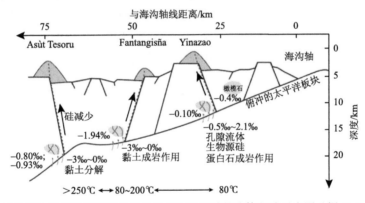

图 6.21　马里亚纳弧前系统和俯冲板块中与深度相关的流体释放示意图（据 Geilert 等[320]）

10. 熔融沉积物有助于缓解板块地震活动[321]

板块俯冲时，俯冲的板块相当于一个巨大的传送带，将沉积物带入地球深部，在高温高压条件下，沉积物发生熔融（图 6.22）。澳大利亚科学家开发了一种通过导电率来计算沉积物熔融位置的方法，并用地球物理模型对其进行验证。通过高压模拟实验，科学家发现融化的沉积物可降低板块间的摩擦强度，从而缓解俯冲带的地震活动。这项研究发表于《自然·通讯》，也可用于以排除法预测大地震发生的区域。

（五）深部地质

1. 中美洲地幔通道的横向活动机制，岩浆平面延伸 1500km[322]

地幔柱是地幔物质垂直上涌的主要通道，然而，科学家对地幔物质横向活动的方式和程度一直缺乏足够的研究。美国伍兹霍尔海洋研究所领导的国际科学家团队采集了

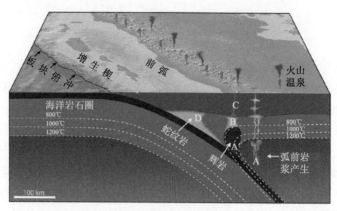

图 6.22　俯冲带弧前交代成矿模型（据 Förster 和 Selway[321]）

地幔橄榄岩熔融，在火山前缘（A）形成弧前岩浆；俯冲带沉积物熔融后与橄榄岩反应（A'），形成金云母-辉岩交代矿物，形成时产生的液体通过地幔楔（B）上升到地壳（C），形成蓄水库和温泉

中美洲南部边缘的 65 份深源热液和气体样品，分析了样品的氦同位素和碳同位素，发现样品表现出的地球化学异常可能受到了 1500km 外的加拉帕戈斯地幔柱（Galapagos Plume Mantle）影响。通过进一步地幔流建模和地球物理观测推断，加拉帕戈斯地幔柱横向穿过浅层地幔产生"地幔风"，"吹"到中美洲南部板片下方，造成了流体和气体的地球化学异常（图 6.23）。该研究丰富了对地幔物质横向传送的认识，但对于地幔深层机制仍需要进一步研究，发表于《美国国家科学院院刊》。

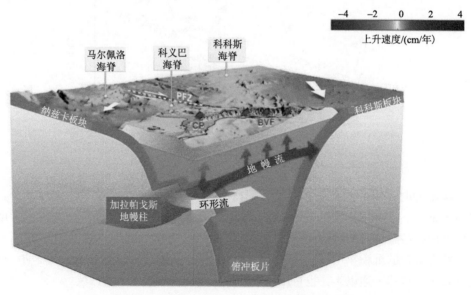

图 6.23　深部地幔活动模式图（据 Bekaert 等[322]）

2. 夏威夷地幔柱源区物质存在地球化学异质性[323]

地理和地球化学分析结果显示，夏威夷群岛火山链有两个平行的变化趋势，称为 Loa 趋势和 Kea 趋势，两者相距不远，均由起源于核-幔边界的深地幔柱产生。此前的

研究发现，Loa 趋势火山具有更"丰富"的同位素组成，表明其来源中含有再循环洋壳物质。加拿大科学家收集了夏威夷 13 座火山的 34 份拉斑玄武岩样品，分析了其微量元素和铊（Tl）同位素组成。结果表明，Kea 趋势火山源区也存在再循环远洋沉积物，但与 Loa 趋势火山相比，Kea 趋势火山的地球化学特征更接近于太平洋深部地幔柱。科学家认为，Loa 趋势和 Kea 趋势的深部地幔源区包含了不同时间、不同性质的再循环洋壳物质（图 6.24）。该研究提出了地幔柱源区物质存在地球化学异质性的证据，发表于美国地球物理学会《地球化学，地球物理学，地球系统学》。

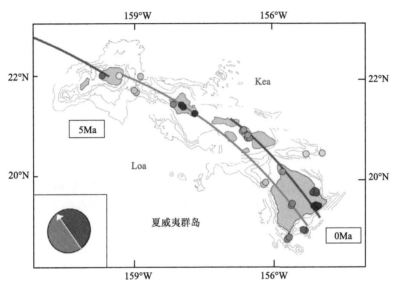

图 6.24 夏威夷群岛火山链显示出两条平行的变化趋势（据 Williamson 等[323]）

圆圈为该研究的不同类型样品的采样位置

3. 科学家分析冰岛深钻岩心，推测潜在地热发电深度[324]

冰岛深钻计划（iceland deep drilling project，IDDP）于 2000 年由冰岛发起并领导实施，目标是研究利用超临界地热流体发电的可行性，该计划于 2014 年完成第一口井，但并未成功发电，2017 年完成第二口井（IDDP-2），钻深 4659m，成功钻达超临界地热流体，目前正准备进行流体流量测试（图 6.25）。由于 IDDP-2 井在地质上为中大西洋海岭的陆地延伸部分，代表大洋中脊海底地层的序列及热流状况。美国和冰岛科学家在《地球化学，地球物理学，地球系统学》上发表文章，详细介绍了在 IDDP-2 井 3648～4659m 岩心中观察到的热液蚀变现象。观察发现，岩心中的火成岩普遍发生蚀变形成新矿物，但原始岩石结构仍保存完好，最深部岩石中的化学流体交换发生在约 800℃的环境下，远高于岩石中形成裂缝并允许流体循环的预期温度，不适合地热发电；而 4.5km 深处的原位温度为 550～600℃，从该深度产生的流体可能成为潜在地热源。IDDP-2 井的钻探和地球物理研究为理解大洋中脊流体-岩石相互作用提供了重要参考，后期研究仍在继续。

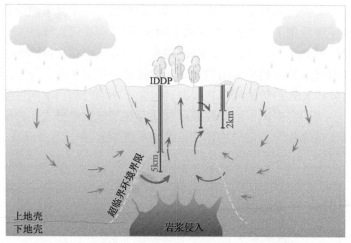

图 6.25　IDDP 冰岛深钻模型图（据 Zierenberg 等[324]）

IDDP 于 2003 年完成可行性研究认为，深度 5km（450～600℃热环境）的地热井输出能率较高，是合适的地热发电深度。
红色箭头为地热传播方向（示意）；蓝色箭头为地下水活动方向（示意）；黑色半箭头为断层活动方向。

4. 澳大利亚西北大陆架基性岩浆区具有大规模封存二氧化碳的潜力[325]

　　基性岩浆区的形成是重要的地质事件，可推动大陆破裂，影响盆地演化，有助于成油成矿。然而，深部基性岩浆区很难被识别。此前，澳大利亚西北大陆架多个盆地中发现大量潜在互联的基性火山岩，但有限的研究和露头的缺乏限制了对深部情况的认识。近年来，澳大利亚科学家使用综合地球物理和地球化学方法对该区域进行了详细研究，包括 10000km 长的二维地震数据分析、测井数据分析和 14 口钻井的样品分析。使用这些数据组合，科学家剖析了整个西北大陆架掩埋的互相连接的镁铁质岩浆，计算出超过 2.8 万 km^2 范围内体积总计为 1.4 万 km^3 的基性岩浆岩区（图 6.26）。地球化学数

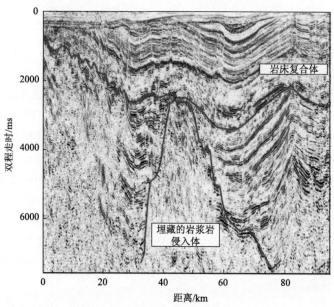

图 6.26　澳大利亚西北陆架地震剖面中埋藏的岩浆岩侵入体（Yule 和 Spandler[325]）

据表明岩浆形成于大陆裂谷环境，可能起源于 2.5 亿年前的超级大陆分裂，代表了热点岩浆活动，其规模和岩浆性质符合大火成岩省的定义，未来可能具有大规模二氧化碳封存的潜力。该研究发表于《地球化学，地球物理学，地球系统学》。

5. 格陵兰岛岩石中发现地球古代岩浆海洋的痕迹[326]

此前有研究认为，地球诞生初期，可能遭到过一颗火星大小的天体撞击，产生极高的热量导致岩石融化，形成岩浆海洋在地球表面流淌。发表在《科学·进展》的一项研究发现，格陵兰岛上采集的岩石可能保留着古代岩浆海洋的痕迹。科学家在格陵兰岛采集到目前地球上已知最古老的岩石（37 亿～38 亿年之间），根据其铁同位素分析数据，重建了地幔源区矿物学模型，发现该岩石仍带有早期岩浆海洋冷却过程留下的"同位素指纹"。地球上其他地方的古老岩石是否保留有相同特征还有待研究，因此研究人员已经开始在全球各地的火山活动区寻找古老岩石，希望发现更多岩浆海洋的化学痕迹。

6. 地球早期阶段地幔可以产生磁场[327]

一般认为，地球的液体外核一直是产生磁场的源头，地球形成之初地幔底部的 1/3 受热融化成为液体状，在长期高速旋转状态下成为基底岩浆海洋发电机并产生强大的地球磁场，保护地球免受宇宙辐射影响，使生命发育成为可能。但组成地幔的硅酸盐物质导电性极差，不可能产生形成磁场所需的强大电流。这与传统理论相矛盾，磁场的产生之谜一直未被解开。发表在《地球和行星科学快报》上的一项研究中，斯克里普斯海洋研究所戴夫·斯特格曼等人重新考虑了地幔早期液体部分内磁场产生的热力学条件，认为液态硅酸盐在高温高压条件下具有极高电导率，足以产生磁场。2020 年，加利福尼亚大学洛杉矶分校地球物理学家拉斯·斯特克斯鲁德领导的团队首次使用量子力学方法计算液态硅酸盐的电导率，也得出相同的结论。

7. 澳大利亚东部火山链显示上地幔热结构[328]

地幔热结构是板块运动的内在驱动力和地表地质活动发生的深层原因。英国和澳大利亚的科学家团队收集了澳大利亚东部 78 个火山岩样本进行地球化学建模，评估了澳大利亚东部的地幔温度和岩石圈厚度，表明火山活动由下方热地幔大规模上侵引发，其中最大的火山在地幔羽流通道上方形成，这一上侵事件导致了澳大利亚东部抬升形成高地。由于澳大利亚板块在新生代向北移动，这些火山于 4000 万年前从澳大利亚东北部汤斯维尔附近开始形成链状结构，于 500 万年前在南部墨尔本附近停止活动。该研究发表于《地球化学，地球物理学，地球系统学》。

8. 科学家绘制南极洲西部新地热热流图，发现下方存在高热流区[329]

南极洲西部思韦茨冰川（Thwaites Glacier）所在区域是南极冰川流失最严重的地区，其冰损失量约占全球海平面上升影响因素的 4%。一般认为，气候变化、海底冰川与暖水团接触是该冰川融化的主要原因。发表于《通讯：地球与环境》的一项研究中，德国和英国的科学家利用 Polarstern 号破冰船直升机新获得的磁异常数据，与现有海上和陆上机载磁异常数据整合，基于居里深度估算进行南极洲西部地热建模，绘制新地热热流分布图（图 6.27）。研究发现，南极洲西部地壳只有 17～25km 厚，远薄于东部（约 40km），其下方产生 150mW/m² 的地热热流，与典型大陆新生裂谷系统（如东非大裂谷）的记录值相当，这可能加速了冰川的融化。科学家计划进一步采集直至冰川底床岩心的热流测量值，以进一步验证此区域地热热流变化及其对冰川融化的影响。

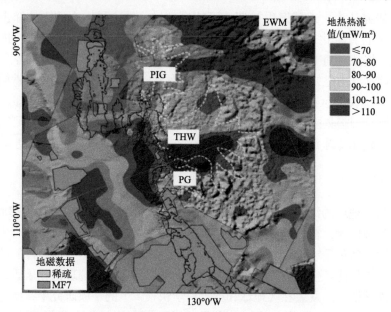

图 6.27　南极洲西部地热热流分布图（据 Dziadek 等[329]）

白色虚线为冰川位置和范围，地热热流值的最大值（红色）主要分布在思韦茨冰川下方。THW：思韦茨冰川；PIG：Pine Island 冰川；PG：Pope 冰川；EWM：埃尔斯沃思-惠特莫尔（Ellsworth-Whitmore）山脉。图例中地磁数据的稀疏为非数据库中的低精度地磁数据；MF7 为地磁数据库，该研究的地磁数据来源于 MF7 数据库

9. 科学家发现鄂霍次克海下地幔散射体的时空分布[330]

伊泽奈崎板块（Izanagi Plate）是一个古大洋板块，在中生代向西北运动，与欧亚板块和北美板块发生碰撞向下俯冲，于白垩纪完全消减于北美板块之下，其板块残余随俯冲带进入中-下地幔，可能形成地震反射散射体。中国科学院大学孙道远教授课题组收集千叶群岛俯冲带于 2000～2019 年发生的深源地震数据，经过阵列分析来定位该区域散射体的时空分布。结果显示，散射体集中在鄂霍次克海下方的中-下地幔，沿着东南倾斜带连续分布在深度 750～1650km 区间，其中，在深度 880km 处存在一个亚水平非均质结构。科学家对散射体的形成和分布提出两种解释，或是中生代洋内俯冲的伊泽奈崎板块残余（俯冲方向和太平洋板块相反），或是太平洋板块俯冲过渡带产生的小尺度非均质体（图 6.28）。该研究对探索西北太平洋的俯冲历史具有重要价值，发表在《地球和行星科学快报》。

10. 翁通爪哇海底高原下方地幔中存在古太平洋板块残骸[331,332]

翁通爪哇海底高原（Ontong Java Plateau）位于太平洋所罗门群岛以北，面积约 200 万 km²，厚度达 30km，大部分岩体是 1.2 亿年前由强烈的海底火山活动所形成。此高原的构造背景独特，表现为巨大的海底高原、火山链和俯冲带共存，由于区域地幔结构

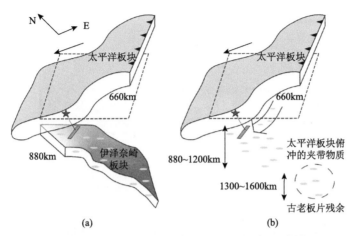

图 6.28 研究给出的两种解释示意图（Yuan 等[330]）

（a）散射体与大洋内的伊泽奈崎板块俯冲有关，并与目前的太平洋板块俯冲方向相反；（b）浅层散射体是太平洋板块下方或过渡带中的小尺度非均质体，深层可能是古太平洋板块残余

未知，这些构造之间的联系难以确认。2014～2017 年，日本海洋科技中心（JAMSTEC）、东京大学和神户大学合作，利用"未来"号和"白凤丸"号科考船在该海域布置了 23 台移动宽频海底地震仪，配合附近岛屿上的地震观测站，构建了翁通爪哇海底地球物理观测网络（OJP array）（图 6.29）。2021 年 5 月，东京大学科学家在《通讯：地球与环境》上发表文章，通过分析从地表到深度 300km 的 S 波速度结构，发现翁通爪哇海底高原中心下方的岩石圈-软流圈边界比周围海底下方深约 40km。11月，研究小组在《科学报告》上发表文章，科学家通过分析深度可达 700km 的 P 波速度结构，识别出深度 150km 的高速异常、深度 450km 的低速异常，以及深度 500～600km 的巨大高速异常。科学家认为深度 500～600km 的巨大高速异常为古太平洋板块在地幔中的残骸，是翁通爪哇海底高原、古太平洋板块和澳大利亚板块俯冲碰撞导致古太平洋板块前端破裂滞留的结果。此外，滞留的太平洋板块限制了下地幔羽流上涌，导致上地幔发生片状变形上涌，形成了翁通爪哇海底高原北部的卡罗琳火山链。

11. 科学家发现古洋陆转换带下的莫霍面碳化环境条件，可能也适用于现今莫霍面[333]

许多研究都已经发现，无论是在洋中脊还是洋陆转换带，地幔岩石在地幔出露过程中都会发生碳化作用，但碳化作用发生的水热环境（流体源、热背景）并未得到很好的约束。位于瑞士施库奥尔（Scuol）地区阿尔卑斯山推覆体中一段构造窗代表了古阿尔卑斯特提斯域的大陆边缘，出露的大陆地幔倾覆于中-下地壳，是一段保存完好的古洋陆转换带，其中地幔岩沿着滑脱面（从莫霍面延伸到海底的构造面）出露并发生碳化。法国科学家在此构造窗采集了方解石样品，进行了氧、碳稳定同位素及锶同位素分析，结果表明，碳化作用是在温度约为 175℃、由蛇纹石化释放的流体与海水混合条件下发生的，而且碳化作用发生之前，海水和大陆地壳之间已存在相互作用。该研究表明，在地幔出露之前的大陆破裂期间，沿莫霍面已经开始发生碳化作用，其发生的环境条件可能也适用于现今莫霍面研究。该研究发表于《地质》。

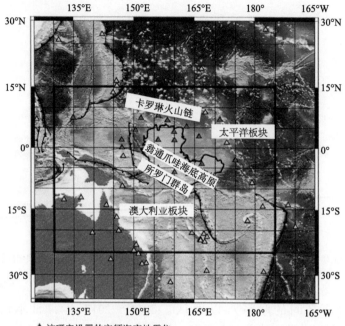

▲ 该研究设置的宽频海底地震仪
▲ 该研究设置在海岛上的宽频地震仪
△ 其他陆上已有的地震观测站

图 6.29　翁通爪哇海底高原地球物理观测网络（据 Obayashi 等[332]）

12. 海洋热液重晶石中锶同位素分析显示，37 亿年前已出现陆壳[334]

重晶石由海水中的硫酸盐与热液喷口中的钡混合而成，其内部海洋化学记录可用于重建古代环境。挪威卑尔根大学研究团队在 3 个不同克拉通采集了 6 种重晶石矿物，其年龄范围为 32 亿～35 亿年。他们计算了重晶石中锶同位素的比例，推断风化的大陆岩石进入海洋并融入重晶石时间始于约 37 亿年前，显示此时地球已出现陆壳，比原来估计的时间早 5 亿年。重建太古宙陆壳的出现和风化对我们了解地球早期海洋化学、生物圈演化和板块构造运动至关重要，这项研究在线发表于 2021 年欧洲地球物理学会年会（EGU）。

13. 格陵兰岛河流沉积物中的古老晶体显示，30 亿年前地壳开始加速增长[335]

澳大利亚科廷大学科学家通过研究格陵兰岛河流沉积物中侵蚀岩石保存的古老晶体，成功地验证了古代地壳的一部分是后世地壳生长的"种子"理论，揭示 30 亿年前地幔温度达到巅峰，地壳开始呈爆发式增长；地壳激增是全球普遍现象，地球早期就已形成地壳。该项成果发表于《自然·通讯》。

（六）火山作用

1. 大陆火山弧通过火山释放气体和硅酸盐岩风化，调节全球气候[336]

岩石通过风化作用被分解和溶解成固碳矿物并最终进入海洋，这一过程通过调节大气二氧化碳水平来稳定地球气候，但其中的潜在控制因素十分复杂。英国和加拿大科学家利用机器学习算法和全球板块重建模型，构建了一个"地球网络"来确定地球系统内各个因素的相互作用。科学家发现，大陆火山弧是过去四亿年来地球气候最重要的调节因素，一方面火山通过喷出气体增加大气二氧化碳水平，另一方面火山弧可形成海拔高、易风化的玄武岩山脉和大面积岩溶地貌，这意味着大范围的风化作用有助于去除大气中的碳。然而，目前人为因素排放的二氧化碳已经是火山排放量的150倍，科学家认为，自然风化作用已经不足以消除大气中过量的二氧化碳，人为干预是有必要的。该研究发表于《自然·地球科学》。

2. 西班牙拉帕尔马岛火山爆发，西班牙海洋研究所（IEO）迅速行动，开展调查和监测[337]

2021年9月19日以来，西班牙拉帕尔马岛火山持续喷发，熔岩流从火山口向海岸线推进，科学家表示熔岩流到达海洋时，可能会发生爆炸并释放有毒气体云，破坏海洋环境。因此，西班牙气象部门实时监测火山活动和熔岩流状态。IEO和西班牙地质矿产研究所（IGME）已联合行动，在拉帕尔马岛及周边区域开展火山学和海洋学研究。IEO派出Ramon Margalef号研究船采集海床、海水、径流和生物样本，以评估火山熔岩对海洋生态系统的影响。另外，研究船将通过回声测深仪绘制附近海域超高分辨率地形图，识别和表征与火山活动相关的结构，分析海底地貌形态的变化，关注熔岩气体排放情况和监测水下排放源。此前，IEO已持续多年对加那利群岛海域的海底火山活动进行监测，科学家希望借助此次拉帕尔马岛火山爆发获取更多数据，以改进火山预测和早期预警系统，最大限度地减小自然灾害对人类生活和公共基础设施的影响。

3. 德国科考船启航西西里岛，调查活火山向海滑动[338]

2021年2月，位于意大利西西里岛的埃特纳火山主火山口发生了爆裂式喷发，此后小火山口一直持续小型喷发，火山东南侧翼一直缓慢向海滑动。自2016年以来，科学家在火山东南离岸20km约1200m水深处和火山陆地部分都安装了传感器，以监测火山滑动。监测结果发现，东南侧翼水下滑动速度和陆上一致，为每年2～3cm。为了解火山喷发与滑动之间的关系和评估潜在灾害风险，11月21日，德国基尔大学、基尔亥姆霍茨海洋研究中心和意大利埃特纳火山天文台的16名科学家搭乘Meteor号科考船（图6.30）从德国启航，赴西西里岛调查火山的水下部分。科学家将测量海底地形和回收/安装传感器以评估滑动速度的变化，获取沉积物岩心以分析长周期火山地震变化信息，这也将加深科学家对火山附近大陆边缘塑造方式的理解。Meteor号科考船长97.5m，总吨位4280t，乘员63人（含30名科学家），主要在大西洋、东太平洋和西印度洋、地中海和波罗的海活动。

4. 火山学家发现火山喷发氧化镁临界值，可望用来预测火山爆发[340]

火山源熔体从深部岩浆房上升到地表的过程中，上升通道发生的物理化学过程尚未完全清晰。2011年大西洋加那利群岛海域的El Hierro火山喷发后，澳大利亚科学家比较了火山中富含晶体和不含晶体的熔岩，发现不含晶体的熔岩在数百万年的火山活动中化学成分非常相似，并且与世界各地的典型洋岛玄武岩也具有相似性，说明形成该熔

图 6.30　德国 Meteor 号科考船（据 Marum[339]）

岩的岩浆并非来自深部的原始岩浆，而是在浅部被过滤。科学家提出岩浆在上升过程中会析出晶体，导致其密度降低，气体含量增加，当岩浆中气体含量到达临界点时，压力增大到将岩浆快速推出地表，形成火山爆发。科学家计算 2011 年 El Hierro 火山喷发时岩浆中的 MgO 含量为 5%，认为如果能够利用该临界点值来监测岩浆变化，可能实现对火山喷发的预测。该研究发表于《地质》。

5. 科学家通过锆石年龄分析，预测下一次火山超级喷发在 60 万年后[341]

据估计，全球有 5～10 座火山能够产生超级喷发，会对全球气候造成灾难性影响，其中一座火山隐藏在印度尼西亚苏门答腊岛的多巴湖水面之下，在过去的一百万年中已发生过两次超级喷发。为了解多巴火山超级喷发的历史，我国北京大学和瑞士日内瓦大学领导的国际研究小组从多巴火山的不同时期喷发物中提取了大量锆石样品并做测年分析，其中最年轻的锆石提供了喷发时间信息，而较老的锆石则揭示了超级喷发前岩浆积累的历史。结果显示，多巴火山的第一次超级喷发发生在 84 万年前，积累了 140 万年的岩浆；第二次喷发发生在 7.5 万年前，仅积累了 60 万年的岩浆。科学家认为，两次同等规模喷发所需的岩浆积累时间减半是岩浆房所在的大陆地壳温度升高导致的。据此推测，多巴火山下一次超级喷发约在 60 万年以后。该研究中利用锆石年龄预测超级喷发的方法适用于所有火山，研究结果发表于《美国国家科学院院刊》。

6. 岩浆储存条件决定了火山喷发方式，结晶度和含水量是主要控制因素[342]

大多数火山都是爆发式喷发，不同的喷发方式会产生不同的影响，然而目前对火山喷发方式的预测仍缺乏足够研究。瑞士苏黎世联邦理工学院的科学家在《自然·地球科学》上发表了有关火山喷发方式的最新研究成果。科学家分析了全球 245 个火山喷发单位在喷发前岩浆的储存条件（图 6.31），发现岩浆的结晶度、含水量和火山腔室气体中外溶挥发物的存在对喷发方式起到了主要控制作用。岩浆含水量为 4%～5.5%（质量百分比）、结晶度为 0%～30%（体积百分比）时，火山为爆发式喷发；岩浆含水量低于 3.5%或高于 5.5%、结晶度高于 30%时，火山喷发存在一个不区分方式的过渡范围，主要控制因素为火山通道性质。科学家将进一步探索计算火山岩浆房中岩浆的结晶度和含水量的方法，以更好地预测火山的喷发方式。

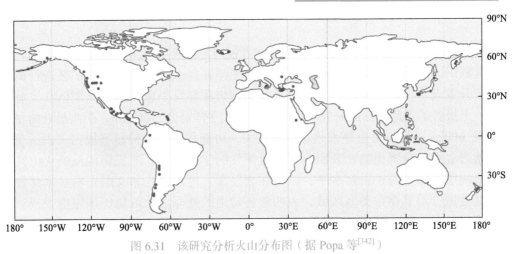

图 6.31 该研究分析火山分布图（据 Popa 等[342]）

分析了来自 75 座不同的火山，共计 245 次喷发，其中 133 次溢流式喷发和 112 次爆发式爆发

7. 深海火山爆发可以极高速率释放出强大的能量[343]

地球上绝大多数火山活动发生在洋中脊（MOR）和水深大于 500m 的海山。海底岩浆作用占全球火山热通量的 80% 以上，并通过海底热液活动促进了地壳与海洋之间的重要化学-物理相互作用。英国利兹大学分析了通过遥控无人潜水器（ROV）采集的东北太平洋火山爆发数据，发现在海底火山爆发过程中会产生巨型热水羽状流，水柱体积相当于四千万个标准游泳池。海底羽状流的作用方式与陆基火山形成的大气羽流相同，它们挟带火山灰首先向上，然后向外传播（图 6.32）。通过数学建模进一步发现，海底火山爆发可以释放出非常高的热能，相当于整个美国供电量的两倍。同时，深海火山活动形成的热液系统也可能为地球生命起源提供了合适的环境。这项研究成果发表于《自然·通讯》。

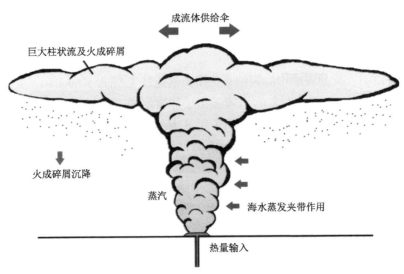

图 6.32 深海火山爆发形成的羽状流示意图（据 Pegler 和 Ferguson[343]）

8. 深海盆地内的年轻火山可能代表了一种新型板内火山活动[344]

大多数海底火山形成于构造板块边界或者板内地幔热点。2015 年，一个德国科学家团队利用遥控无人潜水器（ROV）对东太平洋秘鲁海盆的富钴结核矿区进行调查时，意外发现一座小型火山，表面覆盖枕状熔岩和异常黑色岩脉。该团队在《海洋地质》上报告了对此火山的研究。火山距离东太平洋海隆 1600km，距离最近的秘鲁俯冲带 600km，与板块边界或热点成因无关，可能代表了一种新型板内火山活动。火山熔岩表面缺少沉积物，表明这是新近爆发的年轻火山；地震影像反映火山区域下方地幔中熔体量高于正常水平，是潜在岩浆源。地质调查和文献资料显示秘鲁盆地的其他地方似乎存在类似区域，表明秘鲁盆地的地质活动可能比预想更强烈。科学家计划未来几年内利用 ROV 进行更多调查，以绘制详细的区域地质图并采集岩石样品进行分析。

9. 早白垩世火山喷发直接引发海洋酸化[345]

美国西北大学学者首次利用浮游微生物化石中的钙、锶同位素丰度研究早白垩世大洋缺氧事件（OAE 1a），结果证实，翁通爪哇大火成岩省事件将大量二氧化碳排入大气，从而使海洋形成窒息的温室环境，直接导致海水酸化，触发了此次大洋缺氧事件。学者通过对太平洋中部海山上的 ODP866A 钻孔岩心浅水碳酸盐岩样品锶同位素分析，印证了前人已提出的钙同位素负向偏移与 OAE 1a 期间海水化学性质有关的推论，确认大火成岩省爆发与海洋酸化有直接联系。该项成果发表于 *Geology*。

10. 太平洋海底发现新的玄武岩类型[346]

国际大洋发现计划（IODP）351/352 航次的研究成果发表于《自然·通讯》，国际科学家团队在太平洋海底发现一种新的玄武岩类型。此玄武岩来自太平洋活跃的火山和地震带海床以下约 1.5km 深处，在化学和矿物组成上都不同于已知的岩石，科学家将此差异比喻为"地球跟月球玄武岩的差异"。这一发现表明，海底火山喷发比之前所认为的规模更大，释放的能量也更高。

11. 清晰测量海底滑坡地貌，重现火山爆发过程[347]

2018 年 12 月，巽他海峡中的阿纳克·喀拉喀托岛（Anak Krakatau）火山爆发，火山西南侧翼坍塌滑入海底，引发的海啸袭击了印度尼西亚海岸，海浪高达 5m，造成 420 人死亡，约 40000 人流离失所。2019 年 8 月，英国国家海洋学中心（NOC）与英国地质调查局（BGS）合作领导一个国际团队，利用多波束测深和人工地震方法测量了海底滑坡的地貌形态及内部结构，分析滑坡的规模和破坏机理。结果显示，在此次事故中，一半的阿纳克·喀拉喀托岛滑入了海底。团队还研究了早前的卫星图像，发现在滑坡发生前的几个月中，阿纳克·喀拉喀托岛的西南翼已充满了熔岩和火山喷出物，地形也发生了变化，而后来正是西南翼崩塌滑入海底（图 6.33）。科研团队的这一项研究成果发表在《自然·通讯》。

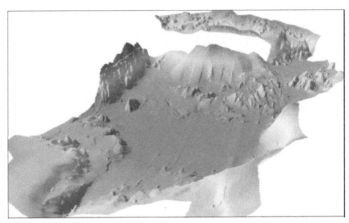

图 6.33 科学家使用多波束测深手段绘制印度尼西亚海底滑坡地形图（据 Hunt 等[347]）

三、古海洋与古气候

通过认识地质时期的海洋环境及演化是了解地球历史、预测地球未来变化的重要手段。海洋沉积物是地球历史的主要记录者，得益于钻探技术的不断发展和解析精度的不断提高，科学家对古生物大灭绝事件、古气候事件及地球古地理重建都有了新的认识。目前，虽然仍缺少统一认识，但一系列极端事件的相互作用是生物大灭绝的直接或间接原因，而这些极端事件又促成了海洋环境的进一步改变。在目前全球变暖的大趋势下，人类对地球的未来充满担忧，需要进一步加强古海洋与古气候研究，才能以古论今，窥探未来。

（一）生物灭绝事件

1. 中大西洋大火成岩省的岩浆-沉积物相互作用产生大量甲烷通量，导致生物大灭绝[348]

中大西洋大火成岩省（CAMP）是地史上最广泛的岩浆事件，它与三叠纪末大灭绝事件（ETE）同步，但二者之间的潜在关系仍不明确。一个国际科学家团队采集了巴西北部亚马孙河口区域内 CAMP 浅层玄武岩样品，分析了样品中微米级流体包裹体中甲烷的含量和性质，推断 CAMP 玄武岩浆快速侵入浅层沉积盆地并造成了大范围和长时间的加热，二者的相互作用可能释放了储存在沉积岩中的甲烷，且反应形成了新的甲烷。科学家估算，CAMP 中约 $1.0 \times 10^6 km^3$ 的岩浆和沉积物相互作用产生和释放了约 7.2 万亿 t 的甲烷，这可能导致三叠纪末全球升温 4℃，造成全球气候变化，引发生物大灭绝。该研究发表于《自然·通讯》。

2. 三叠纪末生物大灭绝之前，海洋生态系统已经受到碳循环扰动影响[349]

对生态环境变化的理解是研究地史上生物大灭绝事件的重要方面，以往有研究简单地认为三叠纪末大灭绝事件（ETE）是由中大西洋大火成岩省（CAMP）引发的，但对其生态环境变化的前奏知之甚少，尤其是当时的海洋环境。美国科学家研究了内华达州弗格森山地区海洋三叠纪—侏罗纪地质剖面，这是世界上保存完整的同期剖面之一。通过岩相学、古生物学、汞元素和碳同位素等方面分析，以实验结果构建了高分辨率古生态和古环境变化过程，识别出 ETE 前发生的碳同位素偏移现象、低汞浓度变化过程，发现含硫化物沉积物。这一系列异常揭示了在 ETE 之前，此区域浅海生态环境和生态系统已经受到破坏。科学家推测，CAMP 早期侵入阶段已经扰乱了全球碳循环，引起的间歇性缺氧事件破坏了浅海生态系统和生物多样性，而在 CAMP 高峰阶段，火山作用则彻底摧毁了全球生态系统，导致了大规模生物灭绝。该研究发表于《地球和行星科学快报》。

3. 42000 年前地球磁极翻转，引发全球环境变化和部分物种灭绝[350]

近期，发表在《科学》上的一篇论文显示，地球最近发生地磁偏转的时间为 42000～41000 年前。研究人员分析了新西兰一棵古树的放射性碳元素，并对全球古环境和气候进行建模，发现地球在发生磁极翻转期间，地球磁场强度降低到了当前水平的 6%，使整个地球暴露在太阳风及宇宙射线下，大气电离作用增强，平流层臭氧浓度降低。这一系列变化导致了极端气候的发生，并使部分物种灭绝（图 6.34）。

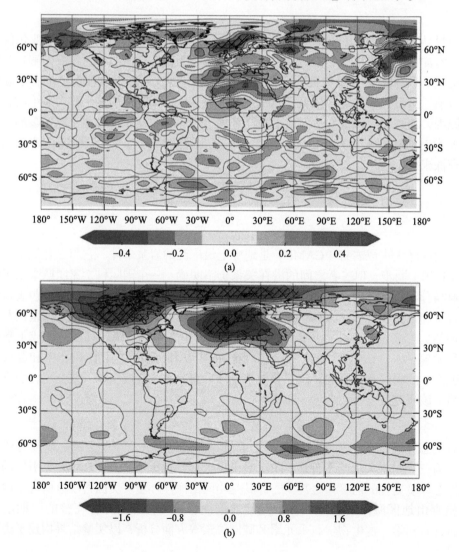

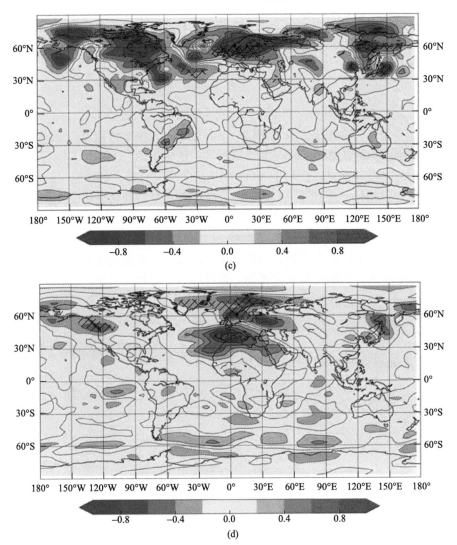

图 6.34 地磁场变弱和太阳活动极小期对全球气候的影响（据 Cooper 等[350]）

红色、蓝色越深表示影响越大。通过模拟得出显著性超过 10% 的异常点：（a）海平面 10m 处风速异常点（m/s）；
（b）海表温度异常点（K）；（c）海平面大气压异常点（hPa）；（d）海平面 10m 处纬向风异常点（m/s）

4. 火山喷发产生的磷造成海洋富营养化，导致全球变冷和生物大灭绝[351]

4.5 亿年前的晚奥陶世在北美与华南两片大陆分别发生了剧烈的火山活动，其后伴随着全球变冷和生物大灭绝事件。然而，一般的认识是火山喷发会释放大量二氧化碳，进而推动全球变暖，但这与晚奥陶世的情况不符。膨润土是火山灰分解后形成的一种黏土，记录了火山活动与当时气候之间的关系。英国科学家从北美和华南采集了数十个奥陶纪膨润土样品，通过测年证实两地的火山活动时间基本一致，峰值年龄分别为 453.5Ma 和 444Ma。科学家通过建立生物地球化学模型，估算了两地火山活动的产物与海水相互作用后所释放的磷量，提出假说：火山活动向海洋中输送了大量磷，进而可能促进了海洋富营养化，加快藻类等微小水生生物吸收二氧化碳的速度，最终可能抵消火山爆发所产生的温室气体，引起全球变冷。科学家认为，现今的人为海洋富营养化（如向海洋添加磷）或许可以缓解气候变暖，但也可能产生破坏性后果。该研究发表于《自然·地球科学》。

5. 气候变冷改变了海洋环流模式，导致晚奥陶世大灭绝事件的发生[352]

显生宙发生了五次生物大灭绝事件，分别为晚奥陶世大灭绝事件（LOME）、泥盆纪晚期大灭绝事件、二叠纪末大灭绝事件、三叠纪末大灭绝事件以及白垩纪末大灭绝事件，大灭绝的根本原因长期以来都是科学家的热门话题（图 6.35）。美国科学家在《自然·地球科学》上发表文章，探讨了 LOME 发生的环境背景。科学家以碘/钙元素含量比值作为氧化还原指标，重建了 LOME 前后海洋氧含量的变化，将变化数值与计算机地球系统数值模拟结合，发现 LOME 期间浅海并没有发生缺氧，但深海大面积缺氧。科学家进一步重建了晚奥陶世全球海洋环流，提出当时的全球气候变冷可能改变了海洋环流模式，阻止了上下层海水交换，也阻止了浅海富氧海水流向深海。此后随着深层海水缺氧范围不断扩大，影响全球生态系统，最终导致了生物大灭绝。

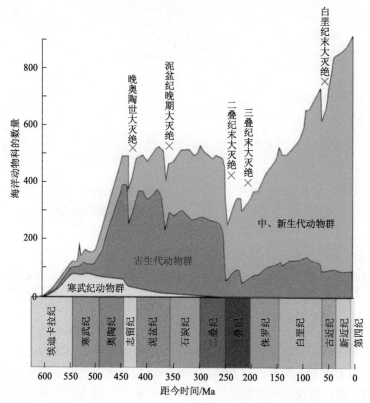

图 6.35　地史上五次生物大灭绝事件（据戎嘉余和黄冰[353]）

6. 二叠纪末生物大灭绝初期，海洋含氧量曾经飙升，之后再逐渐下降[354]

二叠纪末生物大灭绝是地球历史上最大的灭绝事件，超过 96% 的海洋生物和 70% 的陆生脊椎动物突然消失，海洋含氧量的缓慢下降被认为是海洋生命死亡的主要原因。然而，美国科学家的一项研究显示，当时海洋氧化还原环境变动可能比预想更复杂。研究团队利用铊同位素在海水中停留时间短、对环境变化响应迅速等特点，检验了三个海洋二叠系—三叠系界线剖面的铊同位素浓度变化（图 6.36）。结果表明，在海洋含氧量下降之前曾出现一个短暂的氧气爆发期，持续了数万年，与生物大灭绝的起始时间相吻合。研究人员认为产生氧气爆发期的确切原因尚不清楚，可能与短暂的地球冷却事件有关。二叠纪末的大规模火山活动产生了大量挥发物质，这些物质在大气中的高度波动是引起全球氧化还原环境复杂变化的潜在因素。该研究发表在《自然·地球科学》。

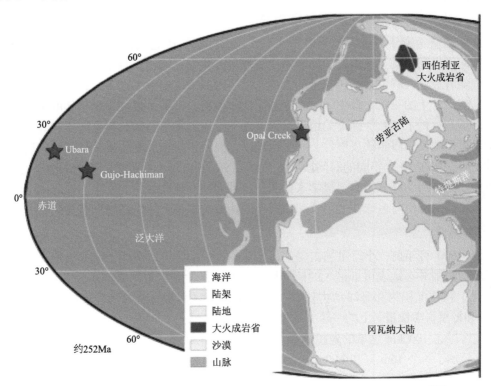

图 6.36 二叠纪末地理简图以及三个研究剖面（红星）位置（据 Newby 等[354]）

7. 达尔文生命起源理论得到支撑，生命也有可能起源于陆地[355]

达尔文理论中，构成最早生命形式的大分子可能是从陆地的某个"温暖小池塘"诞生的；而另一种主流理论认为地球早期是一片汪洋，而生命起源于深海热液喷口。美国耶鲁大学科学家为 40 亿～25 亿年前太古宙的海底地形建立了模型，发现当时地幔内部的热量超过了当今的水平，一些地球物理过程可能停止，火山岛和海底高原因为海平面下降而露出水面，有上亿年时间都是露出的，成为太古宙唯一稳定的陆地。这项研究为达尔文的生命起源理论提供了证据，证明生命也有可能起源于陆地，而不仅仅是海洋。

8. 氧气水平上升是地球生物灭绝率下降的主要原因[356]

地球出现复杂生命后，曾经历过五次大规模灭绝过程。海洋生物化石记录普遍显示，全球性生物灭绝过程在 5.41 亿年（显生宙）以后明显放缓，但其原因一直存在争议。美国斯坦福大学的研究人员借助气候变化计算机模型，模拟随着大气中氧气和二氧化碳含量变化，海水温度和海洋含氧量受影响而波动的过程，并将该波动同生物生理学-局部环境相互作用数学模型相匹配。结果显示，大气中氧气含量为现今的 40%是一个阈值，若低于 40%，适宜的海洋生物栖息地将减少，全球生物灭绝率急剧上升。科学家指出，大气含氧量和生物生理学因素是发生灭绝事件的直接原因，而地壳构造变动、海洋和大气之间的碳循环效率以及气候变化等也是生物灭绝的重要影响因素，当今的地球大气中氧气流失将会对一些敏感生物产生灾难性影响。该研究发表于《美国国家科学院院刊》。

9. 地球每 2750 万年就会发生一次灾难性地质事件[357]

许多地质学家认为重大地质事件在漫长的时间长河中是随机发生的，并无规律可循。然而，早期地质工作中，地质记录受到测年方法的影响，一直无法准确对地质事件定年。随着放射性同位素测年技术的改进，地质时间尺度发生了许多变化。发表在《地球科学前沿》上的一篇文章中，科学家利用测年数据，汇编了过去 2.6 亿年的主要地质事件，重新分析了 89 个确定的地质重大事件的性质和发生时间，包括海洋和陆地生物灭绝、火山喷发、海洋缺氧事件、海平面波动，以及板块构造变化或重组等，发现这些事件主要聚集在 10 个不同的时间段，大约以 2750 万年的间隔周期发生，最近的一组地质事件发生在约 700 万年前。科学家推测，这种周期性地质事件的发生与地球内部活动规律有关，可能也与地球在太阳系和银河系的轨道位置等天体物理周期有关。

10. 通过地震影像发现 6600 万年前陨石撞击产生海啸巨波纹[358]

约 6600 万年前，小行星撞击墨西哥希克苏鲁伯地区可能造成了恐龙灭绝，撞击引发了巨型海啸并在地表留下最大的撞击坑。此前，科学家在希克苏鲁地区以北 3000km 处发现了粗粒沉积物和海洋动物残骸，认为这是海啸席卷内陆的间接证据，而发表于《地球和行星科学快报》上的一篇文章展示了巨型海啸发生的直接证据。科学家在希克苏鲁伯地区以北 1000km 区域的地震影像中，发现地下 1500m 深处约 6600 万年前的海相岩石中，显示了一个 16m 高和 600m 长的巨型波纹，涟漪的方向和来自希克苏鲁伯地区撞击点的波浪方向一致（图 6.37）。科学家认为这个巨型涟漪是小行星撞击引发的海啸冲刷古老海岸的结果，因其形成于风暴潮沉积物底部并被古新世深水页岩掩埋而得以保存。

图 6.37　波纹表面局部透视图（据 Kinsland 等[358]）

11. 13000 年前北美大型动物灭绝与气温下降有关，而非人类捕猎[359]

第四纪晚期，北美许多大型哺乳动物（猛犸象、大地树懒）都发生了灭绝，大部分科学家都将这些动物的灭绝归因于早期人类过度捕猎和气候变化，或二者兼有。德国科学家建立大型动植物和人类放射性碳数据库，通过统计建模，分析了此时期气候变化和人口密度对北美大型动物的影响。结果表明，全球气温急剧下降是大型动物种群灭绝的主要因素（图 6.38），但尚无证据表明早期北美人类对大型动物数量有所影响。这项研究成果发表在《自然·通讯》。

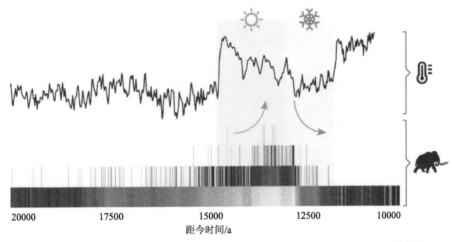

图 6.38　全球气温急剧下降是大型动物种群灭绝的主要因素（据 Stewart 等[359]）

（二）古气候事件

1. 科学家发现加勒比海遭遇距今 8200 年冷事件的证据，推测 8000 年前海平面跃升 2.6m[360]

距今 8200 年冷事件是全新世早期的一次全球性气候突变事件，全球多处海洋岩心、冰芯、大陆湖泊沉积物及石笋都记录了这次冷事件。科学界普遍认为此次事件的起因是当时北美哈得孙湾劳伦冰盖解体，由其形成的阿加西（Agassiz）和 Ojibway 堰塞湖突然泄洪，大量淡水流入北大西洋影响了环流热输送，最终这一事件的影响扩散到了全球，导致海平面突然上升。虽然已有科学家根据密西西比河三角洲及世界其他地方的地质记录推算过距今 8200 年冷事件中海平面跃升（SLR）幅度，但在理论上应受更大影响的加勒比海，却从未发现此次事件的相关记录，这令人困惑。发表于《地质》的一项研究中，美国科学家在危地马拉伊萨瓦尔湖（Izabal Lake）发现了加勒比海在距今 8200 年冷事件中的 SLR 证据。伊萨瓦尔湖通过杜尔塞河（Dulce River）和 El Golfete 湖与加勒比海连接（图 6.39），根据湖底沉积物岩心的地球化学数据，发现该湖在约 8370 年前（此区域冷事件的校准年）为咸水湖，在该时间后近 4000 年的时间里逐渐转为淡水。进一步研究发现，该湖曾经历过一系列扩张过程，并接纳了大量淡水。经推算，该地区在距今 8200 年冷事件前后的 SLR 约为 2.60±0.88m，此结果高于前人在世界其他地方研究推算的结果。科学家认为，先前研究都低估了阿加西和 Ojibway 堰塞湖的泄洪量，此外还有其他未被计入的融水源共同导致了此次冷事件。

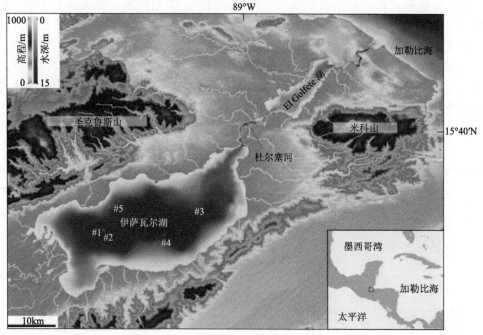

图 6.39　加勒比海距今 8200 年冷事件研究区域（据 Obrist-Farner 等[360]）

2. 铬同位素可以复原古海洋的氧化还原环境[361]

铬是一种重金属元素，其地质记录通常被用于追踪古代大气中的氧气水平。发表在《美国国家科学院院刊》的一篇文章中，美国麻省理工学院和伍兹霍尔海洋研究所的合作研究小组通过分析北太平洋东部缺氧区（ODZ）海水样本中三价铬和六价铬之间的迁移转化，探讨了海洋铬循环过程，发现在含氧度高的表层海水中，六价铬可能被微生物消耗并输送到更深的 ODZ 中，铬因此积累在 200m 深的海水中，且较轻的三价铬同位素会被优先还原。这个发现使科学家可以利用铬作为不同氧化还原环境的指示剂，更好地了解海洋的氧动力学。

3. 火山作用触发海洋脱氧事件[362]

在早白垩世大洋缺氧事件（OAE 1a，约 120Ma）中，海洋缺氧、生物危机和火山活动共同发生，但此前科学家未能很好地约束三者的关联。一个国际科学家团队精细描述了 OAE 1a 发生过程，他们选取了代表古特提斯洋（浅海）和古太平洋（深海）的两段包含 OAE 1a 的岩心（南阿尔卑斯 Cismon 岩心和 DSDP 463 站位岩心），测量分析其中稀土元素和铬同位素的变化。结果显示，OAE 1a 发生前的沉积记录反映了多阶段海底火山活动，海洋于火山活动初始阶段迅速脱氧，影响范围在 3 万年内从浅海扩散到深海。缺氧事件可能通过大陆和海底风化作用得到加剧，并持续了近一百万年。该研究证实大规模火山作用触发和加速了海洋缺氧事件，发表于《地质》。

4. 科学家发现全球变暖的增强效应[363]

深海有孔虫记录了地球气候和碳循环的历史，美国科学家通过分析深海有孔虫的碳氧同位素变化曲线，提出了新生代以来全球极端气候事件的新观点。科学家发现，在过去 6600 万年，地球气候波动经历的变暖事件远多于降温事件，且变暖事件的温度变化幅度更大。但在 500 万年前，这种变暖增强事件突然消失了，但原因尚不清楚。科学家认为，地球适度的变暖加速了某些生物过程和化学过程，而这些过程会反过来促进气候变暖，气候变暖增强又有利于极端气候事件的发生。科学家也指出，地史上这种变暖事件的增强效应，仍可能会出现在现今的全球气候变化中。随着人类活动继续影响地球，极端气候事件可能更频繁发生。该研究发表于《科学·进展》。

5. 海冰覆盖是末次冰期海洋低氧的重要原因[364]

海洋低氧现象通常是指海水中的溶解氧被消耗并降低至 2mg/L 以下的现象。此前有研究认为，末次冰期的海洋低氧现象是碳循环过程中生物泵消耗溶解氧的结果。英国牛津大学科学家最新在《自然·地球科学》上发表一项研究成果对此观点提出了质疑，根据他们建立的地球系统模型，末次冰期海面大量的冰盖阻止了大气中的氧进入海水，导致海洋表层含氧量与大气中的氧气浓度不平衡，而这种不平衡在碳循环中起着重要作用。研究人员认为，海冰覆盖是末次冰期海洋低氧的最大因素。

6. 通过有孔虫化石分析，还原地球极热事件过程[365]

56Ma 前的古新世—始新世极热事件（PETM）是一段地球突然变暖、海洋大规模酸化的时期，以有孔虫为主的碳酸钙初级生产力可能对这一极端事件作出反应。为了验证其中的联系，美国科学家选取了 ODP 1209 站位（太平洋沙茨基海隆）和 1263 站位（大西洋沃尔维斯海脊）的岩心样品，提取出其中有孔虫化石，首次重建了 PETM 前后时期的高分辨率、高精度浮游有孔虫钙同位素曲线。两个站位的曲线显示出相似性，钙同位素的比值峰值均出现在 PETM 发生之前，并于 PETM 发生过程中持续降低，在PETM 结束后恢复常值。结合当时北大西洋大火成岩省剧烈活动的背景，研究人员认为，钙同位素曲线变化反映了大规模的火山活动将大量二氧化碳注入大气和海洋，导致全球变暖和海洋酸化，有孔虫通过降低钙化率来应对海洋酸化。该研究提供了对地史上全球变暖事件的全新见解，发表于《地质》。

7. 过去 120 万年以来，北太平洋缺氧事件反复发生[366]

已有关于末次冰期北太平洋的研究表明，当时整个北太平洋边缘都存在缺氧现象，科学家将其归因于气候变暖和冰盖融化后产生的淡水输入。加利福尼亚大学圣克鲁兹分校的研究人员对白令海沉积物的岩心进行了分析，发现在温暖的间冰期由于海平面上升，改变了海洋环流与营养物质循环模式，被淹没大陆架中溶解的铁离子在海水中促进了浮游植物的生长，而浮游植物死亡后沉入海洋深处并分解，将海水中的溶解氧耗尽，最终形成了海水低氧区（图 6.40）。在整个更新世中，这种现象在北太平洋多次发生，低氧区反复形成，但科学家对低氧区的范围还不清楚。

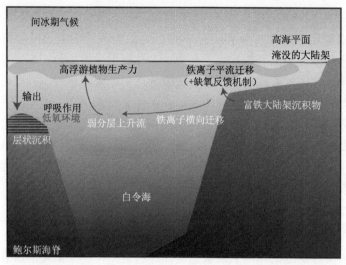

图 6.40　高初级生产力导致海水缺氧的过程示意图（据 Knudson 等[366]）

8. 全球气候重建模型表明，近 150 年来升温加速，目前是 24000 年以来最高气温[367]

末次冰期（24000 年）以来的气候变化情况为科学家研究地球系统对外部因素的反应提供了关键认识和理解。过去的气候重建基于"计算机模拟气候模型"或"气候指示代理模型"（利用海洋沉积物化学数据反推古温度信息），但这两个数学模型有时会得出截然不同的结论，令人困惑。由美国亚利桑那大学领导的一个研究项目利用古气候数据同化来综合上述两个模型的信息，以 200 年为分辨率间隔对末次冰期以来的气候变化进行再分析。分析重建结果表明，末次冰期以来气候变化的主要驱动因素是温室气体浓度上升和冰盖退缩，过去 10000 年以来的气温呈普遍变暖趋势，尤其是过去 150 年以来的变暖幅度和速度远远超过 24000 年以来的平均值（图 6.41）。此重建地球气候的研究突出了气候变化的主驱因素及人类活动对推动气候系统变化的影响程度，发表于《自然》。

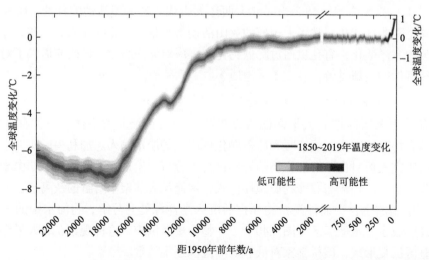

图 6.41　自 24000 年前末次冰期以来的全球平均地表温度变化（据 Osman 等[367]）

最近 1000 年的时间轴被拉长，以显示近年的变化情况

9. 地质学家厘定 650 万年来关键转换期的海平面位置[368]

美国科学家利用地中海马洛卡岛洞穴中沉积物垂向厚度与地下水位波动的对应关系获取区域海平面估值，经校正后转换为全球平均海平面高度，重建了过去 650 万年来关键地质转换期全球平均海平面位置。结果表明，上新世—更新世转换期（2.63 ± 0.11Ma），全球平均海平面位置比现在高 6.4m；中更新世开始和结束的转换期，海平面与现今相比的变化分别为 – 1.1m 和 5m。这项研究成果发表于《科学报告》，有助于科学家了解过去海平面上升的幅度和频率，预测未来气候变化趋势。

10. 末次冰期，欧亚和北美冰盖融化导致海平面快速上升[369]

大约在 14650 年前的末次冰期结束时，由于 1A 融水脉冲事件（MWP-1A）的影响，海平面上升速度增加了 10 倍，500 年内海平面上升了 18m。以往研究未能确定熔体水来源，限制了人们对 MWP-1A 事件与同时发生的快速变化气候之间关系的理解。2021 年 4 月发表在《自然·通讯》的一项研究使用海平面指纹图谱分析和数据驱动反演方法，证实大部分融水来源于前北美和欧亚冰盖，而南极洲的贡献很小。目前格陵兰冰盖迅速融化，导致海平面上升和全球海洋环流变化，这一发现对于我们了解冰-海-气候相互作用、预测气候变化趋势具有重要意义。

11. 31000 年前，北大西洋有大量冰山漂移到了亚热带[370]

几年前，美国伍兹霍尔海洋研究所和美国地质调查局（USGS）的科学家从美国东部海底测深地形图中发现了 700 多条冰山移动产生的凹槽痕迹。此后，科学家采集了几个凹槽中的海底沉积物，经过测年发现这些凹槽大约在 31000 年前的海因里希事件 3（Heinrich Event 3）时期形成。为研究冰山漂移路线，研究人员还开发了一个数值模型，模拟冰山在海洋中移动和融化过程，发现冰山大致在北大西洋深水区形成，在融水期沿着美国东海岸近岸一路被快速冲到了佛罗里达州南部，行程长达 5000km，甚至更远。科学家推测，这种冰山一边漂移一边融化，在海洋中释放大量冰冷的淡水，与气候变化之间存在复杂的关系。这项研究发表于《自然·通讯》。

12. 科学家解决了全新世气候变化之谜，证实工业革命加速全球气温上升[371]

"全新世温度变化之谜"（Holocene temperature conundrum）是历史气候研究中长期存在的谜团。美国科学家利用西太平洋国际大洋发现计划（IODP）363 航次沉积物样品中有孔虫钙质化石，重建了末次冰期和全新世的气候模型，结果与先前的全球气候模型相反，表明气温在约 6000 年前并不存在一个暖峰。全新世早期由于受末次冰期剩余冰盖的影响，气温要比工业时代低。过去一万年间全球平均气温持续稳定上升，工业革命后，因温室气体排放明显加速了这一升温趋势。该项研究成果发表于《自然》。

13. 北太平洋沉积物样品揭示，西风带随全球变暖而不断向两极迁移[372]

过去几十年中，地球中纬度西风带不断向南北两极移动，科学家认为这归因于气候变化。为了证明这项理论，预测未来西风带的变化，科学家通过分析 ODP 1208 站位的沉积物样本，建立了上新世温暖期—前工业化时期的年平均纬向风速异常模型（图 6.42），发现上新世全球气温比现在高 2～4℃，而当时西风带位置比之后较冷的时期更加靠近两极。科学家推断，如果现在的气候持续变暖，西风带将继续向极地运动，全球风暴系统和降水模式也会随之改变。

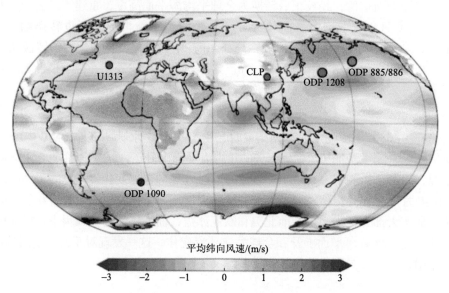

图 6.42 850hPa 的气压下上新世温暖期—前工业化时期的年平均纬向风速异常模型（据 Abell 等[372]）

14. 科学家建立颗石藻生物识别数据库，认识到地球轨道变化推动气候周期波动，且影响颗石藻进化[373]

颗石藻是一种钙质浮游植物，由于其分布广泛、类型丰富以及对环境变化表现出形态适应性，因此研究保存在海洋沉积物中的颗石藻化石遗骸能够详细评估轨道尺度气候变化。法国国家科学研究中心的科学家选取国际大洋发现计划（IODP）多个航次的九段沉积物岩心，从中提取了 8000 多个样本，建立了包含超过 700 万个颗石藻的生物识别数据库，高分辨率地量化了颗石藻在更新世的物种进化史。颗石藻进化史表明，在过去 280 万年中，受到地球轨道偏心率变化的影响，其形态经历了较高和较低的多样性变化周期，其周期节律大约为 10 万年和 40.5 万年，与全球气候变化周期基本同步。这种周期性的演化可能通过颗石藻碳酸盐的生产和埋藏在沉积物中影响着海洋碳循环。该研究突出了地球轨道变动在推动气候周期变化的作用，发表于《自然》。

（三）古地理重建

1. 科学家绘制全球近海海底淡水资源分布图[374]

2021 年 1 月，德国基尔亥姆霍兹海洋研究中心（GEOMAR）科学家通过收集、分析和整合全球 300 个资料翔实的海底淡水资源保护区信息，绘制全球近海海底淡水资源分布图。结果显示，近海海底淡水资源储量丰富，达 100 万 km³，相当于现今黑海水量的两倍（图 6.43）。最重要的储水区位于离岸 55km 以内的海平面以下 100m 水深处，形成于 250 万年前，当时海平面低于今天。该项成果发表于《地球物理学》（*Reviews of Geophysics*）。

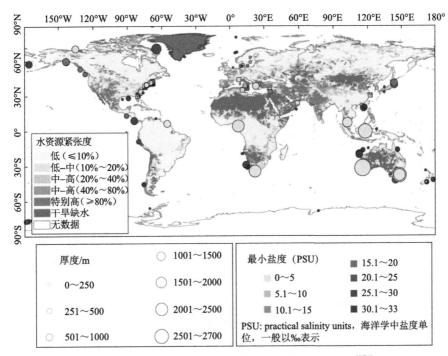

图 6.43　全球近海海底淡水资源分布图（据 Micallef 等[374]）

2. 科学家发现早-中古生代海洋氧化还原变化的连续地层记录[375]

长期、连续的地层记录是科学家了解地球生物-环境变迁的重要窗口。然而，大多数岩层受到构造运动破坏或随时间推移被侵蚀。一个国际科学家团队在《科学·进展》中报道了在加拿大育空地区（Yukon Territory）发现一段从下寒武统到中泥盆统的近连续记录，反映了该阶段跨度 1.2 亿年的深海海底氧化还原环境变化。记录显示，在大约 5.41 亿年前的早古生代，该地区的大洋深水为缺氧环境并一直持续到 4.05 亿年前的早泥盆世。此后的短短几百万年内，海水中含氧量可能飙升到现代海洋的水平。与此同时，地球上生命多样性开始爆发，出现了昆虫和大型掠食性鱼类，原始蕨类植物和针叶林取代了细菌和藻类成为大陆统治者。这个连续地层可能是迄今发现最长的古生代连续地层记录。

3. 科学家整合英国过去 200 年的海平面记录[376]

英国海平面纪录最早可追溯到 19 世纪初期，然而过去的潮汐记录都是纸质的，且时间上也不连贯。英国国家海洋学中心和利物浦大学的科学家收集了 1820 年以来英国各地不同时间不同地点的大量资料，包括旧手稿、地图、造船厂数据和潮汐记录表等，将这些信息数字化后与现有的电子数据进行整理和集成。根据近 200 年的海平面变化曲线，科学家发现 19 世纪到 20 世纪之间英国海平面的上升速度持续增加。为了让公众和政府更好地认识海平面变化情况，科学家还建立了英国潮汐和海平面变化数据库，目前正在持续更新中。这项研究发表于《海洋学进展》（*Progress in Oceanography*）。

4. 大西洋经向翻转环流为一千年来最弱，全球气候系统濒临崩溃[377]

大西洋经向翻转环流（AMOC）是地球主要海洋环流系统之一，是地球上热量重新分配的主要机制，使北欧保持温暖的气候。发表于《自然·地球科学》上的一篇文章显示，过去十几年中 AMOC 处于一千年来最弱的状态。根据海洋沉积物和冰芯等地质档案，科学家重建了 AMOC 的流动历史，结合对大西洋温度模式、地下水团性质和深海沉积物粒度的研究，发现 AMOC 减弱的原因为全球变暖。全球变暖导致格陵兰冰原融化，海洋表层因为注入大量淡水而降低了盐度和密度，抑制了表层海水下沉，从而削弱了 AMOC。自 1950 年至今，AMOC 已减弱了 15%，如果持续减少 35%～45%，则会达到全球气候系统崩溃的"临界点"，引发极端气候。

5. 基岩隆升速率和海平面变化共同影响海岸阶地的形成和消失[378]

海岸阶地是一种阶梯状的海成地貌，主要由相对海平面升降（海平面与陆地某一基准点的相对变化）引起的侵蚀或沉积作用造成，是研究古海平面和地壳变形的关键地貌。科学家普遍认为，在不同海平面稳定期（如间冰期）里，海浪长期侵蚀会使海岸形成一层层"台阶"，将海平面稳定期与海岸阶地——对应后，可根据阶地宽度推测对应的海平面稳定期长度。然而，德国科学家发表在《地质》的一篇论文中，认为同一层海岸阶地会受到多个海平面稳定期反复侵蚀和基岩隆升速率的共同影响，海浪侵蚀并非唯一的影响因素。科学家比较了全球六个汇聚板块边缘的海岸阶地宽度、形成时间和隆升速率，结合不同海洋同位素阶段（MIS）建立了综合模型，发现同一时期海岸侵蚀的时间长度主要取决于基岩隆升速率，在给定隆升速率的条件下，阶地宽度与海平面稳定期的时间没有线性关系（图 6.44）。这项研究表明，全球现有海岸阶地记录的地质时间可能与实际有所偏差，考虑基岩隆起速率的影响可以提高海岸阶地地貌形态学的分析质量和可靠性。

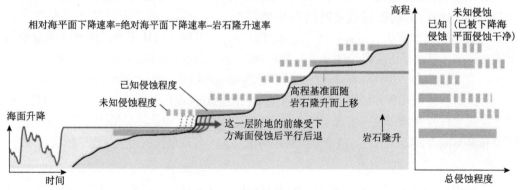

图 6.44　不同高度海平面下海浪对已形成阶地的侵蚀宽度（据 Malatesta[378]）

海岸阶地（左）记录了不同高度海平面下海浪对已形成阶地（黄条）的侵蚀宽度。在不连续的多时期反复侵蚀后，上层阶地的前缘会被风化磨损掉而变得不可测量

6. 南非陆上发现 34.2 亿年前海底热液环境下保存的微生物化石[379]

早在 36 亿～32 亿年前，地球可能已成为一颗宜居星球，然而早期生命的栖息环境一直存疑。一个国际研究团队于《科学·进展》上报道了在南非巴伯顿绿岩带中发现的 34.2 亿年前的微化石记录。该微化石呈细丝状，附着在古代海底热液烟囱的内壁上。结合不同尺度下微生物形态学和化学研究，科学家认为这是在铁镁质火山基质中生活的最古老微生物，它们生活在无氧环境中，利用甲烷进行代谢活动。该发现第一次将

太古代微生物栖息地记录扩展到海底热液系统。

7. 大西洋墨西哥暖流和西太平洋黑潮通过大气环流互相影响，在十年时间尺度上同步[380,381]

墨西哥暖流（又称湾流）和太平洋黑潮分别是北半球两支强大的西边界流（WBC），其中墨西哥暖流从墨西哥湾始沿北美东海岸向北汇入北大西洋，黑潮起源于菲律宾群岛东部，流经我国台湾最后到达日本以东和北太平洋暖流相接。它们将热量从热带输送到温带地区，并影响整个北半球的海面温度和气候，日本科学家推测这两支WBC之间可能存在一定联系。为验证这一假设，科学家收集了近40年的气候数据，发现两个洋流区域的平均海面温度年际变化（每年之间的比较）和年代际变化（每十年之间的比较）都是同步的，就将此现象称为边界流同步（BCS）。通过建模分析发现，西风急流（对流层上层或平流层西风带中强而窄的气流）是BCS形成的重要因素，大型BCS事件与中纬度极端气候重合，由此推测西风急流会将这两支WBC的热量带入大气层，通过大气环流相互影响。由于距离较远，这种影响可能要很长时间才会发生，但最终会使这两支WBC形成某种程度上的同步（图6.45）。这项研究发表于《科学》，有助于科学家改善全球未来气候预测模型。

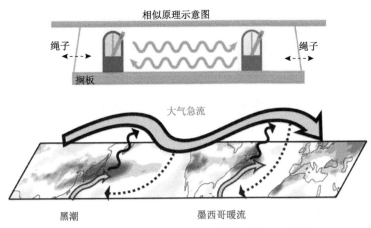

图 6.45 墨西哥暖流和黑潮互相影响（据 Cessi[381]）

黑潮和墨西哥暖流的同步与大气急流的南北运动有关，大气急流导致近地表温度波动，地图上的红色和蓝色阴影显示了近地表温度分布。西边界流同步的原理与摆钟同步现象类似：节拍器放置于悬挂在绳子上的搁板上，通过搁板将力的方向和大小信息传递给彼此，节拍器的摆杆幅度最终趋于同步

8. 科学家分析卫星磁测数据，发现南极与冈瓦纳古陆联系的证据[382]

冈瓦纳古陆是地质构造学家推测于数亿年前位于南半球的超级大陆，包括今南美洲、非洲、大洋洲、南极洲，以及印度半岛、阿拉伯半岛等，这些大陆被认为在数亿年前曾连接在一起。一个国际科学家团队首次使用了欧洲航天局（ESA）Swarm卫星的磁测数据和过去50年中收集的航空磁测数据，通过数据比对，发现澳大利亚、南非和印度大陆的地质构造与南极大陆有所关联，通过分析这些板块的构造特征可以推测南极冰盖覆盖之下的板块地质情况（图6.46）。这项研究发表于《科学报告》。

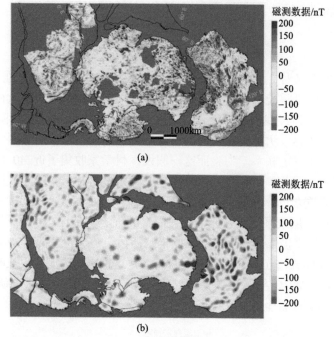

图 6.46　南极大陆和周边大陆地质关联图（据 Ebbing 等[382]）

航空磁测数据（a）和卫星磁测数据（b）显示南极大陆和澳大利亚、南非、印度大陆的地质构造有所关联

9. 科学家揭示大西洋北海深处被埋藏的冰河时代地貌景观，清晰展示形态特征[383]

北海海底数百米厚沉积物之下，埋藏着数百万至数千年前冰河时代遗留下来的海底峡谷，这是古代冰盖融化流动所形成的。尽管这些海谷形态巨大且数量众多，但一直难以获得其清晰地貌图像。近期，英国南极调查局（BAS）领导的一项研究采用新型高分辨率 3D 地震技术，获得了高精度海底以下古地貌影像（图 6.47），在 300m 厚沉积物

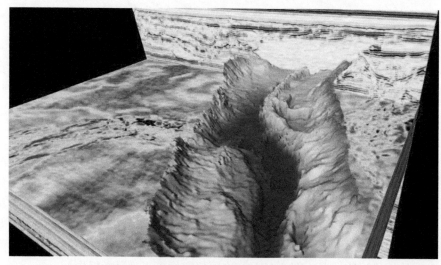

图 6.47　新型高分辨率 3D 地震技术所获得的海谷图像（据 Kirkham 等[383]）

之下也能识别 4m 分辨率的地貌特征。影像显示了 19 条 300～3000m 宽度的古海谷，其内部结构非常复杂。研究人员计划未来在更大范围采集地震数据，并实施浅层钻探以获得海谷的年龄数据。这项新技术有助于我们通过研究古代冰盖运动轨迹来了解今天巨大冰盖下发生的流动方式，为研究冰盖变化与全球气候变暖之间的关系提供线索。这项研究近期发表于《地质》。

10. 扩展考古文物可测古地磁范围，发现新石器时代地球磁场曾短期变弱[384]

地球磁场强度的长期变化是地球动力过程的重要反映，然而地质标本的磁场信息通常只能达到数千年的分辨率，考古标本虽可提供数百甚至几十年的精度，但文物本身年龄太小，只能从陶器发明以来的新石器时代（公元前 8500 年左右）文物中获取信息。一个国际考古团队与斯克里普斯海洋研究所古地磁实验室合作，对约旦考古遗迹中发现的陶瓷和烧过的燧石进行古地磁研究。与以往不同的是，该研究首次从烧过的燧石中获取到地磁信息，将文物地磁测量从新石器时代扩展到了更早的前陶器时代。研究结果表明，在公元前 10000～8000 年的新石器时代某个阶段，地球磁场变得很弱，是近10000 年有记录以来的弱值之一，但在短时间内就恢复正常。研究人员认为，目前正在发生的 200 年以来地球磁场下降事件在人类世也曾经发生，我们无须杞人忧天，过分担心地球磁场降低可能对生命造成的巨大威胁。该研究发表于《美国国家科学院院刊》。

11. 定向岩心古地磁测量揭示菲律宾海板块在中-晚渐新世的旋转过程[385]

重建菲律宾海板块运动历史对于更好地了解西太平洋板块的构造演化十分重要。一般认为菲律宾海板块自始新世以来一直向北漂移，但漂移过程中的自转行为一直未能被很好地解释，主要因为难以采集定向岩石样品，无法建立明确的漂移路径。日本科学家于 2019 年搭乘"新青丸"号科考船，利用遥控无人潜水器（ROV）在九州-帕劳海岭北部日向海山（菲律宾海板块稳定内部的残余弧）获取了两段长约 30cm、年代为中-晚渐新世的石灰岩定向岩心。科学家在《地球，行星和空间》（*Earth, Planets and Space*）上发表了对定向岩心的古地磁研究结果，显示两段岩心的磁偏角和磁倾角平均值分别为 51.5° 和 39.8°，这意味着从中-晚渐新世开始，菲律宾海板块顺时针旋转了约50°，表明该时期九州-帕劳海岭位于现在位置的西南方，菲律宾海板块的旋转以及帕里西维拉-四国海盆的扩张可能促成了伊豆-小笠原岛弧东移到现今位置。

12. 锆石的测年和化学分析显示，36 亿年前地球已出现板块构造[386]

现代的锆石测试显示，铝元素极难进入锆石中，只能以有限的方式生产高铝锆石。美国史密森尼国家自然历史博物馆（Smithsonian Natural History Museum）科学家领导的一个团队，分析了来自西澳大利亚的 3500 个锆石样品，通过铀同位素方法测试年龄、质谱仪测量化学成分。他们发现大约 36 亿年前锆石中铝元素的含量显著增加，推测此时期岩石在深部高温高压条件下融化，铝元素在此极端的地质环境中进入锆石。这也表明地壳变得越来越厚并开始冷却，正在向现代板块构造过渡，而板块形成是地球出现生命的先决条件。这项研究发表在《地球化学观点快报》（*Geochemical Perspectives Letters*）。

第七章

海洋装备和技术

　　海洋科考装备是海洋进入和海洋探测相关的平台，主要类型为海洋调查船、载人潜水器、无人潜水器、深海空间站等载体，以及载体上配备的各类测量和感知仪器。近年来，海底观察网、无人飞机、水面无人艇、卫星等作为新型的科考装备也广泛应用于海洋勘查与研究。而新一轮科技革命发展，推动互联网、大数据、人工智能、移动通信等新兴技术与海洋调查装备深度融合，催生了大量新技术，海洋调查向精细化、智能化、无人化方向快速发展。

一、海洋调查船建设

　　海洋调查船是海洋勘查最重要的载体，目前全球各类调查船约 1200 艘，主要集中于 40 多个国家，其中美国占了约三分之一。美国、英国、俄罗斯等海洋强国加强统筹规划，通过改装旧船和建造新船，成体系发展海洋调查船。新型调查船做了整体优化设计，突出环保理念，趋向使用绿色能源，集成碳捕集技术，以及高度模块化和信息化。

（一）新船建造

1. 韩国新深海资源调查船 Tamhae 3 号开工建造[387]

　　2021 年 1 月，韩国启动了深海资源调查船建造项目，投资约 1.72 亿美元，由韩进重工集团和韩国地球科学与矿产资源研究所合作共建。新船排水量为 6000t，将配备最先进的深水油气勘探装备，预计 2024 年入列，以取代现有排水量 2084t 的 Tamhae 2 号调查船。

2. 加拿大建造新型海洋科考船[388]、

　　2021 年 2 月，加拿大政府宣布与 Seaspan 造船厂签订 4.538 亿加元（约合 3.56 亿美元）的造船合同，建造海岸警卫队的海洋科考船 OOSV 号。OOSV 号预计 2024 年交付，将执行海洋地质调查和水文测量任务。科考船总长为 87.9m，宽 17.6m，最大航速 13.4 节，排水量 5058t，载员 60 人。

　　OOSV 号将取代加拿大第一艘科考船 CCGS Hudson 号，这是加拿大海岸警卫队服役时间最长的船舶，在 1964 年投入运营，到 2024 年退役时船龄将达到 60 年。CCGS Hudson 号曾创下航行北极以及第一艘环航南北美洲科考船等多项历史性纪录。

3. 加拿大与澳大利亚合作开发压缩氢气船[389]

2021 年 2 月，加拿大巴拉德（Ballard）动力系统有限公司与澳大利亚能源公司（Global Energy Ventures，GEV）签署合作协议，共同开发一艘具有 2000t 储氢能力的大型氢气运输船。该船的电池系统将从船上储存的压缩氢气中获取氢燃料，可达到 26MW 的推进功率。这种新型动力船舶为全球天然气和氢气的储运提供绿色解决方案。

4. 挪威和瑞典航运公司将联合建造世界第一艘全尺寸风力滚装船[390]

2021 年 2 月，挪威和瑞典合资建立的瓦伦纽斯·威廉森（Wallenius Wilhelmsen）公司宣布，将建造世界上第一艘全尺寸的风力滚装船——Orcelle Wind（图 7.1）。该船设计长约 220m，宽约 40m，航速高达 12 节，预计能容纳 7000 辆汽车，相比于燃油的货轮，Orcelle Wind 预计将减少 90%的碳排放，是航运业实现零碳排放的重要一步。

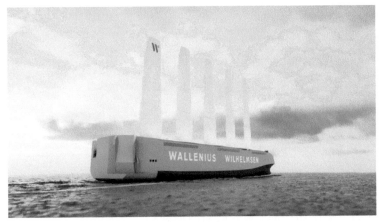

图 7.1　风力滚装船——Orcelle Wind 概念图（据 Marinelink[390]）

5. 瓦锡兰集团研究船舶碳捕集与封存技术[391]

2021 年 3 月，瓦锡兰（Wärtsilä）集团表示，船舶碳捕集与封存（CCS）技术发展潜力巨大，可减少航行中二氧化碳排放量，在脱碳方面发挥关键作用，对减少现有船舶碳排放尤其重要。目前该公司已经开展研发工作，探索如何在海事活动中开发和推行 CCS，现正在挪威莫斯建设试验工厂，用来测试 CCS 技术。该公司的初步研究表明，船舶 CCS 在技术上是可行的。

6. 印度启动载人深潜器建设，计划自主新建科考船，加强深海资源勘探[392]

2021 年 6 月，印度内阁批准由该国地球科学部（MOES）执行深海探测任务的计划，总预算为 6000 亿卢比（约合人民币 516 亿元），为期 5 年，其中包括开发 6000m 水深的载人深潜器、购置海洋勘探研究船、发展深海采矿技术、进行深海矿物资源勘探、加强深海观测能力、提高海洋生物学研究能力等。11 月，MOES 下属国家海洋技术研究所宣布正式启动载人深潜任务（Samudrayan Mission），建造的深潜器命名为 Matsya 6000，乘员 3 人，计划于 2024 年底进行验收试验。同时，MOES 透露印度计划建造该国第一艘自主设计的科考船，将配备较强的地震勘探设备，主要用于深海资源调查和勘探、海洋学研究，建造项目计划投入 120 亿卢比（约合人民币 10 亿元），在开工后三年内完成。目前，MOES 拥有六艘科考船，分别为 Sagar Nidhi 号（图 7.2），Sagar Manjusha 号，Sagar Kanya 号，Sagar Sampada 号，Sagar Tara 号和 Sagar Anveshika 号。其中，Sagar Nidhi 号科考船是 MOES 的旗舰科考船，由印度国家海洋技术研究所运营，于 2008 年在意大利建造，长 104m，续航 45 天，是第一艘到达南极水域的印度科考船。

图 7.2 印度 Sagar Nidhi 号科考船（据 Science&Tech[393]）

7. 斯克里普斯海洋研究所获资助，将建造氢与柴油混合动力研究船[394]

2021 年 8 月，美国加利福尼亚州政府向加利福尼亚大学圣迭戈分校拨款 3500 万美元，用于设计和建造新型氢燃料与柴油混合动力海岸研究船（图 7.3），新船将于 2024 年交付该校斯克里普斯海洋研究所运营。科考船长设计 38m，具备完全使用氢燃料执行 75%的调查任务的能力，长时间的航行将由清洁柴油动力系统提供电力。新船将配备声学多普勒流速剖面仪、海底测绘系统、中层渔业影像系统、生物和地质采样系统，支持搭载无人机。科学家可利用新船对与环境问题相关生物、化学、地质和物理过程进行观测。这艘新船将作为基础教育和科学研究的平台，致力于认识加利福尼亚州海岸和研究气候变化对沿海生态系统的影响。

8. 俄罗斯建造北极浮动研究平台，将成为北极唯一的长期研究平台[395,396]

2021 年 11 月，俄罗斯政府表示拨款超过 20 亿卢布（约合 2786 万美元）用于完成北极浮动研究平台建设。该平台长 83m，宽 22m，高 11m，可容纳 14 名船员和 34 名研究人员，包含 15 个可移动实验室，覆盖北极自然环境监测的各个方面，可抵抗长期冰盖的挤压并在北极冰层中自主作业长达两年（图 7.4）。该平台建成后将作为全球唯一的北极长期浮动平台，可用于海洋地质、海洋声学、海洋地球物理以及水文研究。

自 1937～1991 年，苏联在北极地区设有浮动研究平台，1991～2003 年间中断。2003 年后，俄罗斯曾提出在北极建立一个永久性平台，但一直未能落实。直到 2018 年底，俄罗斯正式启动了名为"Severny Polyus"的自行式北极浮动研究平台建设项目。

图 7.3 新型氢燃料与柴油混合动力海岸研究船概念图（据 UC San Diego[394]）

图 7.4 Severny Polyus 号北极浮动研究平台进行系泊试验（据 Ria.ru[396]）

9. 俄罗斯为北极天然气项目建造新型勘探和运输船[397,398]

俄罗斯于 2019 年启动北极液化天然气二期项目（Arctic LNG 2）（图 7.5），将在北极地区建造三条液化天然气生产线，目标年产能 1980 万 t，总投资约 213 亿美元，投资方包括俄罗斯、中国和日本的企业，中石油和中海油各占投资总额的 10%。

截至 2021 年第三季度末，俄罗斯北极液化天然气二期项目（Arctic LNG 2）的首条生产线已完成 69%，项目整体完成 52%。位于俄罗斯摩尔曼斯克港附近的天然气中心和码头正在加紧建造，未来将成为俄罗斯液化天然气技术中心（图 7.6）。俄罗斯宣布已拨款 8.9 亿卢布建造一艘液化天然气运输船，并承诺支持以优惠价格租赁民用船舶为该项目服务。新船可全年在冰区航行，将用于大陆架海底油气勘探、沿北极航线运输天然气等任务。

图 7.5　Arctic LNG 2 效果图（据 LLC Arctic LNG 2[397]）

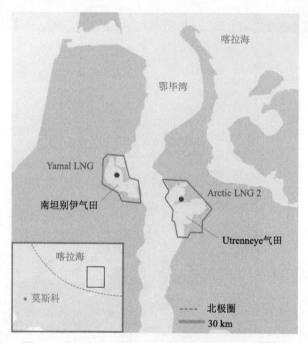

图 7.6　俄罗斯 Arctic LNG 2 位置图（据中企华[398]）

10. 德国西门子能源公司支持 NOAA 建造新船，提供动力系统和电池储存技术[399]

2021 年 12 月，德国西门子能源公司宣布将为 NOAA 两艘新船提供动力推进和控制系统，以及电池储存技术。该公司的 SiSHIP Blue Drive PlusC 柴电推进技术和 BlueVault 电池储存技术均为业界领先的解决方案，可优化变速柴油发动机的负载，达到节能减排、减少发动机维护的目标，将为每船每年节省 5.68 万 L 化石燃料。NOAA 于 2020 年与美国一家造船厂签订造船合同，建造两艘新船，分别命名为"海洋学家"（Oceanographer）号和"发现者"（Discoverer）号（图 7.7）。两船均由 NOAA 设计，可搭乘 48 人（包含 28 名科学家），将用于全球海洋气候和生态系统研究、水文调查和数据收集，计划于 2024 年和 2025 年入列。

图 7.7　NOAA 的"海洋学家"（Oceanographer）号（据 Blenkey[399]）

（二）调查船改装与入列

1. 芬兰新型可拆卸船艏破冰船下水[400]

2021 年 3 月，芬兰交通基础设施局推出一种全新概念破冰船——Calypso 号（图 7.8），该船配备全球最大的混合动力及机动可拆卸船艏。技术人员在驾驶室通过操作电力装置和推进系统即可完成船艏安装。这种专门的船艏可安装于破冰船上，增强其破冰能力，最大破冰厚度达到 70cm。

图 7.8　Calypso 号破冰船（据国际船舶网[400]）

2. 施密特海洋研究所购买近海服务船，改装为科考船[401]

2021 年 3 月，美国施密特海洋研究所从挪威 GC Rieber 公司购买 Polar Queen 号近海服务船，并将其更名为 Falkor（too）并改装为科考船。Polar Queen 于 2011 年下水，总长 110.6m，载重 6300t，承担海上平台检修维护、海上风电场作业等工作。Falkor（too）正在西班牙造船厂进行改造，将搭载先进海洋勘测设备，并具备一定的破冰能力，使其调查范围能覆盖全球大部分海域，大幅提升施密特海洋研究所的海洋科考能力。

3. 澳大利亚海洋研究船 Investigator 号完成维修升级，重回海上作业[402]

2021 年 6 月 30 日，澳大利亚的旗舰海洋研究船 Investigator 号（图 7.9）启航开始为期 45 天的科考，但作业途中突发设备故障，被迫返航母港维修。经过维护和升级，Investigator 号于 11 月重回海上作业。此次 Investigator 号重点升级了重型拖曳系统和巨型活塞取芯器系统，可实现在 6500m 深海对重型拖曳进行完全自动化部署，以及在 6000m 深海底钻取 24m 长沉积物岩心。此外，包括地震勘探系统等一系列基础功能装备也进行了不同程度的升级，使 Investigator 号的深海探测能力大大提高。目前 Investigator 号正进行一系列试航和设备校准调试，将于明年 1 月开始执行为期 56 天的南极科考航次，研究南极底层水变化和冰川变化周期，以帮助预测气候变暖对海洋环流的影响。Investigator 号于 2014 年入列，长 93.9m，总吨位 6082t，最大乘员 60 人（含 40 名科学家）。

图 7.9　澳大利亚旗舰海洋研究船 Investigator 号（据 CSIRO[402]）

4. 美国海军完成三艘全球级海洋科考船大修[403]

2021 年 7 月，美国海军完成三艘全球级海洋科考船大修，更换了动力系统，配备现代导航和控制系统，此次大修自 2016 年开始进行。这三艘科考船是 Thomas G. Thompson 号、Roger Revelle 号（图 7.10）和 Atlantis 号，分别于 1991～1998 年间投入使用，设计使用年限为 30 年，大修后至少再延长 15 年。Thomas G. Thompson 号由华盛顿大学运营，总吨位 3095t，每年工作 260～300 天；Roger Revelle 号由斯克里普斯海洋研究所运营，总吨位 3180t，每年工作约 250 天；Atlantis 号由伍兹霍尔海洋研究所运营，总吨位 3180t，为 Alvin 号载人深潜器母船，每年工作 280～300 天，其中 100 多天支持 Alvin 号下潜。美国海军另有两艘大洋级科考船 Neil Armstrong 号（伍兹霍尔海洋研究所运营，2015 年入列）、Sally Ride 号（斯克里普斯海洋研究所运营，2016 年入列），一艘近岸级科考船 Kilo Moana 号（夏威夷大学运营，2003 年入列）。

图 7.10　由斯克里普斯海洋研究所运营的 Roger Revelle 号科考船[403]

5. 英国和澳大利亚两艘新极地科考船联合进行海试[404]

2021 年 7 月，英、澳两艘新极地科考船在英国法尔茅斯海岸联合进行海试，为它们第一次南极任务做准备（图 7.11）。英国新破冰船 Sir David Attenborough 号由英国 Cammell Laird 造船厂建造，英国南极调查局（BAS）运营，船长 129m，总吨位 15000t，定员 90 人，自持力 60 天。新船为一个多学科研究平台，具有集装箱式实验室系统，可重新配置实验室以满足不断变化的科学需求，也可部署先进的机器人技术。澳大利亚新破冰船 Nuyina 号由罗马尼亚 Damen 造船厂建造，澳大利亚南极局（AAD）运营，船长 160m，排水量 25500t，定员 117 人，自持力 90 天。新船集成多样本和数据采集系统，支持海底、海冰、海洋生物和大气研究，支撑澳大利亚的南极计划。两船将在 2021/2022 年南半球夏季期间进行首次南极航行。

图 7.11 英国 Sir David Attenborough 号破冰船（远）和澳大利亚 Nuyina 号破冰船（近）正在进行海试（据 British Antarctic Survey[404]）

6. 乌克兰从英国购买旧破冰船，以维持其南极研究[405]

2021年8月，乌克兰国家南极科学中心从BAS购买James Clark Ross号破冰船。此破冰船于1990年下水，船长99m，排水量7767t，可以稳定通过1m厚的冰层，一直由英国运营和管理，2021年3月退役。乌克兰唯一的南极常年科考站——Vernadsky站设在南极半岛，1947年由英国建立，是南极运行时间较长的基地之一。英国由于在附近已建设新站，且关闭旧站成本高，就于1996年将其移交给乌克兰。此前，乌克兰没有极地科考船，此船虽旧，但仍可支持乌克兰南极科考站的运作，必要时也用于北极调查。

7. 爱尔兰旗舰海洋研究船下水，2022年交付[406]

2021年11月，爱尔兰投资2500万欧元的Tom Crean号海洋研究船（图7.12）成功下水。Tom Crean号由挪威设计，西班牙建造，计划于2022年夏季交付爱尔兰海洋研究所，届时将成为爱尔兰的旗舰海洋研究船。Tom Crean号船长52.8m，可搭乘26人（包含14名科学家），计划每年将在海上运行300多天，主要在爱尔兰专属经济区作业，进行渔业调查、海洋学研究和环境监测、海底地形测绘，以及维护和部署气象浮标等基础观测设施，收放遥控无人潜水器（ROV）等。

图7.12　爱尔兰旗舰海洋研究船Tom Crean号（据Gain[406]）

8. 比利时新型海洋调查船入列，服务于欧盟海洋科考[407]

2021年12月，海洋调查船"比利时"（Belgica）号（图7.13）入列比利时海军。该船由比利时国防部、科学政策办公室、皇家自然科学研究所共同出资，于2018年在西班牙一家船厂开工建造，由法国一家航运公司运营，将服务于比利时和欧盟的海洋调查。该船长71.4m，搭载42人（包含28名科学家），装备浅水和深水多波束回声测深仪（型号为EM2040和EM304）、多普勒声学海流剖面仪、旁侧声呐和鱼类声呐等科学设备，可搭载深潜器和无人机，最大工作深度5000m。Belgica号计划于2022年1月前往地中海首航，将来主要在东北大西洋、地中海和黑海活动，预计每年工作时间超过300天。这艘新船作为比利时的旗舰调查船，接替2021年9月已出售给乌克兰的同名旧船。

图 7.13　比利时新型海洋调查船 Belgica 号（据 Tringham[407]）

二、海洋调查技术

载人潜水器（HOV）、遥控无人潜水器（ROV）、自主式水下航行器（AUV）、水下滑翔机（AUG）和全海深自主遥控潜水器（ARV）已广泛应用于海洋科考，最大工作深度已突破万米，可到达地球最深处。ROV 是目前技术最成熟、使用最广泛的深潜器，且安全高效；AUV 依靠自身决策和控制能力可高效自主完成探测任务，是无人潜水器的发展重点。同时，AUG 和 ARV 也发展迅速，多台协同控制、组成阵列同步工作也是智能无人潜水器的重要发展方向。此外，空中无人机和水面无人艇作为新型装备，也逐步进入海洋科考队列。

（一）无人飞机与水面无人艇

1. 目前世界上最先进的无人自主调查船完成首航[408]

2021 年 1 月，美国 Saildrone 公司推出目前世界上最先进的自主调查水面 Surveyor 无人艇。该船长约 23m，配备多波束回声测深系统，最大测量水深 7000m。同时它装配两个多普勒声学海流剖面仪，可测量洋流并分析水体物质成分、收集环境 DNA（eDNA）。6 月初，Surveyor 从旧金山出发开始其首次航行，7 月 8 日抵达夏威夷（图 7.14）。此次航程 2250 海里，绘制了约 6400 平方海里的海底地形图。凭借这次成功的试航，Saildrone 公司计划建造一支 Surveyor 船队，在未来 10 年内完成绘制全球海底地形图。

2. 美国 Saildrone 公司推出用于海底地形测量的新型无人艇[409]

2021 年 1 月，美国 Saildrone 公司推出用于海底地形测量的 Surveyor 无人艇（图 7.15），长约 22m，依靠风能和太阳能动力，可在海上连续工作 12 个月，配备多波束测深系统，最大测量水深 7000m。此无人艇计划将来配备新设备后，增加自动采集生物样本的功能。

图 7.14 Saildrone 公司的自主调查水面 Surveyor 无人艇抵达夏威夷（据 Saildrone[408]）

图 7.15 Saildrone 公司的海底地形测量 Surveyor 无人艇（据 cnBeta[409]）

3. 英国将开发适用于海上风电场的水上无人艇（USV）[410]

2021 年 2 月，英国 USV 制造商 HydroSurv 公司和海洋勘测公司 Sonardyne 公司宣布将合作开发可用于海洋数据采集的 USV。该项目计划于 4 月正式启动，由英国创新基金会提供部分资金，HydroSurv 公司提供 USV 设备及技术服务，Sonardyne 公司提供船载仪器，包括超短基线（USBL）声学定位系统和混合声学导航仪等。这款 USV 将针对海上风电场环境进行开发，使其能克服风电场对导航的影响，准确采集海底数据和定位信息，并将数据实时传回岸上。

4. 英国普利茅斯海洋实验室配备纯新能源水上无人艇（USV）[411]

2021 年 3 月，英国普利茅斯海洋实验室（PML）购置了一批新能源 USV，这款 USV 可进行一系列气象和海洋学测量，如海水 pH、盐度、浊度、溶解氧含量、二氧化碳含量等，并安装了高清摄像头。这些 USV 将成为 PML 海洋创新试验场的一部分（图 7.16）。USV 采用波浪能动力技术，并配备太阳能光伏板和蓄电池，可以在完全脱碳的情况下运行，并可为船载设备和传感器供电。

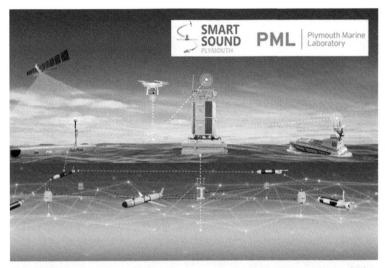

图 7.16 PML 的海洋实验室概念图（据 Plymouth Marine Laboratory[411]）

5. 新加坡将部署智能海上安全无人艇[412]

2021 年 3 月，新加坡国防科学技术局和国家实验室宣布合作研发水上无人艇（USV），用于维护领海安全。这款 USV 长 16.9m，排水量 30t，最高航速可达 25 节，续航能力 36 小时，并配有自主导航系统和防撞系统，仅需两名操作员进行远程遥控，就能在船舶密集、环境复杂的海域中执行巡航任务，并应对不断变化的海况。

6. 英国使用无人机选择潮汐发电装置最佳地点[413]

2021 年 3 月，英国研究人员宣布正在使用无人机拍摄海流状况，并开发算法以确定海水流速和流向。这项技术将大大降低潮汐流的观测成本，目前正在威尔士和苏格兰的两个峡湾中测试无人机在各种天气条件下的观测性能。此外，研究团队也正在利用类似方法开发一种利用无人机从空中监测海洋塑料污染的新技术。

潮汐能是一种洁净无污染的可再生新能源。海水的流速和流向数据对潮汐能发电机的布设位置至关重要，然而目前潮汐流数据的获取往往依赖于测量船或海底传感器，既费时又昂贵。

7. 无人艇收集墨西哥湾流数据，以了解全球碳预算[414]

2021 年 6 月，谷歌公司资助美国罗得岛大学进行墨西哥湾流数据收集，以研究其在封存和释放二氧化碳中的作用。该项目将使用 6 艘 Saildrone 公司新推出的水上无人艇（USV），在未来一年内收集大西洋各海域墨西哥湾流的天气和海洋数据。这款 USV 形似帆船，利用太阳能和风能驱动，续航能力长达一年，可以将观测数据压缩后以无线方式传回陆地基站。墨西哥湾流是全球最大规模的海洋暖流，流经北大西洋，对欧洲乃至全球气候都具有重要影响。它可以吸收大量二氧化碳，是重要的碳汇，了解墨西哥湾流对全球碳预算有重要意义。

8. "五月花"号人工智能海上无人艇开始首次跨大西洋航行[415]

2021 年 6 月，英国海洋机构 Promare 和美国国际商业机器公司（IBM）联合研发的"五月花"号人工智能海上无人艇（图 7.17）从英国普利茅斯港口出发，开始跨大西洋航行，最终将抵达美国。该船长约 15m，宽 6.2m，重 5t，无载员设计，可承载约 700kg 的科研设备，最大速度 10 节，"船长"和"引航员"均由 IBM 公司开发的人工智能技术 Marine AI 承担。Marine AI 精通国际海上避碰规则，熟悉海图，能够通过摄像头自动识别船舶，分析雷达数据和气象信息，适时调整航线。"五月花"号在整个航程中全自动航行，将定期测量海平面和波浪高度，自动采集和测试水样，测量和分析数据同步传输到岸上数据中心。船上还配有一台全息显微镜用于扫描水样中的微塑料。航行过程中，如果科学家发现值得进一步研究的线索，可通过人工智能系统自动改变原有航线。

图 7.17　"五月花"号人工智能海上无人艇（据 Dee Ann Divis[415]）

9. 美国测试改进自主水面和水下海洋监测技术[416]

2021 年 7 月，美国国土安全部科学技术局评估改进海洋监测技术，以满足美国海岸警卫队保护海上边界、海岸线、水道以及海港等任务需求。美国国土安全部科学技术局和美国多家大学、研究所合作，开发、评估和测试具备执行多任务能力的自主水面和水下航行器。评估小组在南密西西比大学海洋研究中心对 6 艘 Triton 航行器进行验收测试，对其导航能力、利用风能和太阳能长时间运行能力、水面和水下作业能力，以及摄像头和高级传感器监测能力进行评估。

10. 美国初创公司开发水样采集无人飞行器系统[417]

2021 年 7 月，美国无人机和数据服务初创公司——Reign Maker 公司宣布推出一款基于无人飞行器的水样采集和数据收集系统，可取浅海样本，将大幅提高采样效率和准确性，减少出海取样的人员需求，降低海上调查船定位的要求。该系统的实体由水样采集器和一个可固定样品瓶的支架组成，安装到大疆 M600 和 M300 RTK 型无人机上，在高达 5 节的流速下获取表层 5cm 左右的水样，并获取卫星定位数据。两名操作人员轮班 7 小时可收集高达 120 个样本，每次取样时间不到三分钟，方便快速监测水质。

11. 美国国家海洋和大气管理局将首次使用水面无人艇收集飓风中心的海洋和气候数据[418]

2021 年 6 月，美国无人艇制造公司——Saildrone 公司的 5 艘无人艇从美属维尔京群岛出发，收集 2021 年热带大西洋飓风季节数据，用于改进飓风预测和灾害预警模型。这些水面无人艇由美国国家海洋和大气管理局（NOAA）与 Saildrone 公司合作布设在美国东海岸，艇长约 6m，可承受超过 110km/h 的风速和 3m 高的海浪，能够直接进入飓风中心，将风暴眼中的气温、气压和相对湿度、风速和风向、海水温度和盐度、海面温度及浪高等数据通过卫星实时传送到 NOAA 的实验室。

12. 美国海军测试无人机载激光雷达海底测绘技术[419]

2021 年 8 月，美国海军联合两家公司进行了小型无人机搭载激光雷达绘制近海海底地图的技术测试。测试在小型船舶上进行，无人机使用 Schiebel 公司的 CAMCOPTER S-100 空中无人系统（UAS）（图 7.18），为碳纤维和钛金属机身，长约 3.3m，工作距离超过 200km，飞行高度可达 5500m，在承重 34kg 的情况下可续航 10 小时，测量图像实时传输到船上控制中心。无人机搭载美国 Arete 公司的激光雷达水深测量系统（PILLS），该系统重约 13kg，具有体积小、功耗低的优点，集成的多波束声呐系统和传感器可绘制浅海和沿岸地形图。此技术除了用于海底测绘，也可用于侦察和监测海底传感器、自主式水下航行器（AUV）和水雷，支撑海军两栖登陆作战。

图 7.18　Schiebel 公司的 CAMCOPTER S-100 空中无人机（据 Tingley[419]）

（二）深潜新发展

1. 康斯伯格海事（Kongsberg Maritime）公司推出新款自主式水下航行器（AUV）[420]

2021 年 2 月，挪威海洋系统供应商 Kongsberg Maritime 公司推出了最新研发的 AUV，命名为 Hugin Endurance（图 7.19）。这款 AUV 的续航时间长达 15 天，无须母船支持即可执行远离海岸的勘测任务，每次出海能绘制将近 1100km^2 的海底地形图。

Hugin Endurance 可搭载多种传感器，包括高分辨 Kongsberg HiSAS 合成孔径声呐、宽波束多波束回声测深仪、海底剖面仪和磁力仪，以及检测海底环境的其他传感器。

图 7.19　Kongsberg Maritime 公司新款 AUV（Hugin Endurance）工作示意图（据 GCaptain[420]）

2. 美国海军开发新型无人水下滑翔机，用以执行海洋学调查和反潜作战任务[421]

2021 年 2 月，美国海军提交了一份技术征求提案，计划开发新型无人水下滑翔机，用于测量水域环境，帮助舰队执行反潜作战任务以满足作战需求。新型水下滑翔机将由美国军工制造商——特力戴布朗工程公司（Teledyne Brown Engineering）承包制造，预计可续航 90 天，下潜深度约 200m，每 2 秒即可采样一次，并可通过卫星或海底网络将数据传回地面或舰艇上。滑翔机如被他国截获，还可自动清除数据，以防泄密。

3. 英国研发水下自主防碰撞探测系统[422]

2021 年 3 月，英国 Rovco 公司联合多家机构合作研发的自主水下监测和干预系统 A2I2 于近期成功完成水下测试。A2I2 具备智能数据收集功能，集成了 3D 计算机视觉、同步定位和测绘、自主路径规划和机器学习等人工智能技术，可安装在潜航器上，使其具有自主行动和防撞功能。安装此系统的机器人可以代替潜水员在恶劣的环境中工作，避免风险，降低人力成本。

4. 挪威海洋研究所将使用 Kongsberg Maritime 公司提供的 USV 和 AUV 进行海洋生态系统监测[423]

2021 年 3 月，挪威海洋技术装备生产商 Kongsberg Maritime 公司宣布将为挪威海洋研究所（IMR）提供两台 USV（水上无人艇）（图 7.20）和两台 AUV（自主式水下航行器），AUV 于 2021 年内交付，而 USV 则在 2022 年中交付。USV 将配备完整的 EK80 宽带系统，具备多普勒声学流速剖面仪（ADCP）功能。AUV 的额定工作深度为 1500m，配备强大的有效载荷，可用于环境监测和海底地形测量。两种设备都将配备该公司新研发 Blue Insight 系统，这是一种基于云的系统，可远程遥控仪器操作，实现数据可视化以及水文和气象数据的智能化管理。

图 7.20　Kongsberg Maritime 公司为 IMR 提供的 USV（据 OE Staff[423]）

5. 美国利用水下机器人寻找海底有毒化学桶[424]

2021 年 4 月，由 31 名科学家和船员组成的团队搭乘 Sally Ride 科考船在加利福尼亚州附近海域进行了为期两周的考察，调查 2020 年 10 月发现的数千桶海底 DDT[①]（图 7.21）。调查中使用两个远程遥控机器人对海底进行声呐扫描，查明有毒化学桶位置，绘制高分辨率海底垃圾分布图，研究海底垃圾对海洋生态的影响。该水下机器人充电一次即可运行 12～16 小时，一个机器人在扫描海床的同时，另一个机器人则在充电和下载收集的数据，互相配合实现了长时间连续作业。研究团队计划在美国国家海洋和大气管理局（NOAA）数据库中共享所有调查数据。

图 7.21　远程遥控机器人在洛杉矶附近海底发现的 DDT 桶（据 Xia[424]）

6. 德国政府资助水下自主机器人系统开发项目[425]

2021 年 4 月，德国联邦经济事务和能源部宣布将资助 1200 万欧元，用于开发和建

---

① DDT 是二战时期发明的一种高效农药，后被证实对自然界有害，国际上已禁止使用。

造由人工智能控制的水下自主机器人系统。这种机器人将具有较长的深海续航能力，以监控水下基础设施和装置。这是一个校企合作项目，共有9家高校或企业参与，旨在解决目前无人潜水器投放和回收成本高昂、安全风险大的问题。

7. 英国国家海洋学中心升级其自主式水下航行器（AUV），将用于北极研究[426]

2021年5月，英国国家海洋学中心（NOC）将其海冰探测专用AUV远程潜航器（ALR）升级，并在尼斯湖进行水下试验。本次升级的ALR用于2022年的大型北极科考活动，包括岸基科学研究和冰下勘探等任务。冰下勘探由6艘ALR组成的"舰队"执行，最大下潜深度为6000m，水下续航三个月。此外，NOC还将对新研发的2000m级冰下潜水器（A2KUI）进行海试。A2KUI在ALR的基础上针对2000m水下作业需求进行了优化，配备最先进的声呐和成像系统，使科学家能获取更详细的海底水深数据和环境参数。

8. 日本川崎重工业株式会社研发带机械手的AUV，可自动检查海底管道[427]

2021年5月，日本川崎重工业株式会社开发出世界上第一个装配机械手的AUV系统，命名为SPICE（图7.22）。SPICE AUV与海底扩展坞配套使用，可自行启动，近距离自动追踪和检查海底管道，自动识别和避开海底障碍物，完成阶段任务后自行回到扩展坞充电并向母船发送数据，不需要专人操作。英国海底服务公司（Modus Subsea Services）已订购两台SPICE AUV，于2021年内交付使用，应用于大西洋北海油气田。SPICE AUV长约5.6m，最大工作深度3000m，最高速度4节。

图7.22 川崎重工业株式会社研发的用于海底管道检查的AUV（据OE Staff[427]）

9. 德国基尔亥姆霍兹海洋研究中心推出新型深海漫游车[428]

2021年5月，德国基尔亥姆霍兹海洋研究中心（GEOMAR）研发的深海漫游车Panta Rhei于波罗的海顺利完成首次海试（图7.23）。漫游车外形似火星探测器，重约

1.2t，机身为矩形平台，安装有各类液压管、电缆和传感器。该设备有 6 个实心塑料轮子，可在海床上长期自主缓慢行走，最长续航时间一年。开发漫游车的初衷是测量深海海床中碳循环的时空变化，并跟踪海底生态系统与海表物质沉降过程的耦合。

图 7.23　深海漫游车 Panta Rhei 海试成功后被吊出水面（据 GEOMAR[428]）

10. 埃及地中海航运公司推出小型遥控无人潜水器[429]

2021 年 6 月，埃及地中海航运（MSC）公司推出了一款轻量级 ROV（MiniSpector），易于携带和布放，降低了对搭载设备的需求，可以节省运行成本。MiniSpector 具有 7 个水平和垂直推进器，具有高机动性、稳定性和有效的载荷能力。此外，MiniSpector 还可进行一般性高清视觉检查和近距离视觉检查，以监测海上平台和海底管道的安装和维护。

11. 希腊雅典大学正在开发水下辐射探测无人机，以协助预警海啸[430]

2021 年 6 月，希腊雅典大学的研究人员依据海底辐射的峰值变化或许有助于预测水下地震，宣布研发一种可探测辐射的水下无人机，作为海洋生态系统放射性活动监测（RAMONES）项目的一部分（图 7.24）。据设想，该无人机将有自适应、多功能和自主操作能力，采用人工智能和环境建模的方法，监测和处理海洋放射性数据，为健康风险评估、地质灾害预测提供依据。已有研究表明，陆地地震活动前几天会有少量氡气（一种放射性气体）释放到土壤中，监测氡气含量变化可以在一定程度上预报地震。

12. 美国伍兹霍尔海洋研究所利用遥控无人潜水器（ROV）成功解救另外两艘被困 ROV[431]

2021 年 8 月，美国非营利组织 Ocean Exploration Trust 的两艘 ROV 在加拿大不列颠哥伦比亚省远海地区的 Endeavor 海底热液区作业时，因不明原因与母船 Nautilus 号的电缆分离，被困在约 2200m 深海底，但能确定深度和位置。随后，该组织联系正在附近作业的华盛顿大学 Thomas G. Thompson 号科考船以及正在此科考船上的 Jason 号

图 7.24　RAMONES 项目计划开发一系列专门用于测量辐射的设备（据 Allinson[430]）

ROV（属于美国伍兹霍尔海洋研究所）（图 7.25），请求协助打捞。Jason 号潜入海底，在切断两台被困 ROV 之间的连接后，分两次将电缆分别连接到 ROV 上，成功全部回收。此次行动是海洋科学界和海事界密切合作互助的结果。Jason 号是一台双体 ROV，1988 年由 WHOI 深潜实验室完成制造并首次启用，2002 年重新设计制造第二代。截至 2020 年，Jason 已完成 147 个航次任务，深潜作业超过 1200 次，工作时间超过 16000 小时。

图 7.25　WHOI 的 Jason 号 ROV（据 WHOI[431]）

13. 美国斯克里普斯海洋研究所利用自主式水下航行器（AUV）找到越战飞机残骸[432]

2021 年 8 月，美国斯克里普斯海洋研究所（SIO）领导了一项越战美军飞机残骸搜寻任务。斯克里普斯海洋研究所利用 REMUS 100 AUV（图 7.26）锁定位置后，由潜水员下潜成功发现了飞机残骸。REMUS 100 是一款紧凑轻便型 AUV，配备多普勒声学流速剖面仪（ADCP）可测量海流速度，搭载侧扫声呐可生成海底表面图像，并装配高清摄像机，主要用于海洋学研究和国防任务。此次搜寻的飞机残骸是 1967 年越战期间相撞的两架美国轰炸机，坠毁于胡志明市以南约 100km 海域。

图 7.26　REMUS 100 AUV 的水下照片（据 UC San Diego[432]）

14. 德国科学家推出新型仿生 AUV，用于组建阵列以观测涡流[433]

2021 年 8 月，德国电子制造商 EvoLogics GmbH 和德国盖斯特哈赫特亥姆霍兹研究中心科学家联合推出 3D 打印仿生 AUV——Quadroin。Quadroin 最初由亥姆霍兹联合会为其模块化地球观测系统（MOSES）中海洋涡流观测模块专门开发，设计借鉴了企鹅的运动形态，能最大限度减少能量消耗并保证在海洋中的灵活运动，速度可达 5m/s。其携带海水和光学传感器，用于测量海水温度、压力、含氧量和电导率，研究人员将用人工智能使阵列中的 Quadroin 之间可相互实时传输数据，同步采集多个位置的涡流动态数据。相比于高性能 AUV，Quadroin 成本低，灵活度和智能化程度更高。目前，第一台 Quadroin 已完成测试，正在制造多台机器以测试阵列的移动群组功能。

15. 英国国家海洋学中心完成向东非地区传播海洋技术项目，将继续推广使用 AUV[434]

2021 年 9 月，英国国家海洋学中心（NOC）"通过提高西印度洋生态系统研究能力实现可持续的海洋、生计和粮食安全"项目结束，NOC 总结认为已尽可能利用东非的基础设施和研究人员，为他们提供设备和开展短期技能培训，并向落后团体传播海洋科学教育。但 NOC 也认识到需要在国家和区域层面进一步投资，或拓宽资金引入渠道，才能长久帮助落后地区利用技术开发海洋。因而，NOC 表示会继续将海洋机器人（主要是 AUV）引入坦桑尼亚以支持渔业发展。

西印度洋东非地区有超过 1 亿人口居住在距海岸 100km 范围内，其中有超过 100 万人从事渔业相关工作。"通过提高西印度洋生态系统研究能力实现可持续的海洋、生计和粮食安全"项目从 2017 年开始，旨在将最新的海洋科学与技术推广到东非不发达国家。

16. 法国 iXblue 集团推出新型拖曳式水下航行器（ROTV）[435]

2021 年 10 月，法国海洋设备生产商 iXblue 集团宣布推出一款新型 ROTV，命名为

FlipiX（图 7.27）。FlipiX 形似一架小飞机，可在高达 7 节的牵引速度下自主完成上浮、下潜、俯仰、翻滚等多种动作，使测量仪器在水下保持恒定的高度和姿态，提高测量数据质量。该设备最大运行水深为 50m，可以通过普通船只或水上无人艇（USV）拖曳，同时完成测深、地球物理测量等多项任务，扩大 USV 的调查范围和自主测量能力。

图 7.27　iXblue 集团推出的新款 ROTV（FlipiX）（据 MTR[435]）

17. 英国国家海洋学中心将使用远程潜航器调查南极冰川，探索冰川关键问题[436]

2021 年 11 月，Boaty McBoatfac 号（图 7.28）在英国尼斯湖完成了新避障技术的测试，12 月随 Sir David Attenborough 号和美国"帕尔默"号极地科考船前往南极洲，将首次对南极斯韦茨冰川下方未知区域进行调查。此次科考为期 101 天，将测量冰架下方海水的温度、盐度、流速、湍流度、浊度和溶解氧含量，并测绘从冰架边缘到接地线的几个横断面，以此获取冰架下方海水传输情况和热通量分布情况，为确定影响冰川的行为和失稳因素、揭示冰川因变暖而融化的严重程度等关键问题提供宝贵数据。

图 7.28　NOC 远程潜航器 Boaty McBoatfac 号（据 NOC[436]）

Boaty McBoatfac 号是英国国家海洋学中心（NOC）著名的锂电池驱动远程潜航器（ALR），被列为英国南极探索计划重点设备。此 ALR 于 2017 年入列，先后在南极海域、大西洋北海、北冰洋等海域成功作业，曾得到美国伍兹霍尔海洋研究所和普林斯顿大学的特别支持，其下潜深度、续航能力、极端海域工作能力都是世界先进水平。

18. 捷克科学家研发可分解微塑料的微型机器人[437]

近年，人们在一些人迹罕至的自然环境中（如深海海底和南极冰层）发现了微塑料，微塑料污染日渐成为人类亟待解决的重大环境问题。目前，光催化是已知最节能的微塑料降解方法，但有效的光催化剂和反应环境却难以制造和实现。捷克布拉格化学与技术大学研发出一种具有混合动力的微型机器人，内置光催化和磁性材料，可在海水中自由移动，当机器人接触到微塑料时，内置材料会加速微塑料的降解。目前，该技术可以完全分解聚乙二醇（一种高分子聚合物），科学家正在研究针对不同类型塑料降解的方法。该项研究发表于《美国化学学会应用材料与界面》（*American Chemical Society Applied Materials & Interfaces*）。

19. 美国研究人员开发自主漫游深潜器，实现长期深海观测[438]

常规深潜器仅可连续工作数天，无法长期观测海底变化过程。美国蒙特利湾水族馆研究所（MBARI）开发了一台自主漫游深潜器 Benthic Rover Ⅱ（BRⅡ），长 2.6m，宽 1.7m，高 1.5m，在海水中重 68kg。该深潜器结构框架由耐腐蚀钛和塑料构成，行走系统由两个 46cm 宽的履带组成，可通过浮力控制系统调节深潜器对海底表面的压力，从而实现在 6000m 深海底自由行走。MBARI 在东北太平洋 4000m 水深的深海平原中建立一个观测站作为深潜器基地，过去 10 年来，BRⅡ长期部署在此。此外，MBARI 的自主水面机器人 Wave Glider 号每季度通过无线通信检查 BRⅡ号的运行状态，Western Flyer 号科考船每年回收一次 BRⅡ号，进行维护、更换电池并拷贝数据后重新下放部署。BRⅡ号的主要任务是拍摄海底影像，测量水温、氧含量、水流速度以及沉积物耗氧量等。长期以来，BRⅡ号记录了海底周期性变化和偶发性重要事件，为评估深海碳循环提供了宝贵的数据。MBARI 的科学家对 BRⅡ号研发过程、长期运行和性能评估进行了详细叙述，发表于《科学·机器人》（*Science Robotics*）。

20. 美国伍兹霍尔海洋研究所开发"隐身"水下机器人，用于海洋暮光区多学科调查[439]

海洋暮光区位于海面以下数百米，拥有大量在弱光条件下生存的海洋生物。为更好地了解海洋暮光区的生态环境，美国伍兹霍尔海洋研究所（WHOI）研发了一种可以在不干扰水下生物的情况下对海洋暮光区进行观测和取样的自主式水下航行器——Mesobot（图 7.29），在《科学·机器人》中对此进行了介绍。Mesobot 重约 250kg，配有一台高清摄像机，可在 200～1000m 深的海洋中缓慢移动，跟踪海洋动物运动，测量关键环境参数，并采集环境 DNA 样本。该机器人可通过轻型水下光缆遥控操作，也可以完全脱离光缆执行预编程任务，续航时间长达 24 小时。

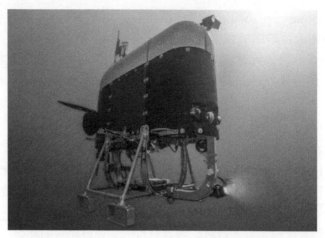

图 7.29　WHOI 研发的 Mesobot（据 Yoerger 等[439]）

（三）载人深潜新技术

1. 新型回声测深仪系统试验成功[440]

2020 年 12 月，挪威 Kongsberg Maritime 公司推出了新型 EM 304 MKII 多波束回声测深仪，能够在 20～32kHz 多频段范围内工作，标准频段为 26kHz，分辨率高达 0.3°×0.5°，测量水深范围 10～11000m（图 7.30）。2021 年 7 月，该公司宣布由多个 EM 304 MKII 组成的阵列系统成功完成海试，此次试验与美国国家海洋和大气管理局（NOAA）合作。新系统提高了海底地形测量的效率，增强了水深数据的质量，扩大了测量水深的范围。NOAA 计划明年利用安装了这种新型测深系统的 Okeanos Explorer 调查船进行海底地形测量，测量区域超过 200 万 km^2。

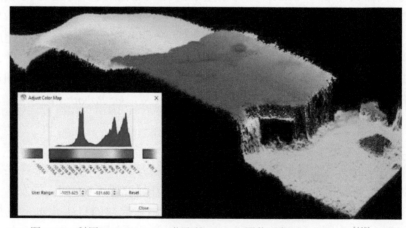

图 7.30　利用 EM 304 MKII 获取的 0.5°×1°图像（据 Ocean News[440]）

2. 多家能源公司合作开发可再生能源系统，为海底设备供电[441]

2021 年 3 月，海洋能源公司 Mocean Energy 公司、EC-OG（East Coast Oil and Gas Engineering）公司、Chrysaor 公司、Modus 公司、英国净零技术中心和美国贝克休斯

（OGTC）公司[①]和美国贝克休斯公司宣布共同投资 160 万英镑，合作开发用于海底设备供电的波浪动力发电和可再生能源储能系统（图 7.31）。该项目将研发可用于储存波浪能的海底电池，使波浪能直接为海底油气生产设备和水下机器人等提供动力，实现零碳运行。

图 7.31　水下新能源充电站示意图（据 The Engineer[[441]]）

3. 人类首次潜入菲律宾海沟埃姆登深渊[[442]]

2021 年 3 月，美国探险家维克托·韦斯科沃（Victor Vescovo）与菲律宾大学副教授 Deo Onda 博士共同驾驶"极限因素"号深潜器到达埃姆登深渊，下潜深度 10045km。这是人类首次进入世界第三深渊。据报道，尽管海底能见度极好，但两人几乎没有发现任何海洋生物。深度排名前两位深渊是马里亚纳海沟的挑战者深渊和汤加海沟的地平线深渊。

4. 加拿大高校团队于马里亚纳海沟成功投放自主式声学着陆器[[443]]

2021 年 4 月，加拿大达尔豪斯大学研究人员于马里亚纳海沟挑战者深渊成功投放其自主研发的深海声学着陆器（图 7.32），通过压载释放系统实现自动下潜和上浮。该着陆器能承受约 1100 个大气压，由四个水听器组成的阵列可收集深海环境音频和海洋学数据，为深入了解高压海水的声学基本特性提供了有效数据，有助于建立与深度相关的海洋噪声模型，用于设计海洋设备降噪系统。

5. "五大深度探险队"完成全球五大洋深渊载人下潜，精确测量海底地形[[444]]

2021 年 5 月，由私人资助的"五大深度探险队"探险结果在《地球科学数据》（Geoscience Data Journal）发表。"五大深度探险队"于 2019 年完成地球五大洋最深处的载人下潜探险，在历时 10 个月的深海考察过程中，探险队航行 87000km，利用"极限因素"号深潜器完成 39 次载人下潜和 50 次坐底，同时准确测量了下潜海域的深度及自海平面至海底的温度和盐度。根据公布的测量结果，太平洋最深处为马里亚纳海沟挑战者深渊，水深（10924±15）m；大西洋最深处位于波多黎各海沟，水深（8378±5）m；

---

① 现已变更为英国净零技术中心。

图 7.32　投放到马里亚纳海沟的自助式声学着陆器（据 Auld[443]）

印度洋最深处为爪哇海沟内一个尚未命名的深渊，水深 7187 ± 13m（此前认为印度洋最深处是多德雷克深渊，7019 ± 17m）；南大洋最深处位于南桑威奇海沟，水深 7432 ± 13m；北冰洋最深处是格陵兰岛和斯瓦尔巴特群岛之间的莫洛伊深渊，水深 5551 ± 14m（图 7.33）。

图 7.33　五大洋最深处位置图（据 Bongiovanni 等[444]）

6. 英国研发海底地震勘探机器人，原型机通过海试[445]

2021 年 5 月，英国蓝色海洋地震服务公司（BOSS）研发的海底地震机器人原型机在澳大利亚近海按照其设计航线完成一次海试，并向母船成功传回航行和工程数据，用于系统进一步开发和优化。BOSS 的下一步计划是制造十多个同类机器人，在大西洋北海进行地震勘探试验。这种水下航行机器人具有长续航能力和自动定位系统，可自主在预定的水下节点进行海底地震测量，以进行油气勘探和储层优化，同时还可识别和监测海床下的碳储地层。

7. 英国 Sonardyne 公司推出便携式海底跟踪系统[446]

2021 年 5 月，水下定位和惯性导航制造商 Sonardyne 公司推出一种新的便携式海底跟踪装备 Micro-Ranger 2，用于浅水超短基线（USBL）系统。该装备外观类似于一个小型行李箱，内置一个系统收发器、全球导航卫星系统（GNSS）天线、两个应答器和一个命令集线器，可用于追踪潜水员和遥控无人潜水器（ROV）、AUV 等海底运行设备，内置电池可连续工作 10 多个小时，并且可以快速启动并运行，适合与小型 ROV 配合进行浅海水下设备检查工作。

8. 美国海军"阿尔文"号载人深潜器完成改造，获 6500m 下潜认证[447]

2021 年 11 月，美国海军宣布著名的载人深潜器"阿尔文"号下潜工作能力完成从 4500m 提高到 6500m 的认证（图 7.34）。此次升级自 2020 年开始，获得美国国家科学基金资助 800 万美元，对新钛金属载人舱、可变压载系统、液压发电机和浮式装置等与深潜能力相关的改造，以及推进系统、数字成像系统和电子信息系统的整体升级。同年 7 月，"阿尔文"号的母船"亚特兰蒂斯"号科考船也完成大修，包括了"阿尔文"号的储存库和下放/回收系统的改进。2021 年"阿尔文"号还需进行数次简短的测试潜水，其后才能随母船执行常规科考任务。"阿尔文"号为美国海军所有，由伍兹霍尔海洋研究所运营，自 1964 年交付以来完成了多次大修，2013 年又耗资 5000 万美元进行了最全面的升级改造，获得 4500m 深潜能力认证。

图 7.34 "阿尔文"号载人深潜器正在进行测试（据 Lundquist[447]）

9. 德国开发新型燃料电池，提升水下移动设备续航能力[448]

2021 年 11 月，德国基尔亥姆霍兹海洋研究中心联合德国陆军技术部成功对新型燃料电池进行海试，新开发的电池容量约为 120kW·h，最大输出功率为 1kW，是传统电池工作效率的十倍（图 7.35）。本次海试结束后，装备新型燃料电池的自主机器人将于 2022 年 2 月随 Alkor 号科考船赴远洋进行下一步试验，以测试其深海性能。随着性能持续增强的海洋自主机器人为海洋观测提供独特的数据源，其对电池续航能力的要求也不断提高。2021 年以来，德国联邦经济和技术部已资助德国基尔亥姆霍兹海洋研究中心、德国太阳能和氢能研究中心分别开发用于深海可移动设备的新型燃料电池，以满足未来需求。

图 7.35　德国基尔亥姆霍兹海洋研究中心对新型燃料电池进行海试（据 GEOMAR[448]）

10. 美国伍兹霍尔海洋研究所开发珊瑚礁系统监测机器人[449]

2021 年 11 月，美国国家科学基金会（NSF）"国家机器人计划 3.0"向美国伍兹霍尔海洋研究所（WHOI）和雪城大学提供 150 万美元资助，用于开发珊瑚礁生态系统监测机器人，以更好地了解珊瑚礁生态系统并规划应对危机的科学方案。WHOI 的海洋机器人可以采集音视频资料来评估珊瑚礁生态系统的健康状态，识别物种及其活动习性。但这种方法的工作范围有限，也不能识别详细的物种信息。科学家设想未来的新机器人具有在珊瑚礁中精确而缓慢移动、长时间停留海底的能力，减少对动物的影响，测量珊瑚礁的生物通量、生物多样性和生物行为，构建详细的珊瑚礁生态系统功能和健康状态情景。"国家机器人计划 3.0"于 2011 年提出，旨在推进美国机器人研发的基础研究，促进机器人整合应用以造福人类。

三、海洋遥感新技术

海洋卫星可以大范围、长时间观测海洋，快速获取各类海洋数据，已广泛应用于海洋环境监测、海洋天气预报、海洋资源能源勘查等方面。目前，全球共有海洋卫星或具备海洋探测功能的对地观测卫星近百颗，美国、欧洲、日本和印度等国家和地区均已建立了比较成熟和完善的海洋卫星系统。毫无疑问，美国依然在此领域保持领先地位，美国航空航天局（NASA）开发一系列新技术，推动卫星遥感解译方法应用到海洋资源调查与保护之中。

1. 美国航空航天局采用新机器学习平台处理海洋卫星数据[450]

2020 年 12 月，美国史蒂文斯理工学院研究人员发表了一种新开发的基于机器学习的海洋数据处理平台——OC-SMART，可用于处理卫星发回的全球海洋环境和健康状态数据，并利用色彩将数据可视化（图 7.36）。相较于其他机器学习平台，OC-SMART 能更准确地处理复杂环境下的海洋数据，如大气污染、洋流、海水光线折射和反射等。美国航空航天局（NASA）采用这个平台，与其现有的 SeaDAS 机器学习平台相结合，为 2023 年发射的地球观测卫星 NASA PACE 服务。

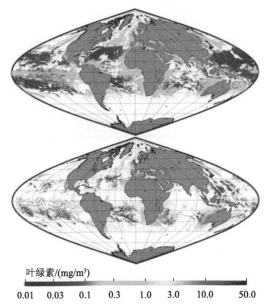

叶绿素/(mg/m³)

0.01　0.03　0.1　0.3　1.0　3.0　10.0　50.0

图 7.36　可视化海洋叶绿素数据（据 Stevens Institute of Technology[450]）

2. 美国航空航天局（NASA）开发一项新方法，可免费利用卫星数据和云计算测量海底浅水地形

2021 年 5 月，NASA 领导的一个国际团队利用 ICESat-2 卫星①的测量值与哥白尼前哨 2 卫星的测量图像相结合，开发出一种新的浅水地形测深方法，绘制了佛罗里达州比斯坎湾、克里特岛和百慕大群岛周围 26m 深处的浅滩地形图（图 7.37）。通过与多波束测深数据绘制的地图比较和评估，新地图的空间分辨率为 10m，远高于克里特岛当前的 115m 分辨率数据集以及佛罗里达和百慕大的 30～90m 分辨率数据集。这项工作的关键部分是使用开源数据、云计算以及诸如谷歌地球引擎（Google Earth Engine）之类的开发平台，可以免费获得。

3. 美国高校自主研发纳米卫星，开始传回海洋水色遥感影像[451]

2021 年 6 月，美国北卡罗来纳大学自主研发的一枚载有海洋水色传感器的纳米卫星通过调试，从 6 月 21 日起每周生成约 100 张高分辨率遥感影像，这些影像数据在国际海洋水色协调组织（IOCCG）和美国航空航天局（NASA）网站免费提供。该卫星于 2018 年研发完成，命名为 SeaHawk-1 Cubesat，重量不到 5kg，体积仅有一条面包的大小（10cm×10cm×30cm），搭载 SpaceX 火箭进入地球轨道。海洋水色遥感是利用地球轨道卫星上搭载的遥感仪器获取海洋表层反射信号，来反演水体中引起海洋水色变化的各种成分含量，如叶绿素浓度、悬浮泥沙含量、溶解有机物含量等。

---

① ICESat-2 卫星上安装有名为高级地形激光测高仪系统（ATLAS）的计数光子激光雷达，它向地球表面的冰层、土地和水体发射激光脉冲，并根据光子反射时间计算出高度。

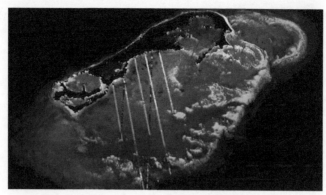

图 7.37　佛罗里达州比斯坎湾、克里特岛和百慕大群岛周围 26m 深处的浅滩地形图

4. 美国航空航天局（NASA）公开海洋卫星观测数据[452]

2020 年 11 月，NASA 发射了一枚海洋观测卫星 Sentinel-6，用以连续观测海平面高度，并测量大气对流层的温度和湿度（图 7.38）。该发射任务由 NASA、美国国家海洋和大气管理局（NOAA）、欧洲气象卫星组织、欧洲航天局（ESA）共同制定，经过 6 个月的在轨检查和校准后，于 6 月 22 日正式向公众发布低分辨率的实时观测（3 小时延迟）和短期关键（36 小时延迟）数据，包括海面高度、海面高度异常、波高、风速以及一些关键的地球物理参数，公众可以在 NASA 官网下载这些数据。

图 7.38　海平面相对变化图（据 Greicius[452]）

Sentinel-6 观测卫星获得的 2021 年 6 月 5～15 日海平面相对变化图。红色表示海平面高于正常值，蓝色表示海平面低于正常值

5. 英国普利茅斯海洋实验室使用卫星数据检测海面油迹，发现西非海岸发生严重的石油泄漏[453]

2021 年 11 月，英国普利茅斯海洋实验室（PML）利用 ESA 哥白尼 Sentinel-1 卫星上的合成孔径雷达传感器检测存在波浪阻尼异常的区域，识别出较暗的光滑表面斑块作为浮油存在的证据，并将检测报告提供给地区利益相关者，提醒其及时作出反应以减少对环境的影响。PML 检测到西非加纳海域发生长周期大面积石油泄漏的证据。相比于船只或航空检测，卫星观测范围更大、经济效益更高，且可通过与计算机洋流模型结合

来预测泄漏物的流向，及时为海洋管理者提供信息，做好应对措施。此外，PML 提出，未来检测系统可纳入相关船舶或钻井平台数据，以更准确识别海洋污染者和污染源。作为欧洲航天局（ESA）"可持续发展地球观测-海洋和沿海资源管理"项目的一部分，PML 自 2021 年初以来已经为 10 个西非国家提供海洋溢油检测服务。

6. 美国航空航天局（NASA）将启动四项地球科学观测计划，与 NOAA 合作测试新技术应对海洋溢油事故[454]

NASA 宣布于 2022 年启动四项地球科学计划，包括观测热带气旋、跟踪矿物粉尘、观察极端风暴以及测量地表水和海洋。其中测量地表水和海洋计划与法国空间研究中心、英国航天局和加拿大国家航天局合作，计划发射一颗装备有高精度水体测量仪的卫星，精确测量海洋、湖泊和河流的含水量及变化，帮助研究人员了解气候变化对淡水水体的影响，评估海洋吸收温室气体与热量的能力。这些计划的实施将为科学家提供更多关于地球基本气候系统和气候变化过程的信息。

此外，NASA 与美国国家海洋和大气管理局（NOAA）合作开发的海洋溢油厚度检测技术进入测试阶段。该技术利用安装有合成孔径雷达的飞机进行测量，可分析海面油层厚度及分布。与传统的船舶实地检测相比，该技术将大大降低海洋溢油检测的时间和经济成本，提高溢油事故的灾后响应效率。

7. 科学家利用美国航空航天局（NASA）卫星数据从太空追踪海洋微塑料[455]

海洋中的塑料垃圾因太阳照射和海浪运动而分解时，就会形成微塑料，这些塑料微粒会对海洋生物和生态系统产生危害。微塑料可以被洋流带到数百或者数千英里之外，因此很难追踪和清除它们。以往海洋微塑料运动轨迹的测量通常使用浮游生物拖网手段或海洋环流模型估算。美国密歇根大学的科学家提出了一种追踪海洋微塑料的创新方法，他们通过 NASA 旋风全球导航卫星系统（CYGNSS）获取海面粗糙度（遥感技术中表示海洋动力特征的参数，受风浪影响），在去除海表风速影响后，发现海洋微塑料分布与海表粗糙度有关，微塑料往往聚集于较平静的水域中，科学家认为 CYGNSS 可用作从太空追踪海洋微塑料的工具（图 7.39）。这项研究发表于《IEEE·地球科学与遥感学报》（*IEEE Transactions on Geoscience and Remote Sensing*）。

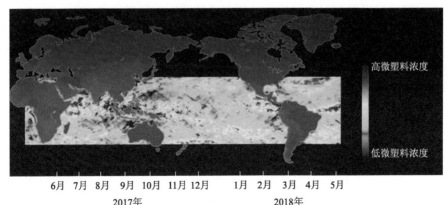

图 7.39　利用 CYGNSS 监测全球微塑料浓度变化（据 Evans 和 Ruf[455]）

四、人工智能化与信息化

当前，海洋大数据、云计算、物联网、区块链和人工智能技术快速发展，融入海洋科学中，为海洋资源开发、海洋生态环境保护提供全面透彻的信息感知、泛在随行的通信保障和精准智能的决策服务，逐步进入海洋信息采集、传输、处理、服务等方方面面，极大地提高了数据处理效率和精准度。在此领域，美国、英国等科技发达国家仍然保持较大的领先优势。

1. 美国科学家首次利用 AI 新技术分析极地冰原数据[456]

2021 年 1 月，美国马里兰大学巴尔的摩分校（UMBC）研究人员开发一种新的 AI 技术，可自动分析南北极冰雪变化数据，取代效率低下且劳动强度大的人工计算过程，从而更加快速地获得冰盖厚度和积雪变化趋势的信息。科学家利用该技术可以快速预测气候变化，评估冰盖融化对海平面上升的影响。

2. 欧洲海洋观测与数据网发布新版海底地形数字模型[457]

2021 年 1 月，欧洲海洋观测与数据网（EMODnet）通过整合、重处理船测和卫星遥感数据，形成最新版海底地形产品（DTM），网格分辨率达到 115m×115m，范围涵盖地中海、黑海、东北大西洋、北冰洋和巴伦支海，且提供强大的 3D 可视化功能。EMODnet 是由欧盟支持的开放数据服务平台，可通过 EMODnet Bathymetry 门户网站获取最新版海底地形数据。

3. 欧洲海洋观测与数据网络发布首张欧洲海岸线迁移地图[458]

2021 年 3 月，EMODnet 近期发布了欧洲 2007～2017 年的海岸线空间数据集。该数据集整合了实地测量和航空测绘数据，用户通过可视化窗口能对欧洲不同地区的海岸线时空变化进行观察，了解海岸线侵蚀速率，研究海岸带地形地貌和组成物质。

4. 澳大利亚研发智能海洋浮标以预测海洋热浪[459]

2021 年 3 月，澳大利亚多个研究机构宣布将合作研发用于测量海洋温度、风向和海浪的智能浮标，将实时测量拉尼娜现象的影响，通过卫星连接到全球检测网络，为科学家建立预测模型提供数据。科学家希望在全球范围内部署这些浮标，并建立开发数据库。公众也可以获取这些数据以及模型预测结果，及时了解海水变暖对海洋生物的影响。近年来，受拉尼娜现象的影响，西澳大利亚海域频繁发生海洋热浪，科学家预计海洋温度将持续变暖，到 2021 年将达到峰值，对珊瑚、鱼类等海洋生物产生破坏性的影响。

5. 挪威第二大油气田部署新型水下传感器，以长期监测海底变形[460]

2021 年 3 月，英国 Sonardyne 公司在荷兰皇家壳牌公司的一个北海油气田 800～1100m 水深区域部署了多个压力监测应答器（PMT）（图 7.40）。与传统的压力传感器不同的是，这款 PMT 使用了自动原位校准技术，定期对传感器周围的环境压力进行校准，收集海底压力、温度、海床倾斜度等数据，利用数学模型计算油气田海床的垂直位移情况，以厘米级的精度长期监测海底塌陷和滑坡，提前作出预警。

图 7.40　英国 Sonardyne 公司研发的压力监测应答器（据 Marine Technology[460]）

6. 英国开发新型雷达测深软件，以绘制近岸水深图[461]

2021 年 3 月，英国国家海洋学中心和国防科学技术实验室共同开发了一款基于雷达信号生成测深图的软件，通过分析船用导航雷达获取风和海浪数据，即可快速生成水深图和表层洋流图（图 7.41）。与传统声呐测深法不同的是，该软件仅可用于近岸几海里内的水域，但能在数小时内快速绘制海岸带、海底地形和洋流图，可应用于紧急状态。目前这款软件仍在开发中，英国海军正在试用，并将与现有的雷达导航系统集成。

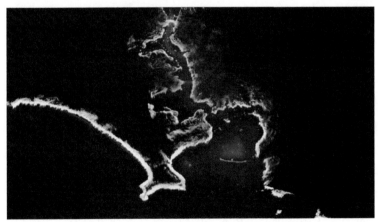

图 7.41　英国雷达测深软件绘制的普利茅斯湾表层洋流图（据 Royal Navy News[461]）

7. 英国将部署世界最大海洋观测系统，以保护海洋生物多样性[462]

2021 年 4 月，英国政府宣布，将在其 10 个海外领地部署海洋生物观测网络，以评估海洋保护工作的成效。该观测网络覆盖超过 400 万 km^2 海域，包括 66 套立体声诱饵远程水下视频系统（BRUVS），在水下 10m 处的碳纤维支架上悬挂多个摄像机，可在 7～10 天内采集 100 份资料，使人们能更好地了解观测区域的生物多样性、功能和连通性，同时获取必要的海洋数据信息。此项目耗资 200 万英镑，将持续 4 年，是英国政府"蓝带"计划的一部分。"蓝带"计划用于支持英国海外属地海洋环境保护和可持续管理，得到了近 2500 万英镑的资助。

8. 德国公司开发用于探测海洋涡旋的船载拖曳式探头链[463]

2021 年 6 月，德国 Sea & Sun Technology 公司开发了一种船载拖曳式探头链（TowCTD），通过电缆连接多个探头，可以最高 10 节的速度在水中拖动，同时进行 25 个深度剖面的海洋学和生物地球化学特征高精度测量（图 7.42）。以往温盐深仪（CTD）、水下滑翔机或 AUV 等都只能一次记录一个剖面数据，这种拖曳式探头链允许同时获取多个剖面数据，不需要进行时间差值处理。

图 7.42　船载拖曳式探头链（据 Marine Technology[463]）

9. 全球最大海洋数据供应商将向全球科学家开放其专有数据平台[464]

2021 年 6 月，全球最大海洋数据供应商 Sofar 公司宣布，将向全球科学家开放其海洋实时观测数据平台，包括波浪、风、温度、洋流等数据。这些数据由其研发的基于物联网的海洋观测浮标实时获取，观测网络覆盖了全球一半以上的海面，可为海上能源开发、全球气候变化建模和天气预报提供基础数据。

10. 美国科学家测试海岸地区测绘技术，采用组合装备优化沿海测量工作[465]

2021 年 8 月，美国南佛罗里达大学的科学家在墨西哥湾启动一项测试任务，对容易受到海平面变化和风暴事件影响的海岸地区进行测绘。测试人员使用了配备声学传感器的水上无人艇（USV）（图 7.43）、配备激光传感器的飞机，以及卫星图像来综合绘制高分辨率沿海图像。USV 由美国 SeaTrac 公司制造，通过编程设计任务后可在岸上远程控制，自动运行；配备激光传感器的飞机为美国 Fugro 公司制造，搭载轻型快速机载多波束测绘系统（RAMMS），可获取高效、高精度近岸测绘数据。测试人员表示，未来考虑将 RAMMS 系统安装到无人机、滑翔机或其他类型机器上，以实现更多场景应用。

图 7.43 配备声学传感器的水上无人艇（SeaTrac 公司推出的 USV）（据 USF[465]）

11. 美国地质调查局与荷兰辉固国际集团签署地理空间产品和服务合同，支持国家地理空间规划[466]

2021 年 9 月，美国地质调查局（USGS）与荷兰辉固国际集团签署了一份新的无限期、无限工作量的地理空间产品和服务合同。按照合同，荷兰辉固国际集团将提供基础数字服务，以支持美国国家地理空间规划（NGP）。美国地质调查局将在未来五年内陆续发布授予荷兰辉固国际集团的任务订单，包括广泛的地理数据服务以完善 NGP 中的美国地图、3D 高程数据、水文数据、流域边界数据和地球资源数据等。荷兰辉固国际集团表示，未来将提供多种创新性解决方案，包括激光雷达测绘、载人和自动测绘系统、云处理技术等，以安全、高效地提供地理测绘和数字制图服务。美国地质调查局与荷兰辉固国际集团已有数十年的合作关系，涉及地形测绘、水深测量、地球物理调查及水文测量等诸多方面（图 7.44）。

图 7.44 荷兰辉固国际集团帮助美国地质调查局获取并建立阿拉斯加水文数据库（据 Hydro International[466]）

12. 美国国家海洋和大气管理局拨款 4100 万美元，以升级大型海洋观测网络[467]

2021 年 9 月，美国国家海洋和大气管理局（NOAA）下属的美国综合海洋观测系统办公室（IOOS）宣布了 11 项新的五年合作协议，支持美国在气候、海岸带、海洋和五大湖观测方面持续增强能力、创新和现代化。第一年 IOOS 将向 NOAA 下属的国家海洋调查中心、海洋大气研究所、水资源调查中心、渔业中心、海洋和航空办公室，以及美国地质调查局（USGS）和美国环境保护署共拨款 4100 万美元，用于对阿拉斯加沿海、加勒比海沿海、加利福尼亚州沿海、墨西哥湾沿海、五大湖、中大西洋、东北太平洋以及太平洋岛屿等美国大型海洋观测网络的维护和升级，以加强生物和生态方面的监测，扩展云平台，并针对不同地区的实际需求建立和升级响应机制。NOAA 希望通过这一举措打造一个灵活的、现代化的观测网络来帮助了解气候变化，预测和应对沿海灾害，并满足国家和不同团体对资源利用、经济发展和环境管理之间的需求。

13. 美国哈里伯顿公司推出智能钻井测井平台[468]

2021 年 10 月，美国哈里伯顿公司推出一款智能钻井测井平台——iStar。该平台引进机器学习和人工智能技术，可在更靠近钻头的更深地层中工作，实时并准确测量储层电阻率、岩石孔隙度和地层密度等数据，并可同步传输地层图像，提高工作人员对复杂岩性和含气地层的识别和评价。此外，该平台具有自动化钻井技术，通过高频、连续的倾角和方位测量，结合高分辨率伽马射线测井数据，提高了井眼定位的准确性，降低了储层不确定性带来的风险；通过对钻井时扭矩、承重和振动的实时测量，可及时调整最佳钻速，提高钻井效率，大幅减少无效钻井时间；通过分析井眼形状和环空压力的实时测量数据，平台可自主评估井筒稳定性，有助于控制安全生产风险。

14. 美国斯克里普斯海洋研究所建造世界上最先进海洋大气模拟器[469]

2021 年 11 月，美国斯克里普斯海洋研究所（SIO）完成建造大型海洋大气模拟器（SOARS），将取代 20 世纪 60 年代建造的可模拟海洋-大气交换过程的原始波浪水槽模拟器。SOARS 位于 SIO 标志性的波浪形穹顶实验室，美国国家科学基金会（NSF）提供首笔 280 万美元建设费，加利福尼亚大学圣迭戈分校将分五年提供总计 400 万美元用于其维护和运营。相比于旧模拟器，SOARS 能够提供更大模拟范围，控制更多模拟变量，能更准确地反映可控条件下的海洋物理过程。相比于科考船在海上实地调查，SOARS 可排除不可控变量的影响，实现海上难以捕捉到的条件，缩短实际测试时间，大大降低了定向研究的成本。SOARS 实验室已于 2021 年 10 月完成最终测试，于 2022 年 1 月面向全世界的科研人员开放。这是目前世界上最先进的海洋模拟器，将作为美国国家大科学装置，为研究海洋和大气过程提供重要的科学实验支撑。

SOARS 使用过滤后的太平洋海水进行实验，主要可控参数如下。

最低模拟冷却温度：空气（风）–20℃，海水–2℃，可使海水结冰；

最高模拟温度：空气和海水均为 30℃；

最大模拟风速：101km/小时；

最大模拟浪高：0.9m；

最大海水容量：1137t；

波浪通道长度：36.6m；

设施高度：距地面 5.5m，波浪槽深度 2.4m；

设施宽度：总共 5.5m，波浪槽宽度 2.4m；

太阳能采集放大反射管数：6 个。

15. 科学家使用机器学习和模拟技术，以预测天然气水合物的形成与分布[470]

美国桑迪亚国家实验室和海军研究实验室使用数据统计和机器学习方法，研发了一套系统以预测海底天然气水合物的形成与分布。研究团队在已知有水合物储藏的布莱克海岭区域，运用统计采样软件 Dakota 和多相储层模拟软件 PFLOTRAN，输入全球预测海底模型（GPSM），确定最有可能影响水合物形成的参数，模拟化学物质反应及物质向海底运移过程。据模型测算，研究海域 500m 深处有水合物形成，且与海水总有机碳（TOC）值密切相关。研究团队运用地球物理观测数据对模拟结果进行了验证，绘制此海域水合物预测分布图。此研究系统所有软件都是开源的，可供其他科研人员使用。该项研究发表于《地球化学，地球物理学，地球系统学》。

16. 英国科学家研发人工智能海冰预测系统[471]

海冰变化受到上方大气和下方海水的影响，传统的物理动力学模型只能预测几周的变化，更长尺度的变化难以预测。近期，由英国南极调查局（BAS）和艾伦·图灵研究所领导的一个国际研究小组，将数十年海冰平面观测数据及数千年气候模拟数据输入电脑，基于深度学习开发了一套人工智能海冰预测系统。此系统可预测未来 6 个月海冰平均覆盖率，且预测未来两个月内是否会出现海冰的准确率接近 95%（图 7.45）。该系统提高了海冰预测的范围，准确性优于目前最先进的动力学模型。研究小组将进一步提高预测系统精度以达到每日预报的要求，并将适时发布海冰快速消失相关风险的预警系统。这项研究发表于《自然·通讯》。

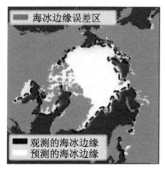 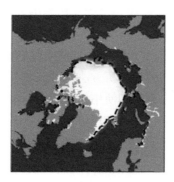 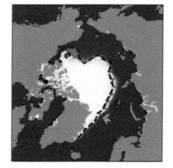

(a) 2020年7月　　　　　　　　(b) 2020年8月　　　　　　　　(c) 2020年9月

图 7.45　北极某海域人工智能海冰预测与实际观测的比较（据 Andersson 等[471]）

17. 可控源电磁成像可发现海洋淡水羽状流[473]

美国夏威夷大学马诺阿分校研究人员首次证明，表面拖曳的海洋可控源电磁（CSEM）成像方法可绘制高分辨率淡水羽状流影像（图 7.46），以发现海底表面淡水柱，这是 2020 年开创性发现海底淡水库成果的延伸。这项研究包括电磁数据驱动的二维 CSEM 反演、电阻率-盐度计算和淡水羽状流体积估计。通过研究，科学家发现夏威夷岛附近的海底和海洋表面之间存在大量淡水，而且这些淡水具有可再生性。这项研究发表在《地球物理研究快报》，方法可应用于全球沿海地区找寻海底淡水资源。

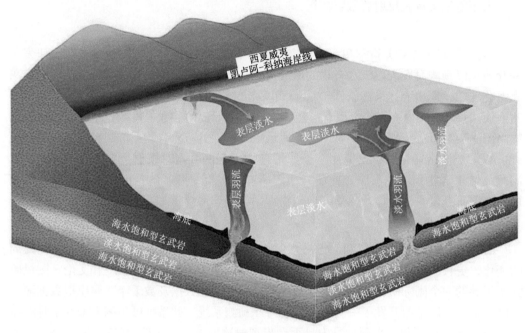

图 7.46 海中淡水柱示意图（据 Attias 等[472]）

SGD 为海底地下水排放

18. 以工程学图像分析方法，可监测珊瑚的细微变化[473]

全球气温升高、海洋酸化、疾病和过度捕捞等因素威胁着世界各地的珊瑚礁，但珊瑚是一种与藻类、细菌、病毒和真菌共存的动物宿主，其行为根据环境变化而有所不同，实时监测其健康状况非常困难。美国华盛顿大学研究人员在《科学·报告》中发表一项新成果，借鉴工程学中的图像分析方法，可发现石质珊瑚内部结构和表面的微小变化。珊瑚一般在晚上通过扩大息肉和使用触角捕捉浮游动物，通过图像分析能够量化这些夜间活动，加深我们对珊瑚行为和生理过程的了解，以更有效地保护珊瑚。

19. 科学家利用谷歌水下光纤电缆监测深海地震和海啸[474]

监测海底地震活动对于研究和预报近海地震、预测海啸威胁至关重要，但布设和维护相关的海底地球物理设备费用高昂，且技术难度大。美国加利福尼亚州理工大学联合谷歌公司、意大利拉奎拉大学的研究人员，利用谷歌布设的一条从美国洛杉矶到智利瓦尔帕莱索沿岸约 1 万 km 长的海底光纤电缆，创新性地提出了一种监测深海地震和海啸的新方法。此方法将海底光缆转化成为海底"地震仪"，利用地震时海底光缆的光偏振数据发生变化和光缆会被弯曲的原理，通过监测光缆数据异常后迅速发出地震警报，并预测海啸。相比于传统地球物理设备，该方法利用了已有的海底光纤设备，降低了地震监测的成本，且具有覆盖面积更广、预警速度更快、联动性更高的优点。该研究发表于《科学》。

20. 科学家研发便携式环境 DNA 测序设备，成功识别海洋物种[475]

环境 DNA（eDNA）是指从环境样品（如水体、沉积物等）中提取的 DNA，不需要对任何目标生物进行分离。只要一种生物在海水中待过，它就会如人的脱落皮屑、排泄物等一样在水中留下痕迹，这种痕迹就是 eDNA。美国科学家使用新开发的 eDNA 测序设备在佛罗里达海域中成功识别和发现 53 种水母，该设备的主机仅为手机大小，可实时显示被测样品的 DNA 序列。这种 eDNA 测序技术的发展有助于快速识别海洋中濒临灭绝、侵入性或危险的物种，以及难以通过传统手段观察到的物种，可以预警游泳者可能遭受伤害，对海洋生物保护更是具有重要意义。这项研究发表在《海洋科学前沿》。

参 考 文 献

[1] United Nations News. 'Make peace with nature', UN chief urges at Ocean Decade launch. 2021. https://news.un.org/en/story/2021/02/1083732[2021-2-13].

[2] Hydro International. Fugro Commits Geodata Expertise to UN Ocean Decade. 2021. https://www. hydro-international.com/content/news/fugro-commits-geodata-expertise-to-un-ocean-decade[2021-9-24].

[3] Sandra Cordon. Oceans "not yet beyond repair" but getting closer. 2021. https://news.globallandscapesforum.org/52281/second-world-ocean-assessment-on-critical-state-of-oceans/[2021-5-11].

[4] United Nations. The Second World Ocean Assessment. New York: United Nations, 2021.

[5] Gov. UK. Blue planet fund. 2021. https://www.gov.uk/government/publications/blue-planet-fund/blue-planet-fund[2021-11-4].

[6] Gov. UK. Adoption of Marine Plans marks big step forward for England's seas. 2021. https://www.gov.uk/government/news/adoption-of-marine-plans-marks-big-step-forward-for-englands-seas[2021-6-23].

[7] UKRI. UK researchers join forces to advance scientific climate solutions. 2021. https://www.ukri.org/news/uk-researchers-join-forces-to-advance-scientific-climate-solutions/[2021-11-3].

[8] GEOMAR. Recommendations for sustainable ocean observation and management. 2021. https://www.geomar.de/en/news/article/recommendations-for-sustainable-ocean-observation-and-management[2021-10-27].

[9] NSF. New Science and Technology Centers to address vexing societal problems. 2021. https://nsf.gov/news/special_reports/announcements/090921.jsp[2021-9-9].

[10] 邹昊, 姚小锴. 美整合海上力量图谋 "蓝色北极". 2021. http://www.81.cn/jfjbmap/content/2021-01/21/content_281043.htm[2021-1-21].

[11] 辛晓琳. 印度公布北极政策草案. 2021. http://www.polaroceanportal.com/article/3507[2021-1-14].

[12] Madison Dapcevich. World's 5th Ocean Now Officially Recognized by National Geographic. 2021. https://www.snopes.com/news/2021/06/09/worlds-fifth-ocean-recognized/[2021-6-9].

[13] AWI. EU Provides 15 Million Euros of Funding for Arctic Project. 2021. https://www.awi.de/en/about-us/service/press/single-view/eu-foerdert-arktisprojekt-mit-15-millionen-euro.html?utm_source=mirage news&utm_medium=miragenews&utm_campaign=news[2021-6-16].

[14] NOAA. Arctic Report Card: climate change transforming Arctic into dramatically different state. 2021. https://www.noaa.gov/news-release/arctic-report-card-climate-change-transforming-arctic-into-dramatically-different-state[2021-12-14].

[15] Arcric Council. Arctic council to convene for the first plenary meeting under the russian chairmanship. 2021. https://arctic-council.org/news/arctic-council-to-convene-for-the-first-plenary-meeting-under-the-russian-chairmanship/[2021-12-24].

[16] Smithsonian Tropical Research Institute. Panama expands the limits of the Coiba protected area. 2021. https://www.eurekalert.org/news-releases/486772[2021-6-9].

[17] ICLEI. 迈向 2020 年后全球生物多样性框架的爱丁堡进程. 2021. http://eastasia.iclei.org/new/latest/756.html[2021-7-9].

[18] The International Union for Conservation of Nature. 2020 年后全球生物多样性框架. 2021. Gland: The

International Union for Conservation of Nature.

[19] UN News. 2021. UNESCO 'eDNA' initiative to 'unlock' knowledge for biodiversity protection. https://news. un.org/en/story/2021/10/1103352[2021-10-18].

[20] NOAA. NOAA considers marine sanctuary off Hawaiian Islands. 2021. https://www.noaa.gov/news-release/ noaa-considers-marine-sanctuary-off-hawaiian-islands[2021-11-19].

[21] Papahānaumokuākea Marine National Monument. Ko Hawai 'i Pae' Āina-Hawaiian Archipelago. https:// www.papahanaumokuakea. gov/[2023-3-7].

[22] 中国清洁发展机制基金. 2020 年气候科学十大洞见——由 57 位全球顶尖研究员选出. 2021. https:// www.cdmfund.org/28098.html[2021-2-20].

[23] E360 DIGEST. UK Is Now Halfway Toward Meeting Its Zero-Carbon Goal by 2050. 2021. https://e360. yale.edu/digest/uk-is-now-halfway-toward-meeting-its-zero-carbon-goal-by-2050[2021-3-18].

[24] Carbon Brief. Analysis: UK is now halfway to meeting its 'net-zero emissions' target. 2021. https://www. carbonbrief.org/analysis-uk-is-now-halfway-to-meeting-its-net-zero-emissions-target/[2021-3-18].

[25] Cecilia Keating. Natural capital: Carbon sink value of UK waters estimated at £57bn. 2021. https://www. businessgreen.com/news/4029514/natural-capital-carbon-sink-value-uk-waters-estimated-gbp57bn[2021-4-7].

[26] Jessica Mkitarian. New Report Outlines Vision for Ocean Carbon Research for Climate. 2021. https:// globalocean.noaa.gov/News-Events/new-report-outlines-vision-for-ocean-carbon-research-for-climate [2021-5-3].

[27] Aricò S, Wanninkhof R, Sabine C. Integrated ocean carbon research: a summary of ocean carbon research, and vision of coordinated ocean carbon research and observations for the next decade. 2021. https://unesdoc.unesco.org/ark:/48223/pf0000376708UNESCO.

[28] Marine Conservation Society. Our new report: Blue carbon and rewilding our waters. 2021. https://www. mcsuk.org/news/our-new-report-blue-carbon-and-rewilding-our-waters/[2021-5-4].

[29] Earth Institute. Columbia World Projects Issues New Report on Carbon Capture and Storage. 2021. https:// news.climate.columbia.edu/2021/05/20/columbia-world-projects-issues-new-report-on-carbon-capture-and-storage/[2021-5-20].

[30] 巢清尘, 郭江汶, Arnell N, 等. 气候变化风险评估及治理(2021)——来自中英合作研究的洞见. 2021. http://www.3e.tsinghua.edu.cn/storage/app/media/uploaded-files/download/202112/WS2-3%20report% 20CN. pdf[2023-3-7].

[31] Masson-Delmotte V, Zhai P, Pirani A, et al. Climate change 2021: the physical science basis. Contribution of working group I to the sixth assessment report of the intergovernmental panel on climate change, 2021: 2.

[32] UN Environment Programme. Emissions gap report 2021. 2021. New York: UN Environment Programme.

[33] National Academies of Sciences, Engineering, and Medicine. New Report Assesses the Feasibility, Cost, and Potential Impacts of Ocean-Based Carbon Dioxide Removal Approaches; Recommends U. S. Research Program. 2021. https://www.nationalacademies.org/news/2021/12/new-report-assesses-the-feasibility-cost-and-potential-impacts-of-ocean-based-carbon-dioxide-removal-approaches-recommends-u-s-research-program[2021-12-8].

[34] National Academies of Sciences, Engineering, and Medicine. A research strategy for ocean-based carbon dioxide removal and sequestration. 2021. https://www.nationalacademies.org/our-work/a-research-strategy-for-ocean-carbon-dioxide-removal-and-sequestration.

[35] 新华网. 美国正式重返《巴黎协定》. 2021. http://www.xinhuanet.com/world/2021-02/20/c_1127116575. htm[2021-2-20].

[36] Stein J, Vogel J. Jones Act Extended to the Pristine Seabed of the Outer Continental Shelf. 2021. https://www. jdsupra. com/legalnews/jones-act-extended-to-the-pristine-7375908/[2021-2-4].

[37] US Department of Energy. US Energy Department Announces $14.5 Million For Offshore Wind Environmental Research. https://cleantechnica.com/2021/01/15/us-energy-department-announces-14-5-million-for-offshore-wind-environmental-research/[2021-1-15].

[38] US Department of Energy. Offshore wind energy strategies. 2021. https://www.energy. gov/sites/default/files/2022-01/offshore-wind-energy-strategies-report-january-2022. pdf[2023-1-15].

[39] Gov. UK. Natural England says nature recovery must be central to offshore wind plans. 2021. https://www. gov.uk/government/news/natural-england-says-nature-recovery-must-be-central-to-offshore-wind-plans [2021-6-16].

[40] Adnan Durakovic. Philippines Start Charting Offshore Wind Roadma. 2021. https://www.offshorewind. biz/2021/06/23/philippines-start-charting-offshore-wind-roadmap/[2021-6-23].

[41] Offshore Wind. Spain targets 3GW floater push for 2030. 2021. https://renews.biz/70869/spain-aims-for-1-3gw-floating-wind-by-2030/[2021-7-8].

[42] US Department of Energy. DOE Announces $27 Million To Accelerate Ocean Wave Energy Technology To Market. 2021. https://www.energy.gov/articles/doe-announces-27-million-accelerate-ocean-wave-energy-technology-market[2021-7-6].

[43] 全球能源互联网发展合作组织. IEA 发布《2021 全球氢能评论》. 2021. https://www.geidco.org.cn/2021/1011/3867. shtml[2022-10-14].

[44] IEA. Global Hydrogen Review 2021. 2021. https://www.iea.org/reports/global-hydrogen-review-2021 [2022-10-14].

[45] WHOI. DOE Funding will Support WHOI Research to Support Sustainable Development of Offshore Wind. 2021. https://www.whoi.edu/press-room/news-release/doe-funding-will-support-whoi-research-to-support-sustainable-development-of-offshore-wind/[2021-11-19].

[46] BOEM. BOEM-NREL Offshore Renewable Energy Technology Training. 2021. https://www.boem.gov/oil-gas-energy/2-jean-thurston-boem-nrel-ca-offshore-renewable-energy[2014-7-29].

[47] WorkBoat Staff. Sustainable Marine unveils next generation floating tidal energy platform. 2021. https://www.workboat.com/sustainable-marine-unveils-next-generation-floating-tidal-energy-platform[2021-2-4].

[48] The Explorer. 浮式太阳能发电的巨大潜力. 2021. https://www.theexplorer.no/cn/stories/energy/enormous-potential-in-floating-solar/[2021-10-7].

[49] The Advocate. OSU to break ground on wave energy test site. 2021. https://www.corvallisadvocate.com/2021/osu-to-break-ground-on-wave-energy-test-site/[2021-6-2].

[50] NOAA. NOAA signs data-share agreement with offshore wind energy company. 2021. https://www.noaa.gov/media-release/noaa-signs-data-share-agreement-with-offshore-wind-energy-company[2021-3-29].

[51] Marine Technology News. Swedish wave energy tech developer attracts funding. 2021. https://www.marinetechnologynews.com/news/swedish-energy-developer-attracts-609866[2021-4-13].

[52] Marine Technology News. Swedish wave energy tech developer attracts funding. 2021. https://www.emec.org.uk/press-release-mocean-energy-blue-x-wave-machine-starts-sea-trials-at-emec/[2021-4-13].

[53] Steffen L. Scotland Launches The World's Most Powerful Tidal Turbine. 2021. https://www.intelligentliving.co/scotland-most-powerful-tidal-turbine/[2021-7-1].

[54] Young C. Underwater Kite Draws Energy From Tides and Currents. 2021. https://interestingengineering.com/underwater-kite-draws-energy-from-tides-and-currents[2021-5-3].

[55] Khasawneh R. World's Largest: Sunseap to Build $2B Floating Solar Farm in Batam, Indonesia. 2021. https://www.oedigital.com/news/489359-world-s-largest-sunseap-to-build-2b-floating-solar-farm-in-batam-

indonesia[2021-7-22].

[56] American Institute of Physics. Triboelectric nanogenerators: harvesting energy from ocean waves. 2021. https://scitechdaily.com/triboelectric-nanogenerators-harvesting-energy-from-ocean-waves/[2021-8-4].

[57] WHOI. DOE Funding will Support WHOI Research to Support Sustainable Development of Offshore Wind. 2021. https://www.whoi.edu/press-room/news-release/doe-funding-will-support-whoi-research-to-support-sustainable-development-of-offshore-wind/[2021-11-19].

[58] Durakovic A. Ørsted, Siemens Gamesa Kickstart Offshore Wind to Hydrogen Project. 2021. https://www.offshorewind.biz/2021/01/08/orsted-siemens-gamesa-kickstart-offshore-wind-to-hydrogen-project/[2021-1-8].

[59] Snieckus D. Acciona leads plan to build 'world's first floating wind-and-solar hydrogen complex'. 2021. https://www.rechargenews.com/transition/acciona-leads-plan-to-build-worlds-first-floating-wind-and-solar-hydrogen-complex/2-1-946028[2021-1-17].

[60] OE Staff. Engie, Equinor in Low-carbon Hydrogen Push. 2021. https://www.oedigital.com/news/485379-engie-equinor-in-low-carbon-hydrogen-push[2021-2-18].

[61] Fuel Cells Works. TechnipFMC Pilots Green Hydrogen Offshore Energy System. 2021. https://fuelcellsworks.com/news/technipfmc-pilots-green-hydrogen-offshore-energy-system/[2021-1-7].

[62] Nikkei Staff. Japan eyes undersea 'fire ice' as source of clean-burning hydrogen. 2021. https://asia.nikkei.com/Spotlight/Environment/Climate-Change/Japan-eyes-undersea-fire-ice-as-source-of-clean-burning-hydrogen[2021-3-20].

[63] Morning Star. 贝克休斯和 Horisont Energi 签署了突破性的近海巴伦支海碳捕获、运输和储存项目谅解备忘录. 2021. https://www.ximeiapp.com/article/2833226[2021-3-23].

[64] Marine Link. ABS Signs on Maritime Fuel Cell Development Project. 2021. https://www.marinelink.com/news/abs-signs-maritime-fuel-cell-development-486827[2021-4-13].

[65] Marine Link. Japan, Australia to Build Green Hydrogen Supply Chain. 2021. https://www.marinelink.com/news/japan-australia-build-green-hydrogen-490662[2021-9-15].

[66] Howarth R W, Jacobson M Z. How green is blue hydrogen? Energy Science & Engineering, 2021, 9(10): 1676-1687.

[67] OE Staff. Fugro, MMT tapped for seabed mapping work at Danish Wind Energy Hub in North Sea. 2021. https://www.oedigital.com/news/486752-fugro-mmt-tapped-for-seabed-mapping-work-at-danish-wind-energy-hub-in-north-sea[2021-4-12].

[68] Jewkes S. Saipem, Partners to Build Huge Offshore Clean Energy Hub in Italy. 2021. https://www.oedigital.com/news/485398-saipem-partners-to-build-huge-offshore-clean-energy-hub-in-italy[2021-2-18].

[69] Umesh Ellichipuram. Minesto and Schneider Electric collaborate on ocean energy farms. 2021. https://www.power-technology.com/news/minesto-schneider-electric-collaboration-ocean-energy/[2021-3-15].

[70] Fuelcellsworks. 英国: 南威尔士绿色氢能项目进入第二阶段. 2021. https://newenergy.in-en.com/html/newenergy-2403054.shtml[2021-3-22].

[71] Bridget Randall-Smith. EU all for Belgian Energy Island. 2021. https://www.4coffshore.com/news/eu-all-for-belgian-energy-island-nid23751.html[2021-6-30].

[72] Gov Scot. Floating wind and green hydrogen - fostering future Scottish-French research and development collaboration: report. 2021. https://www.gov.scot/publications/fostering-future-scottish-french-research-development-collaboration-floating-wind-green-hydrogen/[2021-7-26].

[73] Buljan A. Danes to Start Offshore Surveys at Baltic Sea Energy Island's OWF Areas. 2021. https://www.offshorewind.biz/2021/06/30/danes-to-start-offshore-surveys-at-baltic-sea-energy-islands-owf-areas/[2021 -6-30].

[74] NTNU Energy. The North Sea as a springboard for the green transition. 2021. https://www.ntnu.

edu/energytransition/the-north-sea-as-a-platform-for-a-green-transition[2021-7-30].

[75] Australian Antarctic Program. 'STATE-OF-THE-ART' resupply ship departs hobart for antarctica. 2021. https://www.antarctica.gov.au/news/2021/state-of-the-art-resupply-ship/[2021-1-10].

[76] Australian Antarctic Program. UPDATE: support ship heads south to accompany mpv everest. 2021. https://www.antarctica.gov.au/news/2021/update-support-ship-heads-south-to-accompany-mpv-everest/ [2021-4-9].

[77] Sea News. Russia to Spend Billion Rubles to Transport Vostok Station to Antarctic. 2021. https://seanews. ru/en/2021/09/01/en-russia-to-spend-billion-rubles-to-transport-vostok-station-to-antarctic/ [2021-1-9].

[78] Сергей Котенко. В Ленинградской области завершили строительство нового комплекса для антарктической станции «Восток». 2021. https://sdelanounas.ru/blogs/135302/[2021-8-27].

[79] Australian Antarctic Program. More to a map than meets the eye. 2021. https://www.antarctica.gov.au/news/2021/more-to-a-map-than-meets-the-eye/[2021-8-17].

[80] Australian Antarctic Program. Australian antarctic division drills into ambitious new season. 2021. https://www.antarctica.gov.au/news/2021/australian-antarctic-division-drills-into-ambitious-new-season/[2021-9-28].

[81] Antarctica New Zealand. Drilling into Antarctica's past to see our future. 2021. https://www.antarcticanz. govt.nz/media/news/drilling-into-antarcticas-past-to-see-our-future[2021-11-9].

[82] British Antarctic Survey. Winners announced in British Antarctic Survey and University of Cambridge net zero hackathon to decarbonise UK Antarctic Research Stations. 2021. https://www.bas.ac.uk/media-post/hackathon-net-zero/[2021-12-15].

[83] British Antarctic Survey. Mission to drill Antarctica's oldest ice. 2021. https://www.bas.ac.uk/media-post/mission-to-drill-antarcticas-oldest-ice/[2021-11-30].

[84] Andronikov A V, Andronikova I E, Pour O. Major and Trace-Element Chemistry of Cr-Spinel in Upper Mantle Xenoliths from East Antarctica. Minerals, 2022, 12(6): 720.

[85] Spbvedomosti. ru. Судно «Академик Федоров» вышло в экспедицию в Антарктиду из Петербурга. 2021. https://spbvedomosti.ru/news/gorod/sudno-akademik-fedorov-vyshlo-v-ekspeditsiyu-v-antarktidu-iz-peterburga-/[2021-11-1].

[86] Shipspotting. AKADEMIK FEDOROV - IMO 8519837. 2021. https://www.shipspotting. com/photos/3018749 [2019-6-20].

[87] FlyTeam. jp. 砕氷艦「しらせ」、第63次南極観測協力 11月10日-3月30日. 2021. https://flyteam. jp/news/article/134490[2021-10-13].

[88] 信德海事网. 中国最缺这种船：我们刚刚能造，日本已发展到第四代. 2017. https://www. xindemarinenews.com/m/view.php?aid=1654[2017-12-24].

[89] British Antarctic Survey. RRS Sir David Attenborough makes maiden voyage to Antarctica. 2021. https://www.bas.ac.uk/media-post/rrs-sir-david-attenborough-makes-maiden-voyage-to-antarctica/[2021-11-16].

[90] Glacier T. Thwaites Glacier takes centre stage at pre-COP event in London. 2021. https://thwaitesglacier. org/index. php/news/thwaites-pre-cop-event-london[2021-11-4].

[91] Jenssen V. Vekker til livet en gammel polartradisjon. 2021. https://www.npolar.no/nyhet/vekker-til-livet-en-gammel-polartradisjon/#top[2021-11-24].

[92] Shirshov Institute of Oceanology of Russian Academy of Sciences. 87-й рейс НИС "Академик Мстислав Келдыш". 2021. https://www.ocean.ru/index.php/vse-novosti/item/2291-87-j-rejs-nis-akademik-mstislav-keldysh[2021-12-7].

[93] Boreal Shipping & Co. Completion of the voyage #66 of research vessel "Akademik Mstislav Keldysh" at the port of Arkhangelsk. 2016. http://www.boreal.ru/news/2016/zavershenie_66_reysa_nis_akademik_mstislav_keldysh_v_portu_arkhangelsk/[2016-8-22].

[94] Bernton H. Seattle-based Coast Guard cutter's journey through the Arctic: no 'ice liberty' in changing waters. https://www.seattletimes.com/seattle-news/environment/seattle-based-coast-guard-cutters-journey-through-the-arctic-no-ice-liberty-in-changing-waters/[2021-10-29].

[95] Rasmussen C. NASA's Oceans Melting Greenland mission leaves for its last field trip. 2021. https://phys. org/news/2021-08-nasa-oceans-greenland-mission-field. html[2021-8-4].

[96] GEOMAR. Preparations for international Arctic Century Expedition in Kiel. 2021. https://www.geomar. de/en/news/article/vorbereitungen-fuer-internationale-arctic-century-expedition-in-kiel[2021-7-23].

[97] Bannerman N. Russia begins $889m Polar Express Arctic cable. 2021. https://www.capacitymedia.com/ article/29otdhk3j2ycxulos7b40/news/russia-begins-889m-polar-express-arctic-cable[2021-8-9].

[98] Portnews. ru. Rosneft begins unique geological research on the Eastern Arctic shelf. 2021. https://en. portnews.ru/news/317665/[2021-8-26].

[99] Royce R. Geophysics professor sails north in search of deep-sea answer. 2021. https://alaska-native-news. com/geophysics-professor-sails-north-in-search-of-deep-sea-answer/57223/[2021-8-13].

[100] TASS. Scientists wrap up Russia-US expedition to study climate changes in Arctic. 2021. https://tass. com/economy/1351787?utm_source=docs.qq.com&utm_medium=referral&utm_campaign=docs.qq.com&utm_ referrer=docs. qq. com[2021-10-20].

[101] JAMSTEC. 今年も海洋地球研究船「みらい」が北極海での調査に向け出港しました. 2021. https://www.jamstec.go.jp/j/pr/info/20210831170000/[2021-8-31].

[102] Stefan Bünz. HACON project pioneers 4km deep explorations of underwater volcanoes under permanent Arctic Ice cover. 2021. https://cage.uit.no/2021/10/25/hacon21expedition/[2021-10-25].

[103] University of Southampton. Expedition completes deep sea exploration of hydrothermal vents, 4 km under ice. 2021. https://phys.org/news/2021-10-deep-sea-exploration-hydrothermal-vents.html[2021-10-28].

[104] Marschalek J W, Zurli L, Talarico F, et al. A large West Antarctic Ice Sheet explains early Neogene sea-level amplitude. Nature, 2021, 600(7889): 450-455.

[105] Shi J R, Talley L D, Xie S P, et al. Ocean warming and accelerating Southern Ocean zonal flow. Nature Climate Change, 2021, 11(12): 1090-1097.

[106] Wu S, Lembke-Jene L, Lamy F, et al. Orbital-and millennial-scale Antarctic Circumpolar Current variability in Drake Passage over the past 140, 000 years. Nature Communications, 2021, 12(1): 1-9.

[107] Zheng Y, Jong L M, Phipps S J, et al. Extending and understanding the South West Western Australian rainfall record using a snowfall reconstruction from Law Dome, East Antarctica. Climate of the Past, 2021, 17(5): 1973-1987.

[108] Lowry D P, Krapp M, Golledge N R, et al. The influence of emissions scenarios on future Antarctic ice loss is unlikely to emerge this century. Communications Earth & Environment, 2021, 2(1): 1-14.

[109] McConnell J R, Chellman N J, Mulvaney R, et al. Hemispheric black carbon increase after the 13th-century Māori arrival in New Zealand. Nature, 2021, 598(7879): 82-85.

[110] Rosier S H R, Reese R, Donges J F, et al. The tipping points and early warning indicators for Pine Island Glacier, West Antarctica. The Cryosphere, 2021, 15(3): 1501-1516.

[111] Bradshaw C D, Langebroek P M, Lear C H, et al. Hydrological impact of Middle Miocene Antarctic ice-free areas coupled to deep ocean temperatures. Nature Geoscience, 2021, 14(6): 429-436.

[112] Adusumilli S, A Fish M, Fricker H A, et al. Atmospheric river precipitation contributed to rapid increases in surface height of the west Antarctic ice sheet in 2019. Geophysical Research Letters, 2021, 48(5): e2020GL091076.

[113] Buizert C, Fudge T J, Roberts W H G, et al. Antarctic surface temperature and elevation during the Last Glacial Maximum. Science, 2021, 372(6546): 1097-1101.

[114] Starr A, Hall I R, Barker S, et al. Antarctic icebergs reorganize ocean circulation during Pleistocene glacials. Nature, 2021, 589(7841): 236-241.

[115] Barnes D K A, Kuhn G, Hillenbrand C D, et al. Richness, growth, and persistence of life under an Antarctic ice shelf. Current Biology, 2021, 31(24): R1566-R1567.

[116] Van Ginneken M, Goderis S, Artemieva N, et al. A large meteoritic event over Antarctica ca. 430 ka ago inferred from chondritic spherules from the Sør Rondane Mountains. Science Advances, 2021, 7(14): eabc1008.

[117] Geibert W, Matthiessen J, Stimac I, et al. Glacial episodes of a freshwater Arctic Ocean covered by a thick ice shelf. Nature, 2021, 590(7844): 97-102.

[118] Zhang J, Weijer W, Steele M, et al. Labrador Sea freshening linked to Beaufort Gyre freshwater release. Nature communications, 2021, 12(1): 1-8.

[119] Normandeau A, MacKillop K, Macquarrie M, et al. Submarine landslides triggered by iceberg collision with the seafloor. Nature Geoscience, 2021, 14(8): 599-605.

[120] Schweiger A, Steele M, Zhang J, et al. Accelerated Sea Ice Loss in the Wandel Sea Points to a Change in the Arctic's Last Ice Area. Communications Earth & Environment, 2021, 2: 122.

[121] Søgaard D H, Sorrell B K, Sejr M K, et al. An under-ice bloom of mixotrophic haptophytes in low nutrient and freshwater-influenced Arctic waters. Scientific Reports, 2021, 11(1): 1-8.

[122] Podolskiy E A, Kanna N, Sugiyama S. Co-seismic eruption and intermittent turbulence of a subglacial discharge plume revealed by continuous subsurface observations in Greenland. Communications Earth & Environment, 2021, 2(1): 1-16.

[123] Varty S, Lehnherr I, Pierre K, et al. Methylmercury transport and fate shows strong seasonal and spatial variability along a High Arctic freshwater hydrologic continuum. Environmental Science & Technology, 2020, 55(1): 331-340.

[124] El bani Altuna N, Rasmussen T L, Ezat M M, et al. Deglacial bottom water warming intensified Arctic methane seepage in the NW Barents Sea. Communications Earth & Environment, 2021, 2(1): 1-9.

[125] Dessandier P A, Knies J, Plaza-Faverola A, et al. Ice-sheet melt drove methane emissions in the Arctic during the last two interglacials. Geology, 2021, 49(7): 799-803.

[126] Matsumura S, Yamazaki K, Suzuki K. Slow-down in summer warming over Greenland in the past decade linked to central Pacific El Niño. Communications Earth & Environment, 2021, 2(1): 1-8.

[127] Liljedahl L C, Meierbachtol T, Harper J, et al. Rapid and sensitive response of Greenland's groundwater system to ice sheet change. Nature Geoscience, 2021, 14(10): 751-755.

[128] Osman M B, Smith B E, Trusel L D, et al. Abrupt Common Era hydroclimate shifts drive west Greenland ice cap change. Nature Geoscience, 2021, 14(10): 756-761.

[129] Boers N, Rypdal M. Critical slowing down suggests that the western Greenland Ice Sheet is close to a tipping point. Proceedings of the National Academy of Sciences, 2021, 118(21): e2024192118.

[130] Hawkings J R, Linhoff B S, Wadham J L, et al. Large subglacial source of mercury from the southwestern margin of the Greenland Ice Sheet. Nature Geoscience, 2021, 14(7): 496-502.

[131] Stranne C, Nilsson J, Ulfsbo A, et al. The climate sensitivity of northern Greenland fjords is amplified through sea-ice damming. Communications Earth & Environment, 2021, 2(1): 1-8.

[132] Podolskiy E A, Murai Y, Kanna N, et al. Ocean-bottom and surface seismometers reveal continuous glacial tremor and slip. Nature Communications, 2021, 12(1): 1-11.

[133] Slater T, Lawrence I R, Otosaka I N, et al. Earth's ice imbalance. The Cryosphere, 2021, 15(1): 233-246.

[134] Gowan E J, Zhang X, Khosravi S, et al. A new global ice sheet reconstruction for the past 80 000 years.

Nature Communications, 2021, 12（1）: 1-9.

[135] Sumit Arora. First project Genome Mapping in Indian Ocean will be launched. 2021. https://currentaffairs. adda247.com/first-project-genome-mapping-in-indian-ocean-will-be-launched/[2021-3-15].

[136] Maui News. NOAA Awards UH $210 Million To Host Institute for Marine & Atmospheric Research. 2021. https://mauinow.com/2021/06/02/noaa-awards-uh-210-million-to-host-institute-for-marine-atmospheric-research/[2021-6-2].

[137] Ocean News. Major New International Expedition Sets Sail in Central Atlantic Ocean. 2021. https://www. oceannews.com/news/science-and-tech/major-new-international-expedition-sets-sail-in-central-atlantic-ocean[2021-7-22].

[138] French oceanographic fleet. Campagne Amazomix: étude des processus physiques et leurs impacts sur l'écosystème marin à l'embouchure de l'Amazone. 2021. https://www.flotteoceanographique.fr/en/News/Campagne-Amazomix-Etude-des-processus-physiques-et-leurs-impacts-sur-l-ecosysteme-marin-a-l-embouchure-de-l-Amazone[2021-8-30].

[139] Ifremer. Antea. 2021. https://www.flotteoceanographique.fr/en/Facilities/Vessels-Deep-water-submersible-vehicles-and-Mobile-equipments/Overseas-vessels/Antea[2021-10-28].

[140] NOAA. NOAA awards $7.3 million for marine debris removal, prevention, and research. 2021. https://www.noaa.gov/news-release/noaa-awards-73-million-for-marine-debris-removal-prevention-and-research [2021-9-9].

[141] Marine Technology. NCCOS Awards $1.7M to Support Habitat Connectivity Research in National Marine Sanctuaries. 2021. https://www.marinetechnologynews.com/news/nccos-awards-support-habitat-614362[2021-10-13].

[142] NOAA. NOAA Awards $15. 2M for Harmful Algal Bloom Research. 2021. https://oceanservice.noaa.gov/news/oct21/2021-hab-awards. html[2021-10-27].

[143] NOAA. NOAA and NFWF grant $39.5 million for national coastal resilience projects. 2021. https://www.noaa.gov/news-release/noaa-and-nfwf-grant-395-million-for-national-coastal-resilience-projects[2021-11-18].

[144] DAM. Protection and sustainable use of the oceans. 2021. https://www.allianz-meeresforschung.de/en/news/protection-and-sustainable-use-of-the-oceans/[2021-12-1].

[145] IOW. MGF-Ostsee. 2021. https://www.io-warnemuende.de/methods-and-gears.html[2021-3-12].

[146] GEOMAR. A grand measuring journey across the Atlantic. 2021. https://www.geomar.de/en/news/article/a-grand-measuring-journey-across-the-atlantic[2021-12-13].

[147] Publisher Ministry of Petroleum and Energy. Approval of plans for CO_2-storage. 2021. https://www.regjeringen.no/en/historical-archive/solbergs-government/Ministries/oed/press-releases/2021/godkjenner-utbyggingsplan-for-co2-lagring/id2837595/[2021-3-9].

[148] Government. no. Announcement of areas related to CO_2 storage. 2021. https://www.regjeringen.no/en/historical-archive/solbergs-government/Ministries/oed/press-releases/2021/announcement-of-areas-related-to-co2-storage/id2871068/[2021-9-10].

[149] Marchant N. Threatened by rising sea levels, the Maldives is building a floating city. 2021. https://www.weforum.org/agenda/2021/05/maldives-floating-city-climate-change/[2021-5-119].

[150] Toby S. Dutch Gov't Awards $2. 56B for Rotterdam Carbon Capture Project. 2021. https://www.marinelink.com/news/dutch-govt-awards-b-rotterdam-carbon-488280[2021-6-8].

[151] OE Staff. ExxonMobil Joins Scottish Carbon Capture and Storage Project. 2021. https://www.oedigital.com/news/489225-exxonmobil-joins-scottish-carbon-capture-and-storage-project[2021-7-16].

[152] Fraser D. 'No easy answers' WHOI building project designed for sea-level rise. 2021. https://www.capecodtimes.com/story/news/2021/08/26/woods-hole-noaa-whoi-mbl-building-projects-designed-sea-

level-rise/8243303002/[2021-8-26].

[153] DAM. The CDRmare Collaborative Research Consortia. 2021. https://cdrmare.de/en/die-forschungsverbuende/ [2021-8-31].

[154] Srinivasan V. CO_2 Utilisation Roadmap. 2022. https://www.csiro.au/en/work-with-us/services/consultancy-strategic-advice-services/CSIRO-futures/Futures-reports/CO$_2$-Utilisation-Roadmap[2022-5-20].

[155] JSA. 2050 年 GHG ネットゼロ. 2021. https://www.jsanet.or.jp/GHG/index.html[2021-10-31].

[156] Zonneveld K. Expedition with the MARIA S. MERIAN to Cap Blanc. 2021. https://www.marum. de/en/Discover/Expedition-with-the-MARIA-S.-merian-to-cap-blanc.html[2021-11-15].

[157] Abdulla A, Hanna R, Schell K R, et al. Explaining successful and failed investments in US carbon capture and storage using empirical and expert assessments. Environmental Research Letters, 2020, 16(1): 014036.

[158] Friedlingstein P, Jones M W, O'Sullivan M, et al. Global carbon budget 2021. Earth System Science Data, 2022, 14(4): 1917-2005.

[159] Geotrace. Swings Cruise. 2021. https://swings.geotraces.org/en/homepage-english/[2021-3-8].

[160] Liang J. Scientists are Developing a New Observation Network for the Ocean's 'Twilight Zone'. 2021. https://www.deeperblue.com/scientists-are-developing-a-new-observation-network-for-the-oceans-twilight-zone/[2021-3-3].

[161] Zhang W. The importance of mud. 2021. https://www.hereon.de/innovation_transfer/communication_media/news/103213/index. php. en[2021-10-3].

[162] Sala E, Mayorga J, Bradley D, et al. Protecting the global ocean for biodiversity, food and climate. Nature, 2021, 592(7854): 397-402.

[163] Grorud-Colvert K, Sullivan-Stack J, Roberts C, et al. The MPA Guide: a framework to achieve global goals for the ocean. Science, 2021, 373(6560): eabf0861.

[164] Hallegraeff G M, Anderson D M, Belin C, et al. Perceived global increase in algal blooms is attributable to intensified monitoring and emerging bloom impacts. Communications Earth & Environment, 2021, 2(1): 1-10.

[165] Miselis J L, Flocks J G, Zeigler S, et al. Impacts of sediment removal from and placement in coastal barrier island systems: U. S. Geological Survey Open-File Report, 2021, 1062: 94.

[166] Burgess S C, Johnston E C, Wyatt A S J, et al. Response diversity in corals: hidden differences in bleaching mortality among cryptic Pocillopora species. Ecology, 2021, 102(6): e03324.

[167] Babbin A R, Tamasi T, Dumit D, et al. Discovery and quantification of anaerobic nitrogen metabolisms among oxygenated tropical Cuban stony corals. The International Society for Microbial Ecology Journal, 2021, 15(4): 1222-1235.

[168] Chen T, Li S, Zhao J, et al. Uranium-thorium dating of coral mortality and community shift in a highly disturbed inshore reef(Weizhou Island, northern South China Sea). Science of the Total Environment, 2021, 752: 141866.

[169] Shilling E N, Combs I R, Voss J D. Assessing the effectiveness of two intervention methods for stony coral tissue loss disease on Montastraea cavernosa. Scientific reports, 2021, 11(1): 1-11.

[170] Mongin M, Baird M E, Lenton A, et al. Reversing ocean acidification along the Great Barrier Reef using alkalinity injection. Environmental Research Letters, 2021, 16(6): 64068.

[171] Sauvage J F, Flinders A, Spivack A J, et al. The contribution of water radiolysis to marine sedimentary life. Nature Communications, 2021, 12(1): 1-9.

[172] Lomas M W, Baer S E, Mouginot C, et al. Varying influence of phytoplankton biodiversity and stoichiometric plasticity on bulk particulate stoichiometry across ocean basins. Communications Earth

& Environment, 2021, 2(1): 1-10.

[173] Gauthier A E, Chandler C E, Poli V, et al. Deep-sea microbes as tools to refine the rules of innate immune pattern recognition. Science Immunology, 2021, 6(57): eabe0531.

[174] Buedenbender L, Kumar A, Blümel M, et al. Genomics-and metabolomics-based investigation of the deep-sea sediment-derived yeast, Rhodotorula mucilaginosa 50-3-19/20B. Marine Drugs, 2020, 19(1): 14.

[175] Angelova A G, Berx B, Bresnan E, et al. Inter-and intra-annual bacterioplankton community patterns in a deepwater sub-arctic region: persistent high background abundance of putative oil degraders. MBio, 2021, 12(2): e03701-20.

[176] Bergo N M, Bendia A G, Ferreira J C N, et al. Microbial diversity of deep-sea ferromanganese crust field in the Rio Grande Rise, Southwestern Atlantic Ocean. Microbial Ecology, 2021, 82(2): 344-355.

[177] Lan Y, Sun J, Chen C, et al. Dual symbiosis in the deep-sea hydrothermal vent snail Gigantopelta aegis revealed by its hologenome. bioRxiv, 2020.

[178] Hu S K, Herrera E L, Smith A R, et al. Protistan grazing impacts microbial communities and carbon cycling at deep-sea hydrothermal vents. Proceedings of the National Academy of Sciences, 2021, 118(29): e2102674118.

[179] Alexandra Wood. Damaging fishing is taking place 'in almost all of the UK's offshore protected areas'. 2021. https://www.yorkshirepost.co.uk/news/people/damaging-fishing-taking-place-almost-all-uks-offshore-protected-areas-3086352[2021-1-6].

[180] Duarte C M, Chapuis L, Collin S P, et al. The soundscape of the Anthropocene ocean. Science, 2021, 371(6529): eaba4658.

[181] Madeline Montgomery. Record breaking number of manatees die in 2021. 2021. https://cbs12.com/news/local/record-breaking-number-of-manatees-die-in-2021[2021-3-12].

[182] Aquino C A, Besemer R M, DeRito C M, et al. Evidence that microorganisms at the animal-water interface drive sea star wasting disease. Frontiers in Microbiology, 2021: 3278.

[183] The Ocean Race. The Ocean Race discovers microfibres are rife in Europe's seas. 2021. https://www.theoceanrace.com/en/news/12966_The-Ocean-Race-discovers-microfibres-are-rife-in-Europes-seas.html [2021-12-15].

[184] Stefánsson H, Peternell M, Konrad-Schmolke M, et al. Microplastics in glaciers: first results from the Vatnajökull ice cap. Sustainability, 2021, 13(8): 4183.

[185] Ross P S, Chastain S, Vassilenko E, et al. Pervasive distribution of polyester fibres in the Arctic Ocean is driven by Atlantic inputs. Nature Communications, 2021, 12(1): 1-9.

[186] Kanda A. Deep seabed off Chiba becomes final dumpsite for plastic waste. 2021. https://www.asahi.com/ajw/articles/14322998[2021-4-19].

[187] Harris P T, Westerveld L, Nyberg B, et al. Exposure of coastal environments to river-sourced plastic pollution. Science of the Total Environment, 2021, 769: 145222.

[188] Mazzotta M G, Reddy C M, Ward C P. Rapid Degradation of Cellulose Diacetate by Marine Microbes. Environmental Science & Technology Letters, 2021, 9(1): 37-41.

[189] Walsh A N, Reddy C M, Niles S F, et al. Plastic formulation is an emerging control of its photochemical fate in the ocean. Environmental Science & Technology, 2021, 55(18): 12383-12392.

[190] Kvale K, Prowe A E F, Chien C T, et al. Zooplankton grazing of microplastic can accelerate global loss of ocean oxygen. Nature Communications, 2021, 12(1): 1-8.

[191] Haram L E, Carlton J T, Centurioni L, et al. Emergence of a neopelagic community through the establishment of coastal species on the high seas. Nature Communications, 2021, 12(1): 1-5.

[192] De Vos A, Aluwihare L, Youngs S, et al. The M/V X-Press Pearl Nurdle Spill: contamination of Burnt

Plastic and Unburnt Nurdles along Sri Lanka's Beaches. ACS Environmental Au, 2021, 2（2）: 128-135.

[193] Sanchez-Vidal A, Canals M, de Haan W P, et al. Seagrasses provide a novel ecosystem service by trapping marine plastics. Scientific Reports, 2021, 11（1）: 1-7.

[194] Peng Y, Wu P, Schartup A T, et al. Plastic waste release caused by COVID-19 and its fate in the global ocean. Proceedings of the National Academy of Sciences, 2021, 118（47）: e2111530118.

[195] Belden E R, Kazantzis N K, Reddy C M, et al. Thermodynamic feasibility of shipboard conversion of marine plastics to blue diesel for self-powered ocean cleanup. Proceedings of the National Academy of Sciences, 2021, 118（46）: e2107250118.

[196] Sattarova V, Aksentov K, Alatortsev A, et al. Distribution and contamination assessment of trace metals in surface sediments of the South China Sea, Vietnam. Marine Pollution Bulletin, 2021, 173: 113045.

[197] Sanei H, Outridge P M, Oguri K, et al. High mercury accumulation in deep-ocean hadal sediments. Scientific Reports, 2021, 11（1）: 1-8.

[198] Hong Y, Yasuhara M, Iwatani H, et al. Ecosystem turnover in an urbanized subtropical seascape driven by climate and pollution. Anthropocene, 2021, 36: 100304.

[199] Oschlies A. A committed fourfold increase in ocean oxygen loss. Nature Communications, 2021, 12（1）: 1-8.

[200] Johnson M D, Scott J J, Leray M, et al. Rapid ecosystem-scale consequences of acute deoxygenation on a Caribbean coral reef. Nature Communications, 2021, 12（1）: 1-12.

[201] Cornwall C E, Comeau S, Kornder N A, et al. Global declines in coral reef calcium carbonate production under ocean acidification and warming. Proceedings of the National Academy of Sciences, 2021, 118（21）: e2015265118.

[202] Bullard E M, Torres I, Ren T, et al. Shell mineralogy of a foundational marine species, Mytilus californianus, over half a century in a changing ocean. Proceedings of the National Academy of Sciences, 2021, 118（3）: e2004769118.

[203] Ricart A M, Ward M, Hill T M, et al. Coast-wide evidence of low pH amelioration by seagrass ecosystems. Global Change Biology, 2021, 27（11）: 2580-2591.

[204] Butenschön M, Lovato T, Masina S, et al. Alkalinization scenarios in the Mediterranean Sea for efficient removal of atmospheric CO_2 and the mitigation of ocean acidification. Frontiers in Climate, 2021, 3: 614537.

[205] Jeff Tollefson. Top climate scientists are sceptical that nations will rein in global warming. 2021. https://www.nature.com/articles/d41586-021-02990-w[2021-11-1].

[206] Bressler R D. The mortality cost of carbon. Nature Communications, 2021, 12（1）: 1-12.

[207] Niwa Y, Sawa Y, Nara H, et al. Estimation of fire-induced carbon emissions from Equatorial Asia in 2015 using in situ aircraft and ship observations. Atmospheric Chemistry and Physics, 2021, 21（12）: 9455-9473.

[208] Sallée J B, Pellichero V, Akhoudas C, et al. Summertime increases in upper-ocean stratification and mixed-layer depth. Nature, 2021, 591（7851）: 592-598.

[209] Gould W J, Cunningham S A. Global-scale patterns of observed sea surface salinity intensified since the 1870s. Communications Earth & Environment, 2021, 2（1）: 1-7.

[210] Kramer R J, He H, Soden B J, et al. Observational evidence of increasing global radiative forcing. Geophysical Research Letters, 2021, 48（7）: e2020GL091585.

[211] 张华, 王菲, 赵树云, 等. IPCC AR6 报告解读: 地球能量收支、气候反馈和气候敏感度. 气候变化研究进展, 2021, 17（6）: 691-698.

[212] Bagnell A, DeVries T. 20th century cooling of the deep ocean contributed to delayed acceleration of

Earth's energy imbalance. Nature Communications, 2021, 12（1）: 1-10.

[213] Sheehan E V, Holmes L A, Davies B F R, et al. Rewilding of protected areas enhances resilience of marine ecosystems to extreme climatic events. Frontiers in Marine Science, 2021, 8.

[214] Wang J, Guan Y, Wu L, et al. Changing lengths of the four seasons by global warming. Geophysical Research Letters, 2021, 48（6）: e2020GL091753.

[215] EARTH INSTITUTE. 2020 Tied With 2016 as the Hottest Year on Record. 2021. https://news.climate. columbia.edu/2021/01/15/2020-tied-2016-hottest-year-record/[2021-1-15].

[216] Wang S, Toumi R. Recent migration of tropical cyclones toward coasts. Science, 2021, 371（6528）: 514-517.

[217] Chen Y, Romps D M, Seeley J T, et al. Future increases in Arctic lightning and fire risk for permafrost carbon. Nature Climate Change, 2021, 11（5）: 404-410.

[218] Kam P M, Aznar-Siguan G, Schewe J, et al. Global warming and population change both heighten future risk of human displacement due to river floods. Environmental Research Letters, 2021, 16（4）: 044026.

[219] Cheng L, Abraham J, Trenberth K E, et al. Upper ocean temperatures hit record high in 2020. 大气科学进展（英文版）, 2021, （4）: 523-530.

[220] Lyu K, Zhang X, Church J A. Projected ocean warming constrained by the ocean observational record. Nature Climate Change, 2021, 11（10）: 834-839.

[221] Tittensor D P, Novaglio C, Harrison C S, et al. Next-generation ensemble projections reveal higher climate risks for marine ecosystems. Nature Climate Change, 2021, 11（11）: 973-981.

[222] Anderson S I, Barton A D, Clayton S, et al. Marine phytoplankton functional types exhibit diverse responses to thermal change. Nature Communications, 2021, 12（1）: 1-9.

[223] Benedetti F, Vogt M, Elizondo U H, et al. Major restructuring of marine plankton assemblages under global warming. Nature Communications, 2021, 12（1）: 1-15.

[224] Tanaka K R, Van Houtan K S, Mailander E, et al. North Pacific warming shifts the juvenile range of a marine apex predator. Scientific Reports, 2021, 11（1）: 1-9.

[225] Johansen J L, Nadler L E, Habary A, et al. Thermal acclimation of tropical coral reef fishes to global heat waves. Elife, 2021, 10: e59162.

[226] Albano P G, Steger J, Bošnjak M, et al. Native biodiversity collapse in the eastern Mediterranean. Proceedings of the Royal Society B, 2021, 288（1942）: 20202469.

[227] Cheriton O M, Storlazzi C D, Rosenberger K J, et al. Rapid observations of ocean dynamics and stratification along a steep island coast during Hurricane María. Science Advances, 2021, 7（20）: eabf1552.

[228] Yun K S, Lee J Y, Timmermann A, et al. Increasing ENSO–rainfall variability due to changes in future tropical temperature–rainfall relationship. Communications Earth & Environment, 2021, 2（1）: 1-7.

[229] DeConto R M, Pollard D, Alley R B, et al. The Paris Climate Agreement and future sea-level rise from Antarctica. Nature, 2021, 593（7857）: 83-89.

[230] Hooijer A, Vernimmen R. Global LiDAR land elevation data reveal greatest sea-level rise vulnerability in the tropics. Nature Communications, 2021, 12（1）: 1-7.

[231] Grinsted A, Christensen J H. The transient sensitivity of sea level rise. Ocean Science, 2021, 17（1）: 181-186.

[232] Walker J S, Kopp R E, Shaw T A, et al. Common Era sea-level budgets along the US Atlantic coast. Nature Communications, 2021, 12（1）: 1-10.

[233] Van Westen R M, Dijkstra H A. Ocean eddies strongly affect global mean sea-level projections. Science Advances, 2021, 7（15）: eabf1674.

[234] Rousselet L, Cessi P, Forget G. Coupling of the mid-depth and abyssal components of the global overturning circulation according to a state estimate. Science Advances, 2021, 7(21): eabf5478.

[235] Kostov Y, Johnson H L, Marshall D P, et al. Distinct sources of interannual subtropical and subpolar Atlantic overturning variability. Nature Geoscience, 2021, 14(7): 491-495.

[236] Holzer M, DeVries T, de Lavergne C. Diffusion controls the ventilation of a Pacific Shadow Zone above abyssal overturning. Nature Communications, 2021, 12(1): 1-13.

[237] Martínez-Moreno J, Hogg A M C, England M H, et al. Global changes in oceanic mesoscale currents over the satellite altimetry record. Nature Climate Change, 2021, 11(5): 397-403.

[238] Hauri C, McDonnell A M P, Stuecker M F, et al. Modulation of ocean acidification by decadal climate variability in the Gulf of Alaska. Communications Earth & Environment, 2021, 2(1): 1-7.

[239] Boscolo-Galazzo F, Crichton K A, Ridgwell A, et al. Temperature controls carbon cycling and biological evolution in the ocean twilight zone. Science, 2021, 371(6534): 1148-1152.

[240] Birch H, Schmidt D N, Coxall H K, et al. Ecosystem function after the K/Pg extinction: decoupling of marine carbon pump and diversity. Proceedings of the Royal Society B, 2021, 288(1953): 20210863.

[241] Kieft B, Li Z, Bryson S, et al. Phytoplankton exudates and lysates support distinct microbial consortia with specialized metabolic and ecophysiological traits. Proceedings of the National Academy of Sciences, 2021, 118(41): e2101178118.

[242] Love C R, Arrington E C, Gosselin K M, et al. Microbial production and consumption of hydrocarbons in the global ocean. Nature Microbiology, 2021, 6(4): 489-498.

[243] Saba G K, Burd A B, Dunne J P, et al. Toward a better understanding of fish-based contribution to ocean carbon flux. Limnology and Oceanography, 2021, 66(5): 1639-1664.

[244] Rawlins M A, Connolly C T, McClelland J W. Modeling terrestrial dissolved organic carbon loading to western Arctic rivers. Journal of Geophysical Research: Biogeosciences, 2021, 126(10): e2021JG006420.

[245] Rawlins M A. Increasing freshwater and dissolved organic carbon flows to Northwest Alaska's Elson lagoon. Environmental Research Letters, 2021, 16(10): 105014.

[246] Paytan A, Griffith E M, Eisenhauer A, et al. A 35-million-year record of seawater stable Sr isotopes reveals a fluctuating global carbon cycle. Science, 2021, 371(6536): 1346-1350.

[247] Kwon E Y, DeVries T, Galbraith E D, et al. Stable carbon isotopes suggest large terrestrial carbon inputs to the global ocean. Global Biogeochemical Cycles, 2021, 35(4): e2020GB006684.

[248] Zakem E J, Cael B B, Levine N M. A unified theory for organic matter accumulation. Proceedings of the National Academy of Sciences, 2021, 118(6): e2016896118.

[249] Marlow J J, Hoer D, Jungbluth S P, et al. Carbonate-hosted microbial communities are prolific and pervasive methane oxidizers at geologically diverse marine methane seep sites. Proceedings of the National Academy of Sciences, 2021, 118(25): e2006857118.

[250] Gupta D, Guzman M S, Rengasamy K, et al. Photoferrotrophy and phototrophic extracellular electron uptake is common in the marine anoxygenic phototroph Rhodovulum sulfidophilum. The International Society for Microbial Ecology Journal, 2021, 15(11): 3384-3398.

[251] Pierella Karlusich J J, Bowler C, Biswas H. Carbon dioxide concentration mechanisms in natural populations of marine diatoms: insights from Tara Oceans. Frontiers in Plant Science, 2021: 659.

[252] Gomez-Saez G V, Dittmar T, Holtappels M, et al. Sulfurization of dissolved organic matter in the anoxic water column of the Black Sea. Science Advances, 2021, 7(25): eabf6199.

[253] Schrank C E, Jones M M W, Kewish C M, et al. Micro-scale dissolution seams mobilise carbon in deep-sea limestones. Communications Earth & Environment, 2021, 2(1): 1-10.

[254] Sayedi S S, Abbott B W, Thornton B F, et al. Subsea permafrost carbon stocks and climate change

sensitivity estimated by expert assessment. Environmental Research Letters, 2020, 15(12): 124075.

[255] Stanley, S. Hydrothermal vents may add ancient carbon to ocean waters. Eos Transactions American Geophysical Union, 2021: 102.

[256] Leprich D J, Flood B E, Schroedl P R, et al. Sulfur bacteria promote dissolution of authigenic carbonates at marine methane seeps. The International Society for Microbial Ecology Journal, 2021, 15(7): 2043-2056.

[257] Trembath-Reichert E, Shah Walter S R, Ortiz M A F, et al. Multiple carbon incorporation strategies support microbial survival in cold subseafloor crustal fluids. Science Advances, 2021, 7(18): eabg0153.

[258] Wang P, Scott J R, Solomon S, et al. On the effects of the ocean on atmospheric CFC-11 lifetimes and emissions. Proceedings of the National Academy of Sciences, 2021, 118(12): e2021528118.

[259] GEOMAR. Den Ozean zum Verbündeten beim Klimaschutz machen. 2021. https://www.geomar. de/news/article/den-ozean-zum-verbuendeten-beim-klimaschutz-machen[2021-9-17].

[260] Bertram C, Quaas M, Reusch T B H, et al. The blue carbon wealth of nations. Nature Climate Change, 2021, 11(8): 704-709.

[261] Van Dam B R, Zeller M A, Lopes C, et al. Calcification-driven CO_2 emissions exceed "Blue Carbon" sequestration in a carbonate seagrass meadow. Science Advances, 2021, 7(51): eabj1372.

[262] Quiros T E, Sudo K, Ramilo R V, et al. Blue carbon ecosystem services through a vulnerability lens: opportunities to reduce social vulnerability in fishing communities. Frontiers in Marine Science, 2021: 910.

[263] Smeaton C, Hunt C A, Turrell W R, et al. Marine sedimentary carbon stocks of the United Kingdom's exclusive economic zone. Frontiers in Earth Science, 2021: 50.

[264] Santos I R, Chen X, Lecher A L, et al. Submarine groundwater discharge impacts on coastal nutrient biogeochemistry. Nature Reviews Earth & Environment, 2021, 2(5): 307-323.

[265] Karthäuser C, Ahmerkamp S, Marchant H K, et al. Small sinking particles control anammox rates in the Peruvian oxygen minimum zone. Nature Communications, 2021, 12(1): 1-12.

[266] Ustick L J, Larkin A A, Garcia C A, et al. Metagenomic analysis reveals global-scale patterns of ocean nutrient limitation. Science, 2021, 372(6539): 287-291.

[267] Mayfield K K, Eisenhauer A, Santiago Ramos D P, et al. Groundwater discharge impacts marine isotope budgets of Li, Mg, Ca, Sr, and Ba. Nature Communications, 2021, 12(1): 1-9.

[268] Yomiuri Shimbun. Japan to commercialize mining of rare metals on seabed. 2021. https://elevenmyanmar. com/news/japan-to-commercialize-mining-of-rare-metals-on-seabed[2021-1-19].

[269] THE MARITIME EXECUTIVE. DeepGreen finds more deep-sea mining potential in clipperton zone. 2021. https://www.maritime-executive.com/article/deepgreen-finds-more-deep-sea-mining-potential-in-clipperton-zone[2021-1-28].

[270] PIB Delhi. Cabinet approves deep ocean mission. 2021. https://pib.gov.in/PressReleasePage. aspx?PRID= 1727525[2021-6-16].

[271] Shukman D. Companies back moratorium on deep sea mining. 2021. http://www.savethehighseas.org/2021/04/04/companies-back-moratorium-on-deep-sea-mining/[2021-4-4].

[272] Lewis J. Toyo enlists Singaporean offshore engineering player for 'world first' deep-sea mineral extraction system. 2021. https://www.upstreamonline.com/energy-transition/toyo-enlists-singaporean-offshore-engineering-player-for-world-first-deep-sea-mineral-extraction-system/2-1-1065462[2021-9-10].

[273] 王淑玲. 《日本稀土沉积物的资源潜力评价报告》简介. 2016. https://www.cgs.gov. cn/gywm/gnwdt/201611/t20161114_416433. html[2016-11-14].

[274] Moore P. BAUER looks to apply vertical trench cutter tech to seafloor mining through new JV with

Harren & Partner Group. 2021. https://im-mining.com/2021/09/01/bauer-looks-apply-vertical-trench-cutter-tech-seafloor-mining-new-jv-harren-partner-group/[2021-9-1].

[275] Lauber C. The metals company advances deep-sea research program to unlock world's largest known source of battery metals. 2021. https://www.businesswire.com/news/home/20210928005705/en/[2021-9-28].

[276] ISA. Advancing technology to support the sustainable mining of mineral resources in the Area. 2021. https://isa.org.jm/index.php/news/isa-noc-expert-meeting-defines-pathways-advance-innovation-and-technology-development[2021-11-5].

[277] Muñoz-Royo C, Peacock T, Alford M H, et al. Extent of impact of deep-sea nodule mining midwater plumes is influenced by sediment loading, turbulence and thresholds. Communications Earth & Environment, 2021, 2(1): 1-16.

[278] KBS News. Int'l research team to drill in ulleung basin in 2024. 2021. https://world.kbs.co. kr/service/news_view. htm?lang=e&Seq_Code=159748[2021-2-23].

[279] Musto J. Japanese researchers dig deepest ocean hole in history. 2021. https://www.foxnews. com/science/japanese-researchers-dig-deepest-ocean-hole-history[2021-3-25].

[280] IODP. Mid-Norwegian margin magmatism and paleoclimate implications. 2021. http://iodp.tamu.edu/scienceops/expeditions/norwegian_continental_margin_magmatism. html[2021-8-6].

[281] Kroon D, Brinkhuis H. Consensus statements arising from the IODP Forum meeting. 2021. https://www.iodp.org/forum-minutes-and-consensus-items/1147-forum-2021-october-consensus-items/file[2021-11].

[282] IODP. Walvis ridge hotspot. 2021. https://iodp.tamu.edu/scienceops/expeditions/walvis_ridge_hotspot. html[2021-12-6].

[283] Di Roberto A, Scateni B, Di Vincenzo G, et al. Tephrochronology and provenance of an early pleistocene(Calabrian)tephra from IODP expedition 374 site U1524, Ross Sea（Antarctica）. Geochemistry, Geophysics, Geosystems, 2021, 22(8): e2021GC009739.

[284] Savage H M, Shreedharan S, Fagereng Å, et al. Asymmetric brittle deformation at the pāpaku fault, hikurangi subduction margin, NZ, IODP expedition 375. Geochemistry, Geophysics, Geosystems, 2021, 22(8): e2021GC009662.

[285] Christopher J. Hollis. Data report: early late cretaceous radiolarians from IODP site U1520（Expedition 375, Hikurangi subduction margin）. 2021. http://publications.iodp.org/proceedings/372B_375/208/372 B375_208. html[2021-12-17].

[286] Hirose T, Hamada Y, Tanikawa W, et al. High fluid-pressure patches beneath the décollement: a potential source of slow earthquakes in the nankai trough off cape Muroto. Journal of Geophysical Research: Solid Earth, 2021, 126(6): e2021JB021831.

[287] Zhai L, Wan S, Colin C, et al. Deep-Water formation in the north pacific during the late miocene global cooling. Paleoceanography and Paleoclimatology, 2021, 36(2): e2020PA003946.

[288] Ariyoshi K, Kimura T, Miyazawa Y, et al. Precise monitoring of pore pressure at boreholes around nankai trough toward early detecting crustal deformation. Frontiers in Earth Science, 2021, 9: 669.

[289] Taira A, Toczko S, Eguchi N, et al. Recent scientific and operational achievements of D/V Chikyu. Geoscience Letters, 2014, 1(1): 1-10.

[290] Hung T D, Yang T, Le B M, et al. Crustal structure across the extinct mid-ocean ridge in South China Sea from OBS receiver functions: insights into the spreading rate and magma supply prior to the ridge cessation. Geophysical Research Letters, 2021, 48(3): e2020GL089755.

[291] Miao X Q, Huang X L, Yan W, et al. Late Triassic dacites from Well NK-1 in the Nansha Block: constraints on the Mesozoic tectonic evolution of the southern South China Sea margin. Lithos, 2021,

398: 106337.

[292] Chen W H, Yan Y, Carter A, et al. Stratigraphy and provenance of the paleogene Syn-Rift sediments in Central-Southern Palawan: paleogeographic Significance for the South China Margin. Tectonics, 2021, 40(9): e2021TC006753.

[293] Qian S, Zhang X, Wu J, et al. First identification of a Cathaysian continental fragment beneath the Gagua Ridge, Philippine Sea, and its tectonic implications. Geology, 2021, 49(11): 1332-1336.

[294] Sun L, Sun Z, Zhang Y, et al. Multi-stage carbonate veins at IODP Site U1504 document Early Cretaceous to early Cenozoic extensional events on the South China Sea margin. Marine Geology, 2021, 442: 106656.

[295] Qian S, Gazel E, Nichols A R L, et al. The origin of late Cenozoic magmatism in the South China Sea and Southeast Asia. Geochemistry, Geophysics, Geosystems, 2021, 22(8): e2021GC009686.

[296] Schottenfels E R, Regalla C A. Bathymetric signatures of submarine forearc deformation: a case study in the Nankai Accretionary Prism[J]. Geochemistry, Geophysics, Geosystems, 2021, 22(11): e2021GC010050.

[297] Post A L, Przeslawski R, Nanson R, et al. Modern dynamics, morphology and habitats of slope-confined canyons on the northwest Australian margin. Marine Geology, 2022, 443: 106694.

[298] Pasquier V, Fike D A, Halevy I. Sedimentary pyrite sulfur isotopes track the local dynamics of the Peruvian oxygen minimum zone. Nature Communications, 2021, 12(1): 1-10.

[299] Pasquier V, Bryant R N, Fike D A, et al. Strong local, not global, controls on marine pyrite sulfur isotopes. Science advances, 2021, 7(9): eabb7403.

[300] Kanamatsu T, Ikehara K, Hsiung K H. Stratigraphy of deep-sea marine sediment using paleomagnetic secular variation: refined dating of turbidite relating to giant earthquake in Japan Trench. Marine Geology, 2022, 443: 106669.

[301] JAMSTEC. 四国沖での「ちきゅう」掘削速報: スーパー間氷期の黒潮変動やタービダイト発生機構(洪水イベント、南海トラフ地震等)の解明のための連続地層の採取に成功. 2021. https://www.jamstec.go.jp/j/about/press_release/20211011/[2021-10-11].

[302] Varkouhi S, Tosca N J, Cartwright J A. Temperature–time relationships and their implications for thermal history and modelling of silica diagenesis in deep-sea sediments. Marine Geology, 2021, 439: 106541.

[303] De Gelder G, Doan M L, Beck C, et al. Multi-scale and multi-parametric analysis of Late Quaternary event deposits within the active Corinth Rift (Greece). Sedimentology, 2022, 69(4): 1573-1598.

[304] Kohli A, Wolfson-Schwehr M, Prigent C, et al. Oceanic transform fault seismicity and slip mode influenced by seawater infiltration. Nature Geoscience, 2021, 14(8): 606-611.

[305] Wu T, Tivey M A, Tao C, et al. An intermittent detachment faulting system with a large sulfide deposit revealed by multi-scale magnetic surveys. Nature Communications, 2021, 12(1): 1-10.

[306] Follmann J, Van der Zwan F M, Preine J, et al. Gabbro discovery in discovery deep: first plutonic rock samples from the Red Sea rift axis. 2021.

[307] Brown K S, Molitor Z J, Grove T L. Reverse Petrogen: a multiphase dry reverse fractional crystallization-mantle melting thermobarometer applied to 13, 589 mid-ocean ridge basalt glasses. Journal of Geophysical Research: Solid Earth, 2021, 126(8): e2020JB021292.

[308] Hensen C, Scholz F, Liebetrau V, et al. Oceanic strike-slip faults represent active fluid conduits in the abyssal sub-seafloor. Geology, 2022, 50(2): 189-193.

[309] Shi P, Wei M, Pockalny R A. The ubiquitous creeping segments on oceanic transform faults. Geology, 2022, 50(2): 199-204.

[310] Agius M R, Rychert C A, Harmon N, et al. A thin mantle transition zone beneath the equatorial Mid-

Atlantic Ridge. Nature, 2021, 589(7843): 562-566.

[311] Chen J, Cannat M, Tao C, et al. 780 Thousand years of upper-crustal construction at a melt-rich segment of the ultraslow spreading Southwest Indian Ridge 50° 28′ E. Journal of Geophysical Research: Solid Earth, 2021, 126(10): e2021JB022152.

[312] Gerya T V, Bercovici D, Becker T W. Dynamic slab segmentation due to brittle-ductile damage in the outer rise. Nature, 2021, 599(7884): 245-250.

[313] SUZANNE CARBOTTE. Searching for the Megathrust Fault at Cascadia. 2021. https://news.climate. columbia.edu/2021/06/29/searching-for-the-megathrust-fault-at-cascadia/[2021-6-29].

[314] Farsang S, Louvel M, Zhao C, et al. Deep carbon cycle constrained by carbonate solubility. Nature Communications, 2021, 12(1): 1-9.

[315] Lee C, Kim Y H. Role of warm subduction in the seismological properties of the forearc mantle: an example from southwest Japan. Science Advances, 2021, 7(28): eabf8934.

[316] Rychert C A, Harmon N. Fluid-rich extinct volcanoes cause small earthquakes beneath New Zealand. Nature, 2021, 595(7866): 178-179.

[317] Arnulf A F, Biemiller J, Lavier L, et al. Physical conditions and frictional properties in the source region of a slow-slip event. Nature Geoscience, 2021, 14(5): 334-340.

[318] Oyanagi R, Okamoto A, Satish-Kumar M, et al. Hadal aragonite records venting of stagnant paleoseawater in the hydrated forearc mantle. Communications Earth & Environment, 2021, 2(1): 1-10.

[319] Chapman J B. Diapiric relamination of the Orocopia Schist (southwestern US) during low-angle subduction. Geology, 2021, 49(8): 983-987.

[320] Geilert S, Albers E, Frick D A, et al. Systematic changes in serpentine Si isotope signatures across the Mariana forearc–a new proxy for slab dehydration processes. Earth and Planetary Science Letters, 2021, 575: 117193.

[321] Förster M W, Selway K. Melting of subducted sediments reconciles geophysical images of subduction zones. Nature Communications, 2021, 12(1): 1-7.

[322] Bekaert D V, Gazel E, Turner S, et al. High ^{3}He/^{4}He in central Panama reveals a distal connection to the Galápagos plume. Proceedings of the National Academy of Sciences, 2021, 118(47): e2110997118.

[323] Williamson N M B, Weis D, Prytulak J. Thallium isotopic compositions in Hawaiian lavas: evidence for recycled materials on the Kea side of the Hawaiian mantle plume. Geochemistry, Geophysics, Geosystems, 2021, 22(9): e2021GC009765.

[324] Zierenberg R A, Friðleifsson G Ó, Elders W A, et al. Active basalt alteration at supercritical conditions in a Seawater-Recharged Hydrothermal System: IDDP-2 Drill Hole, Reykjanes, Iceland. Geochemistry, Geophysics, Geosystems, 2021, 22(11): e2021GC009747.

[325] Yule C T G, Spandler C. Geophysical and geochemical evidence for a new mafic magmatic province within the Northwest Shelf of Australia. Geochemistry, Geophysics, Geosystems, 2022, 23(2): e2021GC010030.

[326] Williams H M, Matthews S, Rizo H, et al. Iron isotopes trace primordial magma ocean cumulates melting in Earth's upper mantle. Science Advances, 2021, 7(11): eabc7394.

[327] Blanc N A, Stegman D R, Ziegler L B. Thermal and magnetic evolution of a crystallizing basal magma ocean in Earth's mantle. Earth and Planetary Science Letters, 2020, 534: 116085.

[328] Ball P W, Czarnota K, White N J, et al. Thermal structure of eastern Australia's upper mantle and its relationship to Cenozoic volcanic activity and dynamic topography. Geochemistry, Geophysics, Geosystems, 2021, 22(8): e2021GC009717.

[329] Dziadek R, Ferraccioli F, Gohl K. High geothermal heat flow beneath Thwaites Glacier in West

Antarctica inferred from aeromagnetic data. Communications Earth & Environment, 2021, 2(1): 1-6.

[330] Yuan Y, Sun D, Leng W, et al. Southeastward dipping mid-mantle heterogeneities beneath the sea of Okhotsk. Earth and Planetary Science Letters, 2021, 573: 117151.

[331] Isse T, Suetsugu D, Ishikawa A, et al. Seismic evidence for a thermochemical mantle plume underplating the lithosphere of the Ontong Java Plateau. Communications Earth & Environment, 2021, 2(1): 1-7.

[332] Obayashi M, Yoshimitsu J, Suetsugu D, et al. Interrelation of the stagnant slab, Ontong Java Plateau, and intraplate volcanism as inferred from seismic tomography. Scientific Reports, 2021, 11(1): 1-10.

[333] Coltat R, Boulvais P, Branquet Y, et al. Moho carbonation at an ocean-continent transition. Geology, 2022, 50(3): 278-283.

[334] Roerdink D, Ronen Y, Strauss H, et al. The emergence of subaerial crust and onset of weathering 3.7 billion years ago. 2020.

[335] Kirkland C L, Hartnady M I H, Barham M, et al. Widespread reworking of Hadean-to-Eoarchean continents during Earth's thermal peak. Nature Communications, 2021, 12(1): 1-9.

[336] Gernon T M, Hincks T K, Merdith A S, et al. Global chemical weathering dominated by continental arcs since the mid-Palaeozoic. Nature Geoscience, 2021, 14(9): 690-696.

[337] IEO-CSIC. El IEO-CSIC desplaza un buque a La Palma para estudiar los efectos de las coladas en el ecosistema. 2021. http://www.ieo.es/es_ES/web/ieo/noticias-ieo?p_p_id=ieolistadosestructuramain_WAR_IEOListadoContenidosPorEstructuraportlet&p_p_lifecycle=0&p_p_state=normal&p_p_mode=view&p_p_col_id=column-2&p_p_col_pos=1&p_p_col_count=2&_ieolistadosestructuramain_WAR_IEOListadoContenidosPorEstructuraportlet_journalId=7680869&_ieolistadosestructuramain_WAR_IEOListadoContenidosPorEstructuraportlet_anioFiltro=-1&_ieolistadosestructuramain_WAR_IEOListadoContenidosPorEstructuraportlet_categoryFiltro=-1&_ieolistadosestructuramain_WAR_IEOListadoContenidosPorEstructuraportlet_mode=detail[2021-9-21].

[338] Center for Ocean and Society. Expedition RV METEOR M178 – HazELNUT. 2021. https://oceanandsociety.org/en/projects/natural-hazards-off-southern-italy[2021-2-28].

[339] Marum. Gas Hydrate Research. 2017. https://www.marum.de/en/about-us/General-Geology-Marine-Geology/Gas-Hydrate-Research.html[2017-12-9].

[340] Ubide T, Larrea P, Becerril L, et al. Volcanic plumbing filters on ocean-island basalt geochemistry. Geology, 2022, 50(1): 26-31.

[341] Liu P P, Caricchi L, Chung S L, et al. Growth and thermal maturation of the Toba magma reservoir. Proceedings of the National Academy of Sciences, 2021, 118(45): e2101695118.

[342] Popa R G, Bachmann O, Huber C. Explosive or effusive style of volcanic eruption determined by magma storage conditions. Nature Geoscience, 2021, 14(10): 781-786.

[343] Pegler S S, Ferguson D J. Rapid heat discharge during deep-sea eruptions generates megaplumes and disperses tephra. Nature Communications, 2021, 12(1): 1-12.

[344] Devey C W, Greinert J, Boetius A, et al. How volcanically active is an abyssal plain? Evidence for recent volcanism on 20 Ma Nazca Plate seafloor. Marine Geology, 2021, 440: 106548.

[345] Wang J, Jacobson A D, Sageman B B, et al. Stable Ca and Sr isotopes support volcanically triggered biocalcification crisis during Oceanic Anoxic Event 1a. Geology, 2021, 49(5): 515-519.

[346] Li H, Arculus R J, Ishizuka O, et al. Basalt derived from highly refractory mantle sources during early Izu-Bonin-Mariana arc development. Nature Communications, 2021, 12(1): 1-10.

[347] Hunt J E, Tappin D R, Watt S F L, et al. Submarine landslide megablocks show half of Anak Krakatau island failed on December 22nd, 2018. Nature Communications, 2021, 12(1): 1-15.

[348] Capriolo M, Marzoli A, Aradi L E, et al. Massive methane fluxing from magma-sediment interaction in

the end-Triassic Central Atlantic Magmatic Province. Nature Communications, 2021, 12(1): 1-9.

[349] Larina E, Bottjer D J, Corsetti F A, et al. Ecosystem change and carbon cycle perturbation preceded the end-Triassic mass extinction. Earth and Planetary Science Letters, 2021, 576: 117180.

[350] Cooper A, Turney C S M, Palmer J, et al. A global environmental crisis 42, 000 years ago. Science, 2021, 371(6531): 811-818.

[351] Longman J, Mills B J W, Manners H R, et al. Late Ordovician climate change and extinctions driven by elevated volcanic nutrient supply. Nature Geoscience, 2021, 14(12): 924-929.

[352] Pohl A, Lu Z, Lu W, et al. Vertical decoupling in Late Ordovician anoxia due to reorganization of ocean circulation. Nature Geoscience, 2021, 14(11): 868-873.

[353] 戎嘉余, 黄冰. 生物大灭绝研究三十年. 中国科学: 地球科学, 2014, 44(3): 377-404.

[354] Newby S M, Owens J D, Schoepfer S D, et al. Transient ocean oxygenation at end-Permian mass extinction onset shown by thallium isotopes. Nature Geoscience, 2021, 14(9): 678-683.

[355] Rosas J C, Korenaga J. Archaean seafloors shallowed with age due to radiogenic heating in the mantle. Nature Geoscience, 2021, 14(1): 51-56.

[356] Stockey R G, Pohl A, Ridgwell A, et al. Decreasing Phanerozoic extinction intensity as a consequence of Earth surface oxygenation and metazoan ecophysiology. Proceedings of the National Academy of Sciences, 2021, 118(41): e2101900118.

[357] Rampino M R, Caldeira K, Zhu Y. A pulse of the Earth: a 27. 5-Myr underlying cycle in coordinated geological events over the last 260 Myr. Geoscience Frontiers, 2021, 12(6): 101245.

[358] Kinsland G L, Egedahl K, Strong M A, et al. Chicxulub impact tsunami megaripples in the subsurface of Louisiana: Imaged in petroleum industry seismic data. Earth and Planetary Science Letters, 2021, 570: 117063.

[359] Stewart M, Carleton W C, Groucutt H S. Climate change, not human population growth, correlates with Late Quaternary megafauna declines in North America. Nature Communications, 2021, 12(1): 1-15.

[360] Obrist-Farner J, Brenner M, Stone J R, et al. New estimates of the magnitude of the sea-level jump during the 8. 2 ka event. Geology, 2022, 50(1): 86-90.

[361] Huang T, Moos S B, Boyle E A. Trivalent chromium isotopes in the eastern tropical North Pacific oxygen-deficient zone. Proceedings of the National Academy of Sciences, 2021, 118(8): e1918605118.

[362] Bauer K W, Bottini C, Frei R, et al. Pulsed volcanism and rapid oceanic deoxygenation during Oceanic Anoxic Event 1a. Geology, 2021, 49(12): 1452-1456.

[363] Arnscheidt C W, Rothman D H. Asymmetry of extreme Cenozoic climate-carbon cycle events. Science Advances, 2021, 7(33): eabg6864.

[364] Cliff E, Khatiwala S, Schmittner A. Glacial deep ocean deoxygenation driven by biologically mediated air-sea disequilibrium. Nature Geoscience, 2021, 14(1): 43-50.

[365] Kitch G D, Jacobson A D, Harper D T, et al. Calcium isotope composition of Morozovella over the late Paleocene-early Eocene. Geology, 2021, 49(6): 723-727.

[366] Knudson K P, Ravelo A C, Aiello I W, et al. Causes and timing of recurring subarctic Pacific hypoxia. Science Advances, 2021, 7(23): eabg2906.

[367] Osman M B, Tierney J E, Zhu J, et al. Globally resolved surface temperatures since the Last Glacial Maximum. Nature, 2021, 599(7884): 239-244.

[368] Dumitru O A, Austermann J, Polyak V J, et al. Sea-level stands from the Western Mediterranean over the past 6. 5 million years. Scientific Reports, 2021, 11(1): 1-10.

[369] Lin Y, Hibbert F D, Whitehouse P L, et al. A reconciled solution of Meltwater Pulse 1A sources using sea-level fingerprinting. Nature Communications, 2021, 12(1): 1-11.

[370] Condron A, Hill J C. Timing of iceberg scours and massive ice-rafting events in the subtropical North Atlantic. Nature Communications, 2021, 12(1): 1-14.

[371] Bova S, Rosenthal Y, Liu Z, et al. Seasonal origin of the thermal maxima at the Holocene and the last interglacial. Nature, 2021, 589(7843): 548-553.

[372] Abell J T, Winckler G, Anderson R F, et al. Poleward and weakened westerlies during Pliocene warmth. Nature, 2021, 589(7840): 70-75.

[373] Beaufort L, Bolton C T, Sarr A C, et al. Cyclic evolution of phytoplankton forced by changes in tropical seasonality. Nature, 2022, 601(7891): 79-84.

[374] Micallef A, Person M, Berndt C, et al. Offshore freshened groundwater in continental margins. Reviews of Geophysics, 2021, 59(1): e2020RG000706.

[375] Sperling E A, Melchin M J, Fraser T, et al. A long-term record of early to mid-Paleozoic marine redox change. Science Advances, 2021, 7(28): eabf4382.

[376] Hogarth P, Pugh D T, Hughes C W, et al. Changes in mean sea level around Great Britain over the past 200 years. Progress in Oceanography, 2021, 192: 102521.

[377] Caesar L, McCarthy G D, Thornalley D J R, et al. Current Atlantic meridional overturning circulation weakest in last millennium. Nature Geoscience, 2021, 14(3): 118-120.

[378] Malatesta L C, Finnegan N J, Huppert K L, et al. The influence of rock uplift rate on the formation and preservation of individual marine terraces during multiple sea-level stands. Geology, 2022, 50(1): 101-105.

[379] Cavalazzi B, Lemelle L, Simionovici A, et al. Cellular remains in a ～3.42-billion-year-old subseafloor hydrothermal environment. Science Advances, 2021, 7(29): eabf3963.

[380] Kohyama T, Yamagami Y, Miura H, et al. The Gulf Stream and Kuroshio Current are synchronized. Science, 2021, 374(6565): 341-346.

[381] Cessi P. Gulf Stream and Kuroshio synchronization. Science, 2021, 374(6565): 259-260.

[382] Ebbing J, Dilixiati Y, Haas P, et al. East Antarctica magnetically linked to its ancient neighbours in Gondwana. Scientific Reports, 2021, 11(1): 1-11.

[383] Kirkham J D, Hogan K A, Larter R D, et al. Tunnel valley infill and genesis revealed by high-resolution 3-D seismic data. Geology, 2021, 49(12): 1516-1520.

[384] Di C A, Tauxe L, Levy T E, et al. The strength of the Earth's magnetic field from Pre-Pottery to Pottery Neolithic, Jordan. Proceedings of the National Academy of Sciences, 2021, 118(34): e2100995118.

[385] Yamazaki T, Chiyonobu S, Ishizuka O, et al. Rotation of the Philippine Sea plate inferred from paleomagnetism of oriented cores taken with an ROV-based coring apparatus. Earth, Planets and Space, 2021, 73(1): 1-10.

[386] Ackerson M R, Trail D, Buettner J. Emergence of peraluminous crustal magmas and implications for the early Earth. Geochemical Perspectives Letters, 2021, 17: 50-54.

[387] Kang Yoon-seung. S. Korea to build new resource exploration ship by 2024. 2021. https://en.yna.co.kr/view/AEN20210128001500320[2021-1-28].

[388] Naval News Staff. Seaspan Shipyards Wins Contract To Build Oceanographic Vessel For Canadian Coast Guard. 2021. https://www.navalnews.com/naval-news/2021/02/seaspan-shipyards-wins-contract-to-build-oceanographic-vessel-for-canadian-coast-guard/[2021-2-19].

[389] BALLARD. Ballard Signs MOU with Global Energy Ventures For Development of Fuel Cell-Powered Ship. 2021. https://www.ballard.com/about-ballard/newsroom/news-releases/2021/02/03/ballard-signs-mou-with-global-energy-ventures-for-development-of-fuel-cell-powered-ship[2021-2-3].

[390] Marinelink. Wallenius Wilhelmsen to Build World's First Full-scale Wind-powered RoRo vessel. 2021.

https://www.marinelink.com/news/wallenius-wilhelmsen-build-worlds-first-485360[2021-2-17].

[391] The Maritime Executive. Wärtsilä predicts an essential role for onboard carbon capture. 2021. https://www.maritime-executive.com/article/waertsilae-predicts-an-essential-role-for-onboard-carbon-capture[2021-3-16].

[392] Akanksha Saxena. India To Spend Rs 1200 Crores For Making Country's First Hi-Tech Research Ship. 2021. https://thelogicalindian.com/trending/india-hi-tech-research-31615[2021-10-31].

[393] Science&Tech. ORV Sagar Nidhi. 2021. https://journalsofindia.com/orv-sagar-nidhi/[2021-11-2].

[394] UC San Diego. UC san diego receives $35 million in state funding for new california coastal research vessel. 2021. https://scripps.ucsd.edu/news/uc-san-diego-receives-35-million-state-funding-new-california-coastal-research-vessel[2021-7-23].

[395] The Arctic. The government sets aside two billion rubles for the North Pole platform project. 2021. https://arctic.ru/infrastructure/20210929/996978. html[2021-9-29].

[396] Ria. ru. Путин призвал завершить испытания платформы "Северный полюс" без волокиты. https://ria.ru/20220413/arktika-1783307267. html[2022-4-13].

[397] LLC Arctic LNG 2. Арктик СПГ 2. 2021. https: //arcticspg. ru/proekt/[2021-9-30].

[398] 中企华. 中企华助力中石油"冰上丝绸之路"项目快速推进. 2019. http://www.chinacea. com/content/details_31_3143. html[2019-9-9].

[399] Blenkey N. Siemens Energy to equip two new NOAA research vessels. 2021. https://www.marinelog.com/shipbuilding/shipyards/shipyard-news/siemens-energy-to-equip-two-new-noaa-research-vessels/[2021-11-22].

[400] 国际船舶网. Danfoss Editron 助力芬兰新型可拆卸船艏破冰船. 2021. http://info.chineseshipping.com.cn/cninfo/News/202101/t20210112_1348060. shtml[2021-1-12].

[401] OE Staff. GC Rieber Delivers Polar Queen to Schmidt Ocean Institute. 2021. https://www.oedigital.com/news/486245-gc-rieber-delivers-polar-queen-to-schmidt-ocean-institute[2021-3-23].

[402] CSIRO. Restart of at-sea operations following long maintenance period. 2021. https://mnf.csiro. au/en/News/Restart-of-at-sea-operations-2021[2021-11-10].

[403] Ned Lundquist. Eye on the Navy: navy extends Life for Research Ships, but Says Farewell to FLIP. 2021. https://www.marinetechnologynews.com/news/extends-research-ships-farewell-612653[2021-8-2].

[404] British Antarctic Survey. UK and Australian new polar research ships rendezvous on sea trials. 2021. https://www.bas.ac.uk/media-post/uk-and-australian-new-polar-research-ships-rendezvous-on-sea-trials/[2021-7-20].

[405] British Antarctic Survey. RRS James Clark Ross sold. 2021. https://www.bas.ac.uk/media-post/rrs-james-clark-ross-sold/[2021-8-19].

[406] Gain V. Ireland's latest marine research vessel hits the waters in Spain. 2021. https://www.siliconrepublic.com/innovation/rv-tom-crean-ireland-marine-vessel[2021-11-22].

[407] Tringham K. New oceanographic research vessel Belgica joins Belgian Navy. 2021. https://www.janes.com/defence-news/news-detail/new-oceanographic-research-vessel-belgica-joins-belgian-navy[2021-12-15].

[408] Saildrone. World's most advanced autonomous research vehicle completes ocean crossing from San Francisco to Hawaii. 2021. https://www.saildrone.com/press-release/autonomous-research-vehicle-completes-ocean-crossing-san-francisco-hawaii[2021-7-8].

[409] cnBeta. Saildrone 推出 72 英尺长的自动驾驶海底测绘船. 2021. https://www.cnbeta.com/articles/science/1076813. htm[2021-1-12].

[410] OE Staff. HydroSurv, Sonardyne in 'Transformative' USV Tech Collab for Offshore Industry. 2021. https://www.oedigital.com/news/485479-hydrosurv-sonardyne-in-transformative-usv-tech-collab-for-offshore-

industry[2021-2-23].

[411] Plymouth Marine Laboratory. Countdown to launch of Plymouth's autonomous fleet. 2021. https://pml. ac.uk/News/Countdown-to-launch-of-Plymouth%e2%80%99s-autonomous-fleet[2021-3-24].

[412] Xavier Vavasseur. Meet singapore's new maritime security unmanned surface vessels. 2021. https://www. navalnews.com/naval-news/2021/03/meet-singapores-new-maritime-security-unmanned-surface-vessels/ [2021-3-2].

[413] Anmar Frangoul. In the UK, scientists are using drones to pick the best spots for tidal power installations. 2021. https://www.cnbc.com/2021/03/03/uk-scientists-are-using-drones-to-pick-the-best-spots-for-tidal-power. html[2021-3-4].

[414] SAILDRONE. Pioneering study to improve weather prediction and global carbon budget understanding. 2021. https://www.saildrone.com/press-release/google-org-gulf-stream-mission[2021-4-13].

[415] Dee Ann Divis. Mayflower AI sea drone readies maiden transatlantic voyage. 2021. https://www.aljazeera. com/economy/2021/6/14/mayflower-ai-sea-drone-readies-maiden-transatlantic-voyage[2021-6-14].

[416] Homeland Security's Science And Technology Directorate. DHS S&T tests innovative autonomous surface and underwater ocean surveillance technology. 2021. https://www.newswise.com/articles/dhs-st-tests-innovative-autonomous-surface-and-underwater-ocean-surveillance-technology[2021-7-14].

[417] Ocean News. Reign maker launches Nixie drone based water sampling and data collection system. 2021. https://www.oceannews.com/news/science-and-tech/reign-maker-launches-nixie-drone-based-water-sampling-and-data-collection-system[2021-6-24].

[418] Lucy Nelson. World's first ocean drones to track real-time data in middle of ENC hurricanes. 2021. https://wcti12.com/news/local/worlds-first-ocean-drones-will-track-real-time-data-for-enc-hurricanes [2021-6-2].

[419] Tingley B. Small unmanned helicopters used lasers to map littorals in recent U. S. navy tests. 2021. https://www.thedrive.com/the-war-zone/41902/small-unmanned-helicopters-used-lasers-to-map-littorals-in-recent-u-s-navy-tests[2021-8-9].

[420] GCaptain. Kongsberg Maritime to launch next generation HUGIN Endurance AUV. 2021. https://gcaptain. com/kongsberg-maritime-to-launch-next-generation-hugin-endurance-auv/[2021-2-4].

[421] Brenda Marie Rivers. Navy wants new underwater surveillance drone for ocean research, fleet support. 2021. https://blog.executivebiz.com/2021/02/navy-wants-new-underwater-surveillance-drone-for-ocean-research-fleet-support/[2021-2-18].

[422] OE Staff. Rovco's robotics spin-off vaarst open for business. 2021. https://www.oedigital. com/news/ 486296-rovco-s-robotics-spin-off-vaarst-open-for-business[2021-3-24].

[423] OE Staff. Norway: IMR to use Kongsberg USVs, AUVs for marine ecosystem monitoring. 2021. https:// www.oedigital.com/news/486130-norway-imr-to-use-kongsberg-usvs-auvs-for-marine-ecosystem-monitoring [2021-3-18].

[424] Xia R. Deep-sea 'Roombas' will comb ocean floor for DDT waste barrels near Catalina. 2021. https:// www.latimes.com/environment/story/2021-03-10/ddt-seafloor-mapping-catalina-noaa-scripps[2021-3-10].

[425] MTR. German government funds autonomous subsea robotics system development project. 2021. https:// www.marinetechnologynews.com/news/german-government-funds-autonomous-610379[2021-5-3].

[426] Otilia Drăgan. Pioneering robot submarines for arctic research are getting ready in Loch Ness. 2021. https://www.autoevolution.com/news/pioneering-robot-submarines-for-arctic-research-are-getting-ready-in-loch-ness-161934. html[2021-5-30].

[427] OE Staff. Modus orders unique subsea pipeline inspection AUV from Kawasaki. 2021. https://www. marinetechnologynews.com/news/modus-orders-unique-subsea-610776[2021-5-18].

[428] GEOMAR. New deep-sea rover to explore the variability of material turnover in the seafloor. 2021. https://www.geomar.de/en/news/article/neuer-tiefsee-rover-soll-die-veraenderlichkeit-des-stoffumsatzes-im-meeresboden-erkunden[2021-5-7].

[429] OE Staff. MSC Launches 'MiniSpector' ROV. 2021. https://www.oedigital.com/news/487713-msc-launches-minispector-rov[2021-5-18].

[430] Allinson M. Scientists Want to Smell Ocean Radiation to Predict Tsunamis. 2021. https://www.vice.com/en/article/88nq84/scientists-want-to-smell-ocean-radiation-to-predict-tsunamis[2021-5-24].

[431] WHOI. ROV Jason helps recover two other underwater vehicles. 2021. https://www.whoi.edu/press-room/news-release/whois-rov-jason-assists-with-the-successful-recovery-of-two-other-underwater-vehicles/[2021-9-3].

[432] UC San Diego. Remains of U. S. pilot recovered offshore vietnam. 2021. https://scripps.ucsd.edu/news/remains-us-pilot-recovered-offshore-vietnam[2021-8-2].

[433] MI News Network. Artificial Penguins To Relay Secrets Of Ocean Currents. 2021. https://www.marineinsight.com/shipping-news/artificial-penguins-to-relay-secrets-of-ocean-currents/[2021-9-3].

[434] NOC. National Oceanography Centre puts marine robots at the heart of future ocean observations in developing nations. 2021. https://noc.ac.uk/news/national-oceanography-centre-puts-marine-robots-heart-future-ocean-observations-developing[2021-9-23].

[435] MTR. Meet FlipiX: iXblue Launches New ROTV. 2021. https://www.marinetechnologynews.com/news/flipix-ixblue-launches-614315[2021-10-12].

[436] NOC. NOC takes Boaty McBoatface to travel under Antarctica's melting Thwaites Glacier. 2021. https://noc.ac.uk/news/noc-takes-boaty-mcboatface-travel-under-antarcticas-melting-thwaites-glacier[2021-12-7].

[437] Beladi-Mousavi S M, Hermanova S, Ying Y, et al. A maze in plastic wastes: autonomous motile photocatalytic microrobots against microplastics. American Chemical Society Applied Materials & Interfaces, 2021, 13(21): 25102-25110.

[438] Smith Jr K L, Sherman A D, McGill P R, et al. Abyssal Benthic Rover, an autonomous vehicle for long-term monitoring of deep-ocean processes. Science Robotics, 2021, 6(60): eabl4925.

[439] Yoerger D R, Govindarajan A F, Howland J C, et al. A hybrid underwater robot for multidisciplinary investigation of the ocean twilight zone. Science Robotics, 2021, 6(55): eabe1901.

[440] Ocean News. Successful Trials of Kongsberg's New EM 304 MKII Echosounder. 2021. https://www.oceannews.com/news/science-and-tech/successful-trials-of-kongsberg-s-new-em-304-mkii-echosounder[2021-7-8].

[441] The Engineer. Wave-powered renewable energy for subsea projects. 2021. https://www.theengineer.co.uk/wave-powered-renewable-energy-for-subsea-projects/[2021-3-10].

[442] Ccuba News. First humans dive into emden deep. 2021. https://divernet.com/scuba-news/first-humans-dive-into-emden-deep/[2021-3-31].

[443] Auld A. Successful deployment of autonomous lander to deepest part of global ocean. 2021. https://phys.org/news/2021-04-successful-deployment-autonomous-lander-deepest.html[2021-4-27].

[444] Bongiovanni C, Stewart H A, Jamieson A J. High-resolution multibeam sonar bathymetry of the deepest place in each ocean. Geoscience Data Journal, 2021, 9(1): 108-123.

[445] OE Staff. BOSS' ocean bottom seismic robotic vehicle prototype passes sea trials. 2021. https://www.oedigital.com/news/487535-boss-ocean-bottom-seismic-robotic-vehicle-prototype-passes-sea-trials[2021-5-11].

[446] Habibic A. Sonardyne launches portable shallow water tracking system. 2021. https://www.offshore-energy.biz/sonardyne-launches-portable-shallow-water-tracking-system/[2021-5-25].

[447] Lundquist E. Navy-owned deep-diving alvin being certified for operations to 6, 500 meters. 2021. https://seapowermagazine.org/navy-owned-deep-diving-alvin-being-certified-for-operations-to-6500-meters/[2021-11-8].

[448] GEOMAR. New efficient and sustainable energy supply on the seafloor. 2021. https://www.geomar.de/en/news/article/neue-leistungsfaehige-und-nachhaltige-energieversorgung-am-meeresboden[2021-12-17].

[449] WHOI. Development of a curious robot to study coral reef ecosystems awarded $1.5 million by the National Science Foundation. 2021. https://www.whoi.edu/press-room/news-release/development-of-a-curious-robot-to-study-coral-reef-ecosystems-awarded-1-5-million-by-the-national-science-foundation/[2021-11-10].

[450] Stevens Institute of Technology. Tool that more efficiently analyzes ocean color data will become part of NASA program. 2021. https://www.eurekalert.org/news-releases/549987[2021-2-24].

[451] Port City Daily staff. UNCW's first nanosatellite in orbit, capturing ocean images to track environmental changes. 2021. https://portcitydaily.com/local-news/2021/06/27/uncws-first-nanosatellite-in-orbit-capturing-ocean-images-to-track-environmental-changes/[2021-6-27].

[452] Greicius T. Major ocean-observing satellite starts providing science data. 2021. https://www.nasa.gov/feature/jpl/major-ocean-observing-satellite-starts-providing-science-data[2021-6-21].

[453] PML. Satellites detecting oil slicks. 2021. https://pml.ac.uk/News/Satellites-detecting-oil-slicks[2021-10-20].

[454] Alison Gold. NASA to launch 4 fascinating earth science missions in 2022 – monitoring our changing planet. 2021. https://scitechdaily.com/nasa-to-launch-4-fascinating-earth-science-missions-in-2022-monitoring-our-changing-planet/[2021-12-15].

[455] Evans M C, Ruf C S. Toward the detection and imaging of ocean microplastics with a spaceborne radar. IEEE Transactions on Geoscience and Remote Sensing, 2021, 60: 1-9.

[456] Rahnemoonfar M, Yari M, Paden J, et al. Deep multi-scale learning for automatic tracking of internal layers of ice in radar data. Journal of Glaciology, 2021, 67(261): 39-48.

[457] International Shipping News. Release of an upgraded version of the highly popular EMODnet Bathymetry Digital Terrain Model. 2021. https://www.hellenicshippingnews.com/release-of-an-upgraded-version-of-the-highly-popular-emodnet-bathymetry-digital-terrain-model/[2021-1-15].

[458] Hydro International. EMODnet unveils new pan-european shoreline-migration map. 2021. https://www.hydro-international.com/content/news/emodnet-unveils-new-pan-european-shoreline-migration-map[2021-3-25].

[459] The University of Western Australia. New smart ocean buoys bolster fight against marine heatwave. 2021. https://www.uwa.edu.au/news/article/2021/march/new-smart-ocean-buoys-bolster-fight-against-marine-heatwave[2021-3-2].

[460] Marine Technology. Sonardyne deploys 'New Breed' of subsea sensors at shell's ormen lange field. 2021. https://www.marinetechnologynews.com/news/sonardyne-deploys-breed-subsea-608938[2021-3-9].

[461] Royal Navy News. Royal navy tests software for radar-based bathymetric survey. 2021. https://www.maritime-executive.com/editorials/royal-navy-tests-software-for-radar-based-bathymetric-survey[2021-3-8].

[462] Jess Reid. World's largest ocean monitoring protects marine biodiversity. 2021. https://www.uwa.edu.au/news/article/2021/april/worlds-largest-ocean-monitoring-protects-marine-biodiversity[2021-4-6].

[463] Marine Technology. Towed chain of probes helps to investigate ocean eddies. https://www.marinetechnolognews.com/news/towed-chain-probes-helps-611410[2021-6-9].

[464] Sam Helmy. Supporting science at sea initiative launched by sofar ocean. 2021. https://www.deeperblue.com/supporting-science-at-sea-initiative-launched-by-sofar-ocean/[2021-6-20].

[465] USF. USF launches first mission to map vulnerable coastal areas in Tampa Bay and Gulf of Mexico

using a remotely operated 'uncrewed' vessel. 2021. https://www.usf.edu/marine-science/news/2021/usf-launches-first-mission-to-map-vulnerable-coastal-areas-in-tampa-bay-and-gulf-of-mexico-using-a-remotely-operated-vessel. aspx[2021-12-9].

[466] Hydro International. Fugro wins new contract to support us national mapping initiatives. 2021. https://www.hydro-international.com/content/news/fugro-wins-new-contract-to-support-us-national-mapping-initiatives[2021-9-14].

[467] NOAA. NOAA awards $41 million for ocean observing. 2021. https://www.noaa.gov/news-release/noaa-awards-41-million-for-ocean-observing[2021-9-14].

[468] Halliburton. Halliburton introduces istar intellgent drilling and logging platform. 2021. https://www.halliburton.com/en/about-us/press-release/halliburton-istar-drilling-logging-platform[2021-10-13].

[469] UC San Diego. Soars readies for flight. 2021. https://scripps.ucsd.edu/news/soars-readies-flight[2021-11-18].

[470] Eymold W K, Frederick J M, Nole M, et al. Prediction of gas hydrate formation at Blake Ridge using machine learning and probabilistic reservoir simulation. Geochemistry, Geophysics, Geosystems, 2021, 22(4): e2020GC009574.

[471] Andersson T R, Hosking J S, Pérez-Ortiz M, et al. Seasonal Arctic sea ice forecasting with probabilistic deep learning. Nature Communications, 2021, 12(1): 1-12.

[472] Attias E, Constable S, Sherman D, et al. Marine electromagnetic imaging and volumetric estimation of freshwater plumes offshore Hawai'i. Geophysical Research Letters, 2021, 48(7): e2020GL091249.

[473] Li S, Roger L M, Kumar L, et al. Digital image processing to detect subtle motion in stony coral. Scientific Reports, 2021, 11(1): 1-9.

[474] Zhan Z, Cantono M, Kamalov V, et al. Optical polarization–based seismic and water wave sensing on transoceanic cables. Science, 2021, 371(6532): 931-936.

[475] Ames C L, Ohdera A H, Colston S M, et al. Fieldable environmental DNA sequencing to assess jellyfish biodiversity in nearshore waters of the Florida Keys, United States. Frontiers in Marine Science, 2021, 8: 640527.

附录1 2021年海洋科考动态

国家	组织/机构	名称/代号	时间（年.月）	地区	动态
中国	南方海洋科学与工程广东省实验室（广州）	实验2	2021.03～2021.04	南海西南海域	南海生态环境科学考察U1航次：南海生态环境、地质结构、海气相互作用等探测调查，以了解南海陆缘地质与环境的相互作用
	国家深海基地管理中心	深海一号	2021.02～2021.03	马里亚纳海沟	"全海深无人潜水器AUV关键技术研究"项目海试
			2021.06～2021.07	马里亚纳海沟	万里ARV海试
			2021.08～2021.09	西太平洋	大洋66航次；在西太平洋富钴结壳合同区及邻近海域开展富钴结壳资源调查
	中国极地研究中心	雪龙	2021.11～2022.04	南极	中国第38次南极考察（第一批）：开展大气成分、水文气象、生态环境等科学调查工作，执行南大洋微塑料、海漂垃圾等新型污染物监测任务
			2020.11～2021.05	南极	中国第37次南极科考：开展南大洋生态系统和海洋环境综合调查，回收西风带环境监测浮标
		雪龙2	2021.07～2021.09	北极	中国第12次北极科考：围绕应对气候变化、保护北极生态环境，开展海洋、海冰、大气以及微塑料、海洋酸化等监测；开展加克洋中脊地貌构造调查
			2021.11～2022.04	南极	中国第38次南极考察（第二批）：开展大气成分、水文气象、生态环境等科学调查工作，执行南大洋微塑料、海漂垃圾等新型污染物监测任务
	厦门大学	嘉庚号	2021.05～2021.06	南海	南海季风综合观测航次，观测大气垂直结构变化和大气化学过程
			2021.07～2021.09	南海	海洋地质构造、水动力过程、生物地球化学过程与生物多样性研究
	江苏深蓝远洋渔业有限公司	深蓝号	2021.05～2021.12	南极	南大洋共享航次
	中国水产科学研究院南海水产研究所	南锋号	2021.05～2021.06	南海	"南海生物资源调查与评估"项目，南海8个断面共30个大面站位的渔业声学、环境和生物要素等调查

续表

国家	组织/机构	名称/代号	时间（年.月）	地区	动态
中国	中国水产科学研究院南海水产研究所	中渔科301	2021.01～2021.02	南海	南海北部近海渔业资源环境调查
			2021.05～2021.06	南海	"南海生物资源调查与评估"项目，南海北部陆坡区5个断面30个大面站位渔业声学、环境和生物要素等调查
	中国卫星海上测控部	远望5	2021.04～2021.06	大洋	航天测控
		远望6	2021.08～2021.10	印度洋	天舟二号和神舟十二号卫星海上测控任务
	中国海洋大学	东方红3	2021.02～2021.04	西太平洋西部	全球海气变化与海气相互作用专项海洋水体调查春季航次任务
			2021.02～2021.04	西太平洋	全球变化与海气相互作用专项，西太平洋西部海洋水体调查
			2021.04～2021.05	黄海、东海	开展了黄海以及东海海域物理海洋、大气科学、海洋化学、海洋生物、海洋沉积等多学科综合观测调查
			2021.05～2021.06	西北太平洋	西北太平洋多学科断面观测、黑潮主轴强流站位的大深度观测、回收并布放中国海洋大学自主研发的面向中纬度海区的大型综合浮标观测系统
			2021.07～2021.09	南海	"南海东北部-吕宋海峡综合航次"两个航段；回收布放锚系系统、地质取样、多学科综合调查
			2021.09～2021.11	西太平洋	中国大洋69航次；"西太平洋能量串级和物质输运重大科学考察航次"三个航段；复杂地形对西太平洋能量串级和物质输运的影响及作用机理研究
	中国科学院海洋研究所	科学号	2021.01～2021.03	西太平洋	西太平洋多圈层相互作用板块俯冲起始机制研究
			2021.03～2021.05	西太平洋	国家自然科学基金共享航次计划西太平洋科学考察实验研究，搭载的40项国家自然科学基金项目涵盖了物理海洋、海洋生物、海洋化学、海洋生态和海洋地质等多个学科领域
			2021.05～2021.06	南海	通过ROV观测与取样、海洋生物调查、沉积物取样等调查手段，获取"海马"冷泉区海底地质、生物、物理海洋、海洋化学等环境参数与样品
			2021.09～2021.10	西太平洋	中国科学院战略性先导科技专项"深海界面过程与生命演化前沿问题研究"
			2021.11～2022.01	西太平洋	国家自然科学基金委员会共享航次计划"2020年度西太平洋科学考察实验研究"航次第一航段；以太平洋西边界流区复杂的环流系统和丰富的中尺度涡旋活动及其环境效应为主要研究目标

续表

国家	组织/机构	名称/代号	时间（年.月）	地区	动态
中国	中国科学院南海海洋研究所	实验 1	2021.05	南海西部	南海西部涡旋演变特征研究
		实验 2	2021.04～2021.06	南海	国家自然科学基金委员会地球物理航次
		实验 3	2021.04～2021.06	东印度洋	水文气象观测、海洋沉积物采集、生物化学、大气气溶胶及大气电磁波调查
		实验 6	2021.09	南海	新船首航；研究南海北部的中尺度暖涡和陆架陆坡过程；研究南海上层海洋对台风的响应
	中国科学院深海科学与工程研究所	探索二号	2021.02	南海	海南省重大科技计划"南海深海及岛礁重要生物资源及其环境适应性研究"、国家重点研发计划"4500 米载人潜水器的海试及试验性应用"
			2021.03	南海	海洋生物调查及深潜综合航次，模拟"人工鲸落"
			2021.12～2022.01	南海	南海海底地质灾害载人深潜科考航次
		探索一号	2021.08～2021.10	西太平洋马里亚纳海沟	搭载"奋斗者"号载人潜水器，开展常规科考应用，进行深海仪器万米海试
			2021.11～2021.12	西太平洋	开展"奋斗者"号载人潜水器的常规科考应用，进行包括"悟空"号全海深AUV、全海深玻璃球和声学释放器等深海仪器装备的万米海试
	中山大学	"中山大学"号	2021.06	东海	航行试验
	自然资源部北海局	向阳红 06	2020.12～2021.02	北太平洋	在太平洋的热带海域开展海洋水文、气象、海洋化学、海洋生物以及海洋光学观测，并开展了浮标和潜标等几种类型的海洋观测实验
	自然资源部第三海洋研究所	向阳红 03	2021.01	印度洋	综合考察
			2021.07～2021.08	南海	上海交大深海重载作业采矿车"开拓一号"1300m 深海试验
			2021.08	南海	中山大学南海西部夏季综合航次；研究南海深层环流特征及其与复杂地形的相互作用
			2021.09～2021.11	西太平洋	中国大洋第 69 航次，多金属结核矿区资源环境调查
	自然资源部第一海洋研究所	向阳红 01	2020.12～2021.02	印度洋	2020 年印度洋岩石圈构造演化科学考察航次
		向阳红 18	2021.01～2021.02	西北太平洋	新装深海钢缆绞车海试航次
			2021.03～2021.04	东海	东海科学考察实验研究暨东海陆架底质声学特性空间分布规律研究

续表

国家	组织/机构	名称/代号	时间（年.月）	地区	动态
中国	自然资源部第一海洋研究所	向阳红18	2021.03～2021.04	东海	国家自然科学基金委员会共享航次计划2020年度东海科学考察实验研究暨东海陆架底质声学特性空间分布规律研究，共完成CTD温盐深剖面观测和海水采集、沉积物底质取样、底质声学原位、浮游生物拖网、马尾藻光谱测量、潜标布放、原位海水抽滤设备试验、漂流式水色光谱测量、船载气象、走航光谱及浅地层剖面等调查工作
	自然资源部南海局	向阳红31	2021.04～2021.05	南海	A型架吊放系统10m及6m浮标海试
英国	国家海洋学中心（NOC）	RRS Discovery（发现）	2020.12～2021.01	北大西洋	观察大西洋经向翻转环流（AMOC）及相关热量和淡水运输
			2021.03～2021.04	东北大西洋	Porcupine深海平原观测站设施维护，海洋水文环境、生物多样性测量
			2021.05～2021.06	北大西洋	执行美国伍兹霍尔海洋研究所（WHOI）海洋暮光区研究项目，研究海洋暮光区生物与海洋碳循环之间的关系
			2021.06～2021.07	北大西洋	评估海洋底部边界层中湍流混合在驱动经向翻转环流上升流中的作用
			2021.09～2021.11	北大西洋	评估海洋底部边界层中湍流混合在驱动经向翻转环流上升流中的作用
		RRS James Cook（詹姆斯·库克）	2021.01～2021.03	南极	A68a冰山调查
			2021.05～2021.06	北大西洋	执行美国伍兹霍尔海洋研究所（WHOI）海洋暮光区研究项目，研究海洋暮光区生物与海洋碳循环之间的关系
			2021.06～2021.07	北大西洋	地震设备调试
	皇家海军	HMS Protector（保护者）	2021.12	南极	于12月开始在南极进行海床调查
	南极调查局	RRS Sir David Attenborough	2021.11～2022.06	南极	科考站补给，部署Argo浮标
印度	国家海洋研究所（NIO）	Sindhu Sadhana	2021.03～2021.06	印度洋	海洋生物地球化学调查，海洋生物基因图谱绘制
意大利	国家海洋学和应用地球物理研究所	Laura Bassi（劳拉·巴西）	2020.12～2021.01	南极	物资补给和人员轮换
			2021.08～2021.09	北极	量化75°N格陵海环流的亚北极带物理、化学、生物和生物地球化学系统的现状，了解水团、海洋生态系统和碳循环正在发生的重大变化
			2021.12～2022.03	南极	物资补给和人员轮换
新西兰	水域和大气国家研究所（NIWA）	Tangaroa	2021.03	太平洋Hikurangi俯冲带	地震调查和水文分析

续表

国家	组织/机构	名称/代号	时间（年.月）	地区	动态
新西兰	水域和大气国家研究所（NIWA）	Tangaroa	2021.01～2021.02	南极罗斯海	研究南极关键环境与生物过程，包括对鱼类和海底栖息地的调查、浮游生物的生态系统研究、海洋学和大气测量
			2021.11～2021.12	南大洋	科考设备回收
西班牙	高等科学研究理事会（CSIC）	Hespérides（赫斯帕里得斯）	2021.04～2021.06	大西洋	研究地中海流向大西洋的水团特征
	海洋技术部（UTM, CSIC）	Sarmiento de Gamboa	2021.07	大西洋中部	与英国国家海洋学中心（NOC）联合研究佛得角海域深部生态系统
			2020.12～2021.01	大西洋	对新兴污染物和半挥发性有机物进行采样，评估其对浮游植物和细菌的影响
			2021.05～2021.06	北大西洋	美国伍兹霍尔海洋研究所（WHOI）租用，研究海洋暮光区生物与海洋碳循环之间的关系
			2021.12～2022.01	南大洋	对南极洲布兰斯菲尔德海峡、鲍威尔盆地、沙克尔顿断裂带南部和迪塞普申岛进行地球物理调查，确定地球动力学状态和岩石软流圈作用
	西班牙海洋研究所（IEO）	Ángeles Alvariño	2021.07～2021.08	地中海西部	海底栖息地环境及生物多样性调查
瑞典	瑞典海事局	Oden	2021.07～2021.09	北极	研究北冰洋和北大西洋地区海洋环流和海洋表面过程
日本	海洋科学技术中心	Chikyu（地球）	2021.04～2021.06	西太平洋	IODP386航次：在日本海沟使用重力取样器获取沉积物岩心，以获得晚更新世—全新世以来的连续沉积
		Kaimei（凯美）	2021.04～2021.06	西太平洋	
		Mirai（未来）	2021.08～2021.10	北极	日本北极研究计划第19航次：海洋水文环境生物取样、波浪观测和微塑料调查，了解洋流、大气与海洋化学物质循环过程，以及海水酸化和生态系统变化过程
	文部科学省	Shirase（白濑）	2020.11～2021.02	南极	南极考察
			2021.11～2022.03	南极	日本第63次南极科考
挪威	Statsraad Lehmkuhl基金会	Statsraad Lehmkuhl	2021.08～2023.04	全球	联合国"一个海洋"环球航行，海洋水文环境数据收集，靠港期间用于外交会议、合作招待
	极地研究所	Kronprins Haakon（哈康王储）	2021.03～2021.05	巴伦支海	分为两个航段：调查海冰的特性、海冰的生长，以及这些冬季条件对巴伦支海生物和化学的影响
			2021.09～2021.10	北极	HACON项目联合北极科考：研究北极冰盖下的海底热液喷口场
			2021.10～2021.11	北极	弗拉姆海峡东部近地表沉积物的岩石物理和地质力学调查

续表

国家	组织/机构	名称/代号	时间（年.月）	地区	动态
挪威	极地研究所	Kronprins Haakon（哈康王储）	2021.11～2022.02	南极	作为货船 Silver Arctic 的支援船，为南极物资运输航线破冰；观察海洋哺乳动物和海鸟，收集磷虾数据
南非	环境事务部	阿古拉斯 2 号破冰船	2021.01～2021.02	南极	气候变化和全球洋流研究
美国	Caladan Oceanic 公司	DSSV Pressure Drop	2021.03	菲律宾海	人类首次潜入菲律宾海沟埃姆登深渊
			2021.09～2021.10	北太平洋	为支持 GEBCO Seabed 2030 目标，在白令海地区绘制超过 20 万 km² 的海底地形图
	Edison Chouest 公司	Laurence M. Gould（古尔德）	2021.01～2021.02	南极	科学研究
			2021.05～2021.06	南极	科学研究
		Nathaniel B. Palmer（帕尔默）	2021.01～2021.03	南极	科学研究
	IODP	乔迪斯·决心	2021.04～2021.06	南大西洋	IODP 395E 航次：雷恰内斯地幔对流和气候研究
			2021.06～2021.08	北大西洋	IODP 395C 航次：雷恰内斯地幔对流和气候研究
			2021.08～2021.10	挪威中部大陆边缘	IODP 396 航次：了解东北大西洋大陆破裂期间过量岩浆活动的性质、成因以及对气候的影响
			2021.12～2022.02	南大西洋	IODP 391 航次：研究海脊热点的形成机制
	Makai 公司	Makai	2021.06	佛罗里达群岛海洋保护区	NOAA 项目：海洋保护区内进行海洋考古遗址调查
	NOAA	Okeanos Explorer	2021.04～2021.09	美国东部沿岸至新英格兰海山链至大西洋西部 Corner Rise 海山链	利用 ROV 观测海山生态系统，勘测海底地形
			2021.08～2021.09	大西洋	美国东南沿海的布莱克海台水深测量
			2021.10～2021.11	北大西洋	利用 ROV 和测深设备绘制美国东南部大陆边缘地区的海底地形图，并确定栖息地特征
	阿拉斯加大学费尔班克斯分校	Sikuliaq	2021.08～2021.10	北冰洋	研究北冰洋两个洋盆的成因；绘制楚科奇海、加拿大盆地地图
	海岸警卫队	希利	2021.07～2021.11	北极	北极巡航
		"北极星"号破冰船	2020.12～2021.02	北极海域	巡航与科考
			2020.12～2021.03	南极	破冰

国家	组织/机构	名称/代号	时间（年.月）	地区	动态
美国	海洋勘探信托基金	Nautilus（鹦鹉螺）	2021.05	太平洋	新罕布什尔大学的水面无人船 DriX 和伍兹霍尔海洋研究所的自主式水下航行器 Mesobot 与混合动力冰下航行器（NUI）海试
			2021.03～2021.04	太平洋	使用 ROV Hercules 对金曼礁和巴尔米拉环礁周围的海洋保护区进行海底测绘和矿产勘探
			2021.04～2021.05	太平洋	使用 ROV 探测 Papahānaumokuākea 海洋国家纪念碑水域中的海底火山链
			2021.05～2021.06	太平洋	收集 Papahānaumokuākea 海洋国家纪念碑中约翰斯顿环礁周边的海底水深数据
			2021.06～2021.07	太平洋	利用 ROV 调查约翰斯顿环礁的深海珊瑚和海面栖息地，收集海底结壳和环境 DNA 样本
			2021.07～2021.12	太平洋	NOAA 项目：探索夏威夷群岛和 Papahānaumokuākea 海洋国家纪念碑水域中海山链的地质历史、珊瑚栖息地、热液喷口和冷泉生态系统
	华盛顿大学	Jack Roberston	2021.08～2021.09	美国东北近海	NOAA 项目：使用自主水面滑翔机收集海洋数据，观察海洋中层食物网中的生物
	南密西西比大学	Point Sur	2021.07～2021.08	墨西哥湾	NOAA 项目：部署新开发的自主传感器平台，探索边缘海生态系统
			2021.08～2021.09	墨西哥湾	NOAA 项目：海底考古，寻找二战沉船
	施密特海洋研究所	Falkor	2021.01～2021.02	澳大利亚塔斯曼海和珊瑚海	参与 Seabed 2030 海床测绘
			2021.02～2021.03	澳大利亚珊瑚海海洋公园	收集海洋水文和地磁数据，采集海洋微塑料，观察海鸟
			2021.04～2021.05	澳大利亚 Ashmore 珊瑚礁海洋公园	浅水珊瑚生态系统研究
			2021.06～2021.07	太平洋凤凰岛保护区	深海珊瑚群落生态系统研究
	斯克里普斯海洋研究所	Betty Beyster	2021.09～2021.10	美国加利福尼亚州近海	NOAA 项目：使用地球物理手段调查南加利福尼亚州大陆架上的古景观、古生态和文化遗产，重点关注东太平洋大陆架包含焦油渗漏、古河道和潜在古河口区域
		Bob		美国加利福尼亚州近海	
		Sally Ride	2021.03	美国西海岸	绘制海底地形图

续表

国家	组织/机构	名称/代号	时间（年.月）	地区	动态
荷兰	皇家海洋研究所	Navicula	2021.02～2021.11	荷兰沿海	荷兰滨海生态系统调查（分为三个项目，分别有 9 个航段、3 个航段和 3 个航段）
			2021.03～2021.08	荷兰内水	水质监测和底栖生物取样（共计 2 个航段）
			2021.03～2021.10	荷兰沿海	乌得勒支大学项目：季节性地对沉积物和水柱进行取样，研究微生物在地球化学过程中对海底甲烷和氨去除的作用（共计 9 个航段）
			2021.05～2021.10	荷兰近海	关注北海珊瑚礁生态系统的功能性和服务性（共计 2 个航段）
		Pelagia	2021.04	北海	环境 DNA 样本采集
			2021.01～2021.02	地中海	海洋沉积物锚系维护测试
			2021.02～2021.03	东北大西洋	研究海洋温度和湍流对浮游植物死亡率的影响
			2021.03～2021.04	德国近海	研究海上风电场的建设和海洋保护区的创建对珊瑚礁和海洋生态系统恢复的作用
			2021.05～2021.06	大西洋	研究大西洋中脊沿线脆弱海洋生态系统分布，评估大西洋中脊在深海生物地理、生物连通性和巨型动物群落中的作用
			2021.06～2021.07	冰岛北部	与国际项目"冰岛海洋动物：遗传学和生态学"（IceAGE）合作，搭载基尔亥姆霍兹海洋研究中心的 ROV Phoca，探索冰岛北部热液喷口场，收集样本以研究热液喷口区的生态连通性、古菌落进化和养分循环、古环境记录等
			2021.07～2021.08	北大西洋	GEOTRACE 计划：研究海洋微量金属循环
			2021.10～2021.12	印度洋脊中部和东南部	海底资源勘探；采集生物和沉积物样品，建立环境基线
韩国	韩国海洋研究所附属极地研究所	Araon（阿里郎）	2020.11～2021.02	南极	物资补给和人员轮换
法国	法国海洋开发研究院	Alis	2021.04	太平洋	新喀里多尼亚潟湖东部的沉积学、地层学和近代构造与气候研究
			2021.06～2021.08	太平洋	珍珠环礁物理测量和建模，野生贝类种群评估
		Antea	2021.06	地中海	狮子湾海底峡谷的生物多样性长期演变研究
			2021.07～2021.08	大西洋中部	佛得角珊瑚礁中底栖无脊椎动物种群的生物多样性与物种进化历史研究
			2021.08～2021.10	巴西近海，亚马孙河口	法国-巴西联合，探索超过 6000km 的亚马孙河口，以研究洋流、亚马孙羽流和湍流过程对亚马孙海洋生态系统功能的影响。

续表

国家	组织/机构	名称/代号	时间（年.月）	地区	动态
法国	法国海洋开发研究院	Cotes de manche	2021.05～2021.06	法国近海	获取北肯特岛海岸附近构造和沉积学活跃区的地震反射数据
			2021.06～2021.07	大西洋	使用微电极原位微型剖面仪对比斯开湾沉积有机碳的再矿化速率进行原位表征
		L'Astrolabe	2021.08～2021.10	西澳大利亚州弗里曼特尔，南大洋和南极水域	南极巡航和补给
		L'Atalante	2021.03～2021.04	南太平洋	研究厄瓜多尔边缘海的地壳结构和地震活动，以了解地震滑动
			2021.04～2021.06	大西洋	在大西洋小安的列斯群岛（Lesser Antilles）俯冲带进行多道地震和流体分析，研究洋壳俯冲特征
			2021.10～2021.12	巴西东北部大陆边缘	法国地球科学研究所项目：地质取样，分析德梅拉拉（Demerara）海台的沉积过程和中生代历史
		L'Europe	2021.08	地中海	长期观测设备布放
			2021.06～2021.07	地中海	狮子湾中上层中小型鱼类生物量评估
		Marion Dufresne II	2021.07	西南印度洋	多学科调查，通过沉积物取样、岩心钻探进行火山活动测年，并使用浮游生物网表征浮游有孔虫动物群
			2021.01～2021.03	南大洋	GEOTRACE 计划任务：海洋生物地球化学研究
		Pourquoi pas?	2021.07～2021.08	大西洋	在法国许可的多金属硫化物矿区勘探，确定活跃和潜在热液喷口，使用 AUV 绘制海床图像
			2021.05～2021.06		巴黎地球物理学院项目：了解地质岩浆、构造和热液过程，及其与洋壳扩张的关系
		Thalassa	2021.02～2021.04	大西洋低纬度地区	监测和研究热带大西洋的气候变化特征
			2021.04～2021.05	北大西洋	比斯开湾中上层小型鱼类种群和生态系统监测
			2021.08～2021.09		监测和评价珊瑚礁生态系统的保护状况，了解地貌、水动力、沉积物和人为因素对珊瑚礁生态系统的影响
			2021.10～2021.12		渔业资源和生物多样性评估
		Thalia	2021.04～2021.05	法国近海	圣布里厄湾第四纪沉积盖层的结构和形态动力学研究

续表

国家	组织/机构	名称/代号	时间（年.月）	地区	动态
俄罗斯	北极和南极研究所（AARI）	Akademik Fedorov	2021.11～2022.07	南极	俄罗斯第67次南极科考：南极海洋学和气象学测量，同时为"东方"站过冬设施建设做准备
		Akademik Tryoshnikov	2021.08～2021.09	北极	气候变化对北极敏感环境的影响，陆地、海洋、冰川和气象研究；由瑞士极地研究所（SPI）、俄罗斯北极和南极研究所（AARI）及德国GEOMAR联合组织
			2021.09～2021.10	北极	锚系的回收和部署、多学科调查
	俄罗斯科学院希尔绍夫海洋学研究所	Akademik Mistislav Keldysh	2021.12～2022.04	南大洋	了解南大洋、大西洋与太平洋之间上层和深层海水的交换过程，评估南大洋对世界气候和生物的影响
德国	AWI	Heincke	2021.01	北海	设备海试和系统校准
			2021.03	北海	基尔亥姆兹海洋研究中心租用，在挪威两个峡湾进行生物碳泵过程研究
			2021.04	北海	采集第一次世界大战中沉船周围的环境样本
			2021.05	北海	获取水声数据、水下视频和沉积物样本，创建新的海底底栖地图
			2021.07	北海	德国森肯伯格研究所海上风电场生物多样性和环境影响长期监测项目
			2021.09	北海	奥登堡大学海洋传感和生物光学专业课程培训
			2021.03～2021.04	北海	北海底栖生物生态研究
			2021.05～2021.06	北海	汉堡大学海洋地质硕士课程培训
			2021.06～2021.07	北海	收集海洋微塑料样本，了解北极水域微塑料运输的地理问题
			2021.08～2021.09	北海	研究德国湾沙质沉积物和上覆底栖边界层中有机碳的迁移和再矿化速率
			2021.10～2021.11	北海	德国湾海底测绘、底栖动物视频采集、海底样品采集
		ISLAND PRIDE	2021.04～2021.05	东太平洋	太平洋CC区锰结核开采环境影响研究
		Polarstern（极星）	2021.02～2021.03	南极	PS124航次，A74冰山调查，水文学、海冰物理、海洋生物学、地球化学调查
			2021.05～2021.06	北极	研究海洋和极地生物多样性、生物相互作用和生物地球化学功能
	阿尔费德·富克斯（Arved Fuchs）探险队	Nördlicher Nordatlantik	2021.06～2021.09	北大西洋北部	与GEOMAR合作收集海洋气候数据
	汉堡大学	Maria S. Merian	2021.01	北海	不来梅大学研究项目：德国北海甲烷渗漏的变化、数量和归宿

续表

国家	组织/机构	名称/代号	时间（年.月）	地区	动态
德国	汉堡大学	Maria S. Merian	2021.01～2021.02	北海	基尔大学项目：地震调查，研究黑尔戈兰岛冰川构造发育和挪威沿海 Tampen 滑坡的横向范围和测年调查
			2021.02～2021.03	波罗的海	基尔大学项目：研究波罗的海深水动力学特征和沉积物侵蚀，重建波罗的海北部在全新世气候变化过程中的深水循环历史
			2021.03～2021.04	北海	基尔亥姆霍兹海洋研究中心项目：调查北海黑尔戈兰岛以北海底麻坑的周期性形成
			2021.05～2021.06	北海	德国联邦地球科学和自然资源研究所项目：对德国北海新生代页岩层屏障地层完整性进行示范性研究
			2021.06～2021.07	北大西洋	基尔大学项目：为古海洋学调查进行沉积物取样，了解全新世气候变化与大西洋经向翻转环流（AMOC）、北大西洋环流和拉布拉多海流的关系
			2021.07～2021.09	北大西洋	基尔大学项目：深海的巨型浊积岩系统研究，了解沉积物（和养分）输送和输送到深海的机制
			2021.09～2021.11	北大西洋	基尔亥姆霍兹海洋研究中心项目：研究海底地下水渗漏分布情况及它们对水文地质循环和海底生态系统的影响
			2021.11～2021.12	大西洋低纬度地区	不来梅大学海洋环境调查任务：研究上升流对碳循环的影响
		Meteor（流星）	2021.06	北大西洋	基尔亥姆霍兹海洋研究中心项目：获取大西洋中脊地震数据以推导应力场；采用地质取样和测深手段评估岩浆过程
			2021.01～2021.02	北大西洋	基尔亥姆霍兹海洋研究中心项目：研究大西洋中脊转换断层的活跃性及其影响因素
			2021.04～2021.05	大西洋	莱布尼茨波罗的海研究所项目：首次全面概述表层海水的氮循环过程
			2021.07～2021.08	北大西洋东部	执行基尔亥姆霍兹海洋研究中心项目：了解比斯开湾扩张及相关的火山活动，以及白垩纪晚期伊比利亚板块运动
			2021.09～2021.10	大西洋中脊	基尔亥姆霍兹海洋研究中心租用，执行 GEOTRACE 计划：通过微量元素及其同位素分析了解大西洋中脊的热液通量，增加对深部过程机制的了解
			2021.11～2021.12	西西里岛北部	基尔大学项目：研究火山喷发对地质系统的影响，评估地质灾害
	基尔亥姆霍兹海洋研究中心（GEOMAR）	Alkor	2021.03	波罗的海	汉堡大学渔业科学和海洋生物学课程培训、基尔大学海洋地球科学硕士培训

续表

国家	组织/机构	名称/代号	时间（年.月）	地区	动态
德国	基尔亥姆霍兹海洋研究中心（GEOMAR）	Alkor	2021.04	波罗的海	设备海试；海洋生物取样，以了解波罗的海中部远洋生态系统变化和物种群落受人类活动影响的程度
			2021.07	波罗的海	设备海试；汉堡大学渔业科学学生培训
			2021.08	斯卡格拉克海峡（Skagerrak）	了解颗粒有机碳的输入、运输和降解，及其对沉积物固碳的影响；汉堡大学地球物理研究所学生培训；海洋生物学相关领域学生培训
			2021.09	波罗的海	海洋生物和物理海洋专业硕士课程培训
			2021.11	挪威海域	潜水机器人海试
			2021.01～2021.02	波罗的海	汉堡大学冬季鱼类产卵活动监测项目
			2021.03～2021.04	波罗的海	海洋设备和系统海试
			2021.04～2021.05	挪威松恩峡湾	潜水机器人海试
			2021.05～2021.06	波罗的海	渔业资源调查，包括浮游动物和鱼类的空间分布
			2021.10	波罗的海	不来梅大学地球科学专业学生培训；在二战德国弹药倾倒海域采集水样，评估弹药倾倒区的污染程度和风险
		Sonne（太阳）	2020.12～2021.01	北大西洋	北大西洋塑料运输机制、汇合与生物群的相互作用
			2021.01～2021.02	北大西洋	IceAGE：研究大西洋沿纬度梯度的深海物种群落连通性，利用现代基因组学和传统形态分类学方法，绘制生物多样性图谱
			2021.03～2021.05	南大西洋	深海锚系的回收和布放；部署Argo浮标；海洋学、生物地球化学和生物学测量
			2021.06～2021.08	大西洋	热带大西洋中部和西部数据回收，巴西西部陆架洋流系统
			2021.08～2021.11	大西洋低纬度地区	探索气候变化对生态系统结构和功能和相关生态系统服务（如渔业）的影响，以及本格拉上升流系统（BUS）中的二氧化碳封存能力
			2021.11～2021.12	北大西洋	IceAGE：在大西洋中脊西部调查海洋生物多样性，绘制海底地形图
			2021.12～2022.01	大西洋	研究气候变化中碳、养分、卤素的海洋生物地球化学途径，以及塑料在生物地球化学循环中扮演的角色
澳大利亚	Minderoo UWA深海研究中心（租用）	DSSV Pressure Drop	2021.04～2021.06	西澳大利亚沿海的印度洋东部	使用潜水器和深海着陆器以及高分辨率测深仪对海底和深海深度的东印度洋关键地形特征进行勘探，采样和制图

续表

国家	组织/机构	名称/代号	时间（年.月）	地区	动态
澳大利亚	联邦科学与工业研究组织（CSIRO）	Investigator（调查者）	2021.04	南大洋	GEOTRACE 计划：部署一系列海洋观测锚系，研究澳大利亚东部沿纬度梯度的浮游植物群落中硅的生产力，使用地球化学方法量化大气颗粒物沉积到海洋的化学和生态影响
			2020.12～2021.01	西南印度洋	GEOTRACE 计划：研究和量化亚极地和极地水域的碳封存；调查暮光区的海洋生物
			2021.01～2021.03	南大洋	调查南极磷虾种群的分布、密度和连通性；部署 Argo 浮标；进行气溶胶团-降水辐射相互作用实验
			2021.05～2021.06	澳大利亚东部海岸线	在澳大利亚东南部大陆架海域由浅至深部署 6 个海洋观测锚系和 6 个 Argo 浮标；调查生物多样性
			2021.06～2021.07	澳大利亚印度洋领海	完成多波束测深，收集海山底栖生物和浮游生物样本，确定生物多样性

附录 2   主要缩略词

缩写	外文全称	中文名称
AABW	Antarctic Bottom Water	南极底层水
AAD	Australian Antarctic Division	澳大利亚南极局
AAIW	Antarctic Intermediate Water	南极中层水
AARI	Arctic and Antarctic Research Institute	（俄罗斯）北极和南极研究所
ABS	American Bureau of Shipping	美国船级社
ACC	Antarctic Circumpolar Current	南极绕极流
AMOC	Atlantic Meridional Overturning Circulation	大西洋经向翻转环流
Arctic LNG 2	Arctic Liquefied Natural Gas 2	北极液化天然气二期项目
ARV	Autonomous & Remotely Operated Vehicle	全海深自主遥控潜水器
AUG	Autonomous underwater glider	水下滑翔机
AUV	Autonomous Underwater Vehicle	自主式水下航行器
AWI	Alfred Wegener Institute	（德国）阿尔弗雷德·魏格纳极地研究所
BAS	British Antarctic Survey	英国南极调查局
BCS	boundary current synchronization	边界流同步
BGS	British Geological Survey	英国地质调查局
CAMP	Central Atlantic Magmatic Province	中大西洋大火成岩省
CCS	Carbon Capture and Storage	碳捕集与封存
CCTS	Carbon Capture, Transport and Storage	碳捕集、运输与封存
CCU	Carbon Capture and Utilization	二氧化碳捕获和利用
CCUS	Carbon Capture, Utilization and Storage	碳捕集、利用与封存
CC 区	Clarion-Clipperton Zone	克拉里翁-克利珀顿区
CDA	cellulose diacetate	二醋酸纤维素
CFC	Chlorofluorocarbons	氟氯化碳
CSIC	Consejo Superior de Investigaciones Cientificas	（西班牙）高等科学研究理事会
CSIRO	Commonwealth Scientific and Industrial Research Organization	（澳大利亚）联邦科学与工业研究组织
CWP	Columbia World Projects	哥伦比亚世界项目

缩写	外文全称	中文名称
DAM	Deutsche Allianz Meeresforschung	（德国）海洋科学研究联盟
DIC	Dissolved Inorganic Carbon	溶解无机碳
DOC	Dissolved Organic Carbon	溶解有机碳
DOE	Department of Energy	（美国）能源部
DONET	Dense Oceanfloor Network System for Earthquakes and Tsunamis	地震和海啸海底观测密集网络
DRI	Desert Research Institute	（美国）沙漠研究所
ECORD	European Consortium for Ocean Research Drilling	欧洲大洋钻探联盟
EGU	European Geosciences Union	欧洲地球物理学会年会
ENSO	El Nino-Southern Oscillation	厄尔尼诺-南方涛动
EPICA	European Project for Ice Coring in Antarctica	欧盟南极冰芯项目
ESA	European Space Agency	欧洲航天局
ETE	End-Triassic Extinction event	三叠纪末大灭绝事件
GEOMAR	GEOMAR Helmholtz Zentrum für Ozeanforschung Kiel	基尔亥姆霍兹海洋研究中心
HAB	Harmful algal bloom	有害藻华
HAC	High Ambition Coalition for Nature and People	自然与人类雄心联盟
HOV	human occupied vehicle	载人潜水器
ICDP	International Continental Scientific Drilling Program	国际大陆科学钻探计划
IDDP	Iceland Deep Drilling Project	冰岛深钻计划
IEA	International Energy Agency	国际能源署
IEO	Instituto Español de Oceanografía	（西班牙）海洋研究所
IFREMER	Institut français de recherche pour l'exploitation de la mer	（法国）海洋开发研究院
IGME	Instituto Geológicoy Minero de España	（西班牙）地质矿产研究所
IODP	International Ocean Discovery Program	国际大洋发现计划
IOW	Leibniz Institute for Baltic Sea Research Warnemü̈nde	莱布尼茨波罗的海研究所
IPCC	Intergovernmental Panel on Climate Change	政府间气候变化专门委员会
ISA	International Seabed Authority	国际海底管理局
JAMSTEC	Japan Agency for Marine-Earth Science and Technology	日本海洋科技中心
JR	JOIDES Resolution	"乔迪斯·决心"号钻探船
JSA	Japan Shipowner's Association	日本船主协会
KIGAM	Korea Institute of Geoscience and Mineral Resources	韩国地球科学与矿产资源研究所
LOME	Late Ordovician Mass Extinction	晚奥陶世大灭绝事件
MBARI	Monterey Bay Aquarium Research Institute	蒙特利湾水族馆研究所

续表

缩写	外文全称	中文名称
MOC	Meridional Overturning Circulation	经向翻转环流
MOES	Ministry of Earth Sciences	（印度）地球科学部
MOR	Mid-Ocean Ridge	洋中脊
MPA	Marine Protected Area	海洋保护区
MSP	Mission Specific Platform	特定任务平台
MWP-1A	Meltwater pulse-1A	1A 融水脉冲事件
NADW	North Atlantic Deep Water	北大西洋深层水
NASA	National Aeronautics and Space Administration	（美国）国家航空航天局
NCAS	National Centre for Atmospheric Science	（英国）国家大气科学中心
NCEO	National Centre for Earth Observation	（英国）国家地球观测中心
NCRF	National Coastal Resilience Fund	（美国）国家沿海复原基金
NERC	Natural Environment Research Council	（英国）自然环境研究理事会
NFWF	National Fish and Wildlife Foundation	（美国）国家鱼类和野生动物基金会
NIO	National Institute of Oceanography	（印度）国家海洋研究所
NOAA	National Oceanic and Atmospheric Administration	（美国）国家海洋和大气管理局
NOC	National Oceanography Centre	（英国）国家海洋学中心
NSF	National Science Foundation	（美国）国家科学基金会
OAE 1a	Oceanic Anoxic Event 1a	早白垩世大洋缺氧事件
OAE 2	Oceanic Anoxic Event 2	大洋缺氧事件 2
OBS	Ocean Bottom Seismometer	海底地震仪
ODP	Ocean Drilling Program	大洋钻探计划
ODZ	oxygen‐deficient zone	缺氧区
OMZ	Oxygen Minimum Zone	海洋低氧区
PETM	Paleocene—Eocene Thermal Maximum	古新世-始新世极热事件
PML	Plymouth Marine Laboratory	普利茅斯海洋实验室
POC	Particulate Organic Carbon	颗粒有机碳
PSV	Paleomagnetic Secular Variation	古地磁场长期变化
RCP	Representative Concentration Pathways	代表浓度路径（碳排放模型）
ROV	Remote Operated Vehicle	遥控无人潜水器
SGD	Submarine Groundwater Discharge	海底地下水排放
SIO	Scripps Institution of Oceanography	斯克里普斯海洋研究所
SPI	Swiss Polar Institute	瑞士极地研究所

续表

缩写	外文全称	中文名称
SWIR	Southwest Indian Ridge	西南印度洋超慢速扩张洋脊
UAS	unmanned aircraft system	空中无人系统
UKCEH	UK Centre for Ecology & Hydrology	英国生态与水文中心
UKNCSP	UK National Climate Science Partnership	英国国家气候科学伙伴关系
UNEP	United Nation Environment Programme	联合国环境署
UNESCO	United Nations Educational, Scientific and Cultural Organization	联合国教科文组织
USCG	United States Coast Guard	美国海岸警卫队
USGS	United States Geological Survey	美国地质调查局
USV	Unmanned Surface Vessel	水上无人艇
WAM-V	Wave Adaptive Modular Vessel	波浪自适应模块化水面航行器
WBC	Western Boundary Current	西边界流
WHOI	Woods Hole Oceanographic Institution	伍兹霍尔海洋研究所
WMO	World Meteorological Organization	世界气象组织